高等职业教育安全系列教材

HSE
基础与实践

成莉燕　主编
冯丹　李芸菲　副主编

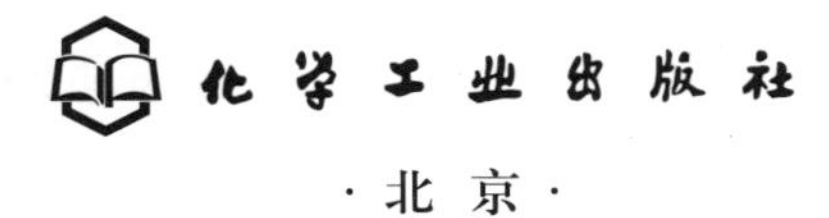

化学工业出版社
·北京·

内 容 简 介

本书秉承“以学生为主体，以能力训练为核心”的理念，注重学生安全生产意识的树立与培养和个人健康安全防护以及化工“三废”的处理与处置。全书主要内容包括 HSE 与安全生产、职业防护技术、危险化学品的安全管理、防火防爆技术、电气安全技术、化工特种设备安全技术、化工安全检修技术以及化工“三废”治理技术等。本书配套二维码资源。

本书可作为职业院校相关专业的教材，也可作为相关领域的生产人员和管理人员的培训用书及参考书。

图书在版编目（CIP）数据

HSE 基础与实践/成莉燕主编；冯丹，李芸菲副主编. —北京：化学工业出版社，2023.8

高等职业教育安全系列教材

ISBN 978-7-122-43542-2

Ⅰ.①H… Ⅱ.①成… ②冯… ③李… Ⅲ.①化工安全-安全管理-高等职业教育-教材 Ⅳ.①TQ086

中国国家版本馆 CIP 数据核字（2023）第 093278 号

责任编辑：潘新文　　　　文字编辑：邢苗苗
责任校对：刘　一　　　　装帧设计：韩　飞

出版发行：化学工业出版社（北京市东城区青年湖南街 13 号　邮政编码 100011）
印　　刷：三河市航远印刷有限公司
装　　订：三河市宇新装订厂
787mm×1092mm　1/16　印张 15¾　字数 364 千字　　2023 年 8 月北京第 1 版第 1 次印刷

购书咨询：010-64518888　　　　售后服务：010-64518899
网　　址：http://www.cip.com.cn
凡购买本书，如有缺损质量问题，本社销售中心负责调换。

定　　价：49.50 元

前 言

安全是民生之本，和谐之基，是人民群众生命与健康的基本保障。化工生产过程中存在着一些不安全或危险因素，危害作业人员的身体健康和生命安全，造成各种事故发生。安全生产的重要性和必要性就在于预防或消除对生产人员健康的有害影响，避免各类安全事故的发生，保障人民群众生命和财产安全，保障生产工作正常顺利进行。

本教材依据相关法律、法规、标准，围绕化工生产中常见的泄漏、中毒窒息、火灾爆炸、触电、灼伤等典型事故精心组织编排知识体系，在编写过程中秉承“以学生为主体，以能力训练为核心”的理念，注重学生安全生产意识的树立与培养，使学生快速掌握个人健康安全防护以及化工“三废”的处理与处置技能，强化技能水平，提升创新能力。每章内容含“学习目标”“学习内容”“案例分析”和“思考与讨论”，明确了学生的学习目标，提高学生的学习积极性，使学生带着问题思考学习，达到最佳学习效果，最终牢固树立健康、环保与安全的理念，强化职业防护意识，提升安全生产技能。

本教材第一章、第二章、第五章～第七章由成莉燕编写，第三章由崔伟、慕红梅编写，第四章由冯丹、李东东编写，第八章由李芸菲编写，全书由成莉燕负责统稿。

本教材的编写得到了兰州资源环境职业技术大学各级领导的大力支持，秦皇岛博赫科技开发有限公司也为本教材的编写提供了有力的技术支持，在此一并表示衷心感谢！同时向支持本书编写的单位和个人表示衷心的感谢！

本书可作为职业院校相关专业的教材，也可作为各级各类企业的培训用书。

由于编者水平有限，书中不妥之处在所难免，恳请读者批评指正。

编者
2023. 5

目 录

第一章

HSE与安全生产

学习目标

1. 知识目标

① 了解化工生产特点。

② 理解 HSE 的内涵。

③ 理解化工生产事故的特点。

④ 掌握化工生产事故的原因。

2. 能力目标

① 能够分析事故发生的原因。

② 能通过 3E 原则归纳事故的预防。

3. 素质目标

① 具备查阅文献，搜集资料的能力。

② 具备小组协作，与人沟通的能力。

③ 能够熟练使用信息化手段开展交流与学习。

4. 思政目标

① 树立安全生产意识。

② 树立环境保护意识。

③ 强化岗位责任意识。

第一节　HSE 管理体系

一、安全标准化管理体系

危险化学品从业单位安全标准化通用规范

安全生产标准化体现了“安全第一、预防为主、综合治理”的方针和“以人为本”的科学发展观，强调企业安全生产工作的规范化、科学化、系统化和法制化，强化风险管理和过程控制，注重绩效管理和持续改进，符合安全管理的基本规律，代表了现代安全管理的发展方向，是先进安全管理思想与我国传统安全管理方法、企业具体实际的有机结合，可有效提高企业安全生产水平，从而推动我国安全生产状况的根本好转。

安全生产标准化主要包含目标职责、制度化管理、教育培训、现场管理、安全投入、安全风险管控及隐患排查治理、应急管理、事故查处、绩效评定、持续改进 10 个方面。

二、HSE 管理体系概念

了解 HSE 的基本概念

健康、安全与环境管理体系简称为 HSE 管理体系，也称 HSE MS (health safety and environment management system)。HSE MS 是近几年出现的国际石油天然气工业通行的管理体系，它集各国同行管理经验之大成，体现当今石油天然气企业的规范运作，突出了预防为主、领导承诺、全员参与、持续改进的科学管理思想，是石油天然气工业实现现代管理，走向国际化市场的准行证。HSE 管理体系的形成和发展是石油化工企业多年管理工作经验积累的成果，它体现了完整的一体化管理思想。

HSE 管理体系是一种事前进行风险分析，确定其自身活动可能发生的危害及后果，从而采取有效的防范措施防止其发生的有效管理方式。该管理体系充分体现“以人为本”的管理思想，强调最高管理者的承诺和责任，着眼于持续改进，重在事故预防，立足于全员参与，突出强调零事故目标，重视风险评价和隐患治理，强调审核的独立性。

HSE 管理体系主要用于指导企业通过经常性、规范化的管理活动，实施健康、安全、环境管理目标，建立一个符合要求的 HSE 管理体系，再通过不断的评价、管理评审和体系审核活动，推动 HSE 管理体系的有效运行，达到健康、安全与环境管理水平不断提高的目的。

三、HSE 发展历程

在十九世纪工业发展初期，由于生产技术落后，人类只考虑对自然资源的盲目索取和随意开采，而没有从深层次意识到这种生产方式对人类所造成的负面影响。国际上的重大事故对安全工作的深化发展与完善起到了巨大的推动作用，引起了工业界的普遍关注，使工业界深刻认识到石油、石化、化工行业是高风险的行业，必须更进一步采取有效措施和建立完善的安全、环境与健康管理系统，以减少或避免重大事故和重大环境污染事件的发生。

1991年，壳牌公司颁布健康、安全、环境（HSE）方针指南。同年，在荷兰海牙召开了第一届油气勘探、开发的健康、安全、环境（HSE）国际会议。1994年，在印度尼西亚的雅加达召开了油气开发专业的安全、环境与健康国际会议，HSE活动在全球范围内迅速展开。1996年1月，国际标准化组织（ISO）负责石油天然气工业材料、设备和海上结构标准的技术委员会ISO/TC67分委会发布了《石油天然气工业健康、安全与环境管理体系》（标准草案）（ISO/CD14690）。中国石油天然气集团参考ISO/CD14690于1997年6月27日发布了行业标准《石油天然气工业健康、安全与环境管理体系》（SY/T 6276—1997），于1997年9月1日起实施。2001年，中国石油化工集团公司出台了企业标准《中国石油化工集团公司安全、环境与健康（HSE）管理体系》（Q/SHS 0001.1—2001）。2007年，按照“统一、规范、可操作”的原则对标准进行修订，修订发布了企业标准《健康、安全与环境管理体系第1部分：规范》（Q/SY 1002.1—2007）。

HSE管理体系是现代工业发展到一定阶段的必然产物，它的形成和发展是现代工业多年工作经验积累的成果。HSE作为一个新型的管理体系，得到了世界上众多公司的共同认可，从而成为现代公司共同遵守的行为准则。

美国杜邦公司是当今西方世界200家大型化工公司中的第一大公司，该公司在海外50多个国家和地区中设有200多家子公司，联合公司雇员约有20万人。杜邦公司推行HSE管理，企业经营管理和安全管理都达到国际一流水平。荷兰皇家石油公司/壳牌公司集团是世界上四大石油石化跨国公司之一，1984年该公司学习了美国杜邦公司先进的HSE管理经验，取得了非常明显的成效。英国BP-Amoco追求并实现出色的健康、安全和环保表现，对健康、安全和环保表现的承诺是该集团五大经营政策（道德行为、雇员、公共关系、HSE表现、控制和财务）之一。BP集团健康、安全与环境表现的承诺是：每一位BP的职员，无论身处何地，都有责任做好HSE工作。良好的HSE表现是事业成功的关键。目标是无事故、无害于员工健康、无损于环境。

四、HSE管理体系理念

HSE管理体系所体现的管理理念是先进的，它主要体现了以下管理思想和理念。

1. 注重领导承诺的理念

企业对社会的承诺、对员工的承诺，领导对资源保证和法律责任的承诺，是HSE管理体系顺利实施的前提。领导承诺由以前的被动方式转变为主动方式，是管理思想的转变。承诺由组织企业最高管理者在体系建立前提出，在广泛征求意见的基础上，以正式文件（手册）的方式对外公开发布，以利于相关方面的监督。承诺要传递到企业内部和外部相关各方，并逐渐形成一种自主承诺、改善条件、提高管理水平的企业思维方式和文化。

2. 体现以人为本的理念

企业在开展各项工作和管理活动过程中，始终贯穿着以人为本的思想，从保护人的生命角度和前提下，企业的各项工作得以顺利进行。人的生命和健康是无价的，工业生产过程中不能以牺牲人的生命和健康为代价来换取产品。

3. 体现预防为主、事故是可以预防的理念

我国安全生产的方针是“安全第一、预防为主”。一些企业在贯彻这一方针的过程中并没有规范化和落实到实处，而 HSE 管理体系始终贯穿了对各项工作事前预防的理念。美国杜邦公司的成功经验是：所有的工伤和职业病都是可以预防的；所有的事件及小事故或未遂事故均应进行详细调查，最重要的是通过有效的分析，找出真正的起因，指导今后的工作。事故的发生往往由人的不安全行为、机械设备的不良状态、环境因素和管理上的缺陷等引起。企业虽然沿袭了一些好的做法，但没有系统化和规范化，缺乏连续性，而 HSE 管理体系的建立实现了预防的机制，如果能切实推行，就能建立起长效机制。

4. 贯穿持续改进和可持续发展的理念

HSE 管理体系贯穿了持续改进和可持续发展的理念。体系建立了定期审核和评审的机制，每次审核要对不符合项目实施改进，不断完善，使体系始终处于持续改进的趋势，不断改进不足，坚持和发扬好的做法，按 PDCA 循环模式运行，实现组织的可持续发展。

5. 体现全员参与的理念

安全工作是全员的工作，是全社会的工作。HSE 管理体系中就充分体现了全员参与的理念。在确定各岗位的职责时，在进行危害辨识时，在进行人员培训时，在进行审核时均要求全员参与。通过广泛的参与，形成企业的 HSE 文化，使 HSE 理念深入每一个员工的思想深处，并转化为每一个员工的日常行为。

五、HSE 管理体系的特点

HSE 管理体系是企业管理的重要组成部分。在文件上主要表现是“写要做的、做所写的和记所做的”。在运行上反映管理的“自律”，突出风险管理和持续改进。HSE 管理体系在管理模式上遵循戴明的管理原理，即 PDCA 模式。“领导和承诺”是管理体系运转的驱动力。HSE 管理体系是一个动态管理过程。HSE 管理体系在运行上是一个自律的管理系统。HSE 管理体系把企业管理的各个方面按照要素分类，强调全员、全过程管理。在满足法律法规“他律”要求的基本前提条件下，以企业的政策、方针为指引，按照企业的目标，通过领导带动全员参与、逐级落实责任，实现体系的自我运行。从整个运行系统来看，“审核”构成了体系运行的推动力，与“领导和承诺”驱动力相呼应，表现出体系的自我运行机制和持续改进的能力。

六、HSE 管理体系的实践

国际石油界 HSE 管理从关注“技术标准”到“HSE 管理体系”，现在已经走上了“HSE 文化管理”阶段。从石油界的发展趋势和对 HSE 管理特点的把握，应在以下方面审视 HSE 管理体系的实践。

① HSE 管理体系体现的是企业文化。HSE 管理体系的管理思想主要体现在“以人为本、事先预防”上，反映“人文本质、持续改进”的企业文化。只有把这种思想融入

HSE管理体系建设中，形成员工理解和接受的管理文件，才能真正把HSE管理体系的要求变为员工的自觉行动，实现全员参与、责任共担，营造关爱生命、保护环境和实现安全生产的文化氛围。

② HSE管理体系建设是一个系统工程。HSE管理体系关注的是人身安全、环境保护问题，强调的是全员、全过程风险管理，必须全面、系统地考虑HSE管理实际问题。同时，企业除了考虑自身的内部管理外，还要考虑社会、公众与环境等外部影响。企业与社会的和谐，法律法规的符合性，技术规范的完整性，以及设备、设施的本质安全等问题，都会影响到企业的HSE管理。

③ HSE管理体系必须解决企业现实的重点问题。经济增长与生产安全事故研究分析表明，处于经济快速增长、能源需求不断增大、生产力水平还比较低的情况下，企业生产安全、环境污染事故及职业病高发形势严峻的局面还没有彻底扭转。在目前及一个较长的时期内，制约企业可持续发展的首要问题是安全环保问题。所以，HSE管理体系理所当然地成为企业关注和研究的重点。

④ HSE管理体系是一个长期探索和实践的过程。HSE管理体系建设是一个不断实践和探索的过程，HSE管理体系在这个过程中得到不断完善，企业的HSE文化得到逐步提升。那种认为体系文件一旦完成就可以避免事故，或者发生了事故就怀疑HSE管理体系不好的认识都是错误的。实际工作中，初期和起步时可以把HSE管理体系文件化管理方法作为一个工具，以指导企业编制程序文件及作业文件。但是在管理实践中，HSE管理体系是动态的管理而不再是静态的文件。

理解HSE管理体系的深刻内涵，把它的思想、理论、方法等融入自己企业的HSE管理工作中去，与企业实际结合起来，切实解决具体问题，才是企业建立HSE管理体系的正确选择。只有按照符合组织自身的方针、政策和目标，践行自身作出的HSE承诺，才会避免在体系建设中出现“文件和运行脱节”的问题，建立和运行起HSE管理体系。

七、HSE管理体系建设的重点

1. 完善标准规范

HSE管理体系的直接表现形式之一，就是把构成体系的各要素按照要求制订程序，实现文件化。在风险识别的基础上建立一套层次清楚、执行顺畅的文件是HSE管理体系的首要工作。要从HSE管理体系文件操作性、权威性目标出发，在建立HSE管理体系文件时，把企业现有的各种标准、制度、规程等文件进行认真梳理，按照体系文件的层次（管理手册、程序文件、作业文件）进行归类、合并，形成一套规范的HSE管理体系文件。

2. 加强风险管理

风险是某一特定事件发生的可能性与后果的组合。HSE管理体系建设的目的就是要有效减少事件发生的可能性，以及控制可能后果的发生，或是将风险降低到“合理、实际尽可能低”的程度。风险随着人员、设备、技术、环境以及管理的变化而变化，所以风险管理是个动态过程。为了适应这个动态变化，要做好变更管理和应急预案管理。在项目、现场以及施工过程中，要针对动态风险完善 HSE 作业计划书、作业许可制度等管理措施，提高现场的风险管理能力。

3. 形成运行合力

我们从 HSE 管理体系运行模式中知道，“领导力和责任”是体系运行的驱动力，也是管理的内因。“审核”作为推动力，是外部条件。内因是变化的根据，外因是变化的条件。HSE 管理体系运行与否和运行的程度，首先取决于来自企业自身的驱动力——“领导力和责任”。要充分发挥领导在 HSE 管理体系建设中的带头、推动作用。否则，领导力缺乏，体系就失去了动力，力图通过外部审核实现体系改进就只能是纸上谈兵，出现管理体系和实际工作脱节现象。

4. 建好审核员队伍

HSE 管理体系审核员既是建立管理体系的文件策划者又是维护体系运行的骨干。作为强制性的 HSE 管理体系标准目前在国内还是一个企业标准，HSE 管理体系审核员都是由各企业自己去培养。根据审核工作需要，可以按照所属企业对审核员进行分级管理。审核员要有一定的专业背景、工作经验，通过培训以及实践掌握审核技巧，由相对独立的第三方机构进行注册和资格管理。

5. 夯实基础工作

安全环保管理工作重在预防，基层 HSE 管理是基础。班组作为安全生产的最直接执行者，在安全生产责任体系中扮演着基础作用，抓安全必须抓好班组建设。石油化工企业在传统安全环保管理模式中总结出的行之有效的管理经验和方法，在实现管理创新和与国际 HSE 管理规则接轨过程中，应当赋予新的内涵，使之在 HSE 管理体系推行和文化建设中发扬光大。

第二节　安全生产管理

一、化工安全生产形势

“十三五”期间，石油和化工行业全面开展安全生产专项整治三年行动，危险化学品、危险废物等重点领域安全整治取得显著成效，事故发生总数和死亡人数连年下降，污染防治阶段性目标顺利实现，安全生产形势总体好转，生态环境质量总体改善。

1. 安全生产形势持续稳定好转

“十三五”期间，全国共发生化工事故 929 起、死亡 1175 人，五年中每年发生化工事故分别为 226 起、219 起、176 起、164 起和 144 起，化工事故总数持续下降；2020 年化工事故死亡 178 人，比 2016 年死亡人数减少 56 人。五年来，化工事故总数下降了 36.3%，死亡总人数下降了 23.9%。

2. 绿色发展水平进一步提升

“十三五”期间，行业能源消耗增速快速下降，年均增速由“十二五”的6.9%下降为年均3%左右；合成氨、黄磷、聚氯乙烯、电石、烧碱等产品的“能效领跑者”能耗水平分别下降22.4%、27.1%、21.1%、16.8%、9%；氨氮、二氧化硫、氮氧化物等主要污染物排放量下降10%以上；固体废物综合利用率达到70%以上。行业集约化、循环化、低碳化发展水平进一步提升，绿色发展内生动力显著增强。

3. 责任关怀推进工作取得积极进展

“十三五”期间，责任关怀工作委员会以及工艺安全、职业健康安全、污染防治、产品安全监管、储运安全、应急响应、宣传培训、化工园区和院校等9个工作组全部完成组建，形成以《责任关怀实施准则》和6项准则实施细则为纲领的“1＋6＋X”的责任关怀标准体系，与国际化工协会联合制定的《中国责任关怀三年行动计划（2018—2020）》各项工作圆满完成。截至2020年底，化工行业共有8家央企、13家专业协会及分支机构、64家化工园区、617家企事业单位签署了责任关怀承诺书，8家化工园区、3家专业和地方协会自发成立了责任关怀工作组织。

未来，顺应绿色低碳、安全、可持续发展的国际趋势，开展责任关怀是实现行业高质量发展的重要抓手。石化行业要大力推行绿色发展，围绕碳达峰、碳中和目标，提出行业碳达峰的路线图行动计划；要加强基础研究，完善顶层设计，持续跟踪责任关怀建设新形势和新变化；要注重人才的专业化培养，提高企业相关人员责任关怀的认知水平，培育一支专业化、高素质的责任关怀队伍。

目前我国正处在工业化加速发展阶段，安全生产总体稳定、趋于好转的发展态势与依然严峻的现状并存，安全发展的要求与仍然薄弱的基础条件之间矛盾突出，安全形势不容乐观。特别是危化品泄漏、火灾、爆炸等较大事故时有发生。虽然近年来，全国化工行业和危险化学品领域持续开展安全生产专项整治，安全生产形势呈现总体平稳、趋势向好的态势，但是基于化工生产的特点，当前我国化工行业和危险化学品领域安全生产形势依然严峻，重特大事故仍时有发生。

二、化工生产的特点

了解化工企业生产的特点

随着石油化学工业的迅速发展，安全生产问题愈来愈突出。石油化工生产从安全的角度分析，不同于冶金、机械制造、基本建设、纺织和交通运输等部门，有其突出的特点。具体表现在以下几方面。

1. 化工产品多样化

化工产品半成品和成品种类繁多，绝大部分是易燃、易爆、有毒、有害、有腐蚀的危险化学品。这给生产中的原材料、燃料、中间产品和成品的贮存和运输都提出了特殊的要求。

2. 生产工艺苛刻

有些化学反应在高温、高压下进行，有的要在低温、高真空度下进行。如由轻柴油裂解制乙烯，进而生产聚乙烯的生产过程中，轻柴油在裂解炉中的裂解温度为800℃；裂解气要在深冷（−96℃）条件下进行分离；纯度为99.99%的乙烯气体在294kPa压力下聚合，制取聚乙烯树脂。

3. 生产规模大型化

近20年来，国际上化工生产采用大型生产装置是一个明显的趋势。以化肥为例，20世纪50年代合成氨的最大规模为6万t/a；60年代初为12万t/a；60年代末，发展到30万t/a；70年代发展为54万t/a，目前，已达到百万吨级。乙烯装置的生产能力也从50年代的10万t/a，发展到70年代的60万t/a，到目前为止，多家企业乙烯产能已达到百万吨级。采用大型装置可以明显降低单位产品的建设投资和生产成本，提高劳动生产能力，降低能耗。因此，世界各国都积极发展大型化工生产装置，但规模越大，贮存的危险物料越多，潜在的危险能量也越大，事故造成的后果也往往越严重。

4. 生产方式的自动化与连续化

化工生产已经从过去落后的手工操作、间断生产转变为高度自动化、连续化生产；生产设备由敞开式变为密闭式；生产装置从室内走向露天；生产操作由分散控制变为集中控制。同时，也由人工手动操作变为仪表自动操作，进而又发展为计算机控制。连续化与自动生产是大型化的必然结果，但控制设备也有一定的故障率。据美国石油保险协会统计，控制系统发生故障而造成的事故占炼油厂火灾爆炸事故的6.1%。

正因为化工生产具有以上特点，安全生产在化工行业就更为重要。一些发达国家的统计资料表明，在工业企业发生的爆炸事故中，化工企业占了1/3。此外，化工生产中，不可避免地要接触有毒有害的化学物质，化工行业职业病发生率明显高于其他行业。

5. 生产的清洁化与能量的综合利用

采用资源综合利用技术、清洁生产技术、节能技术和废副产物综合利用技术，实现达到资源的合理配置，提高生产效率，提升装备自动化水平，促进流程智能化管理、园区的智能化管理、物流的智慧体系的形成。

三、化工生产事故的特点

1. 易发性

危险化学品的易燃性、反应性和毒性决定了化工安全事故的频繁发生，即危险化学品从生产、储存、运输、经营、使用到废弃的六个环节当中受热、遇湿、遇水、摩擦、撞击等就可能发生事故。如一般化工厂常见的有毒有害气体（一氧化碳、硫化氢、氮氧化物、氨、苯、二氧化硫、光气、氮气、苯酚、砷化物等）在生产工艺或存储过程中，极易在设备或管道破口处发生泄漏，在短时间内使人中毒，甚至死亡。

2. 突发性

危险化学品事故往往是在没有先兆的情况下突然发生的，而不需要一段时间的酝酿。

3. 复杂性

事故发生的原因往往比较复杂，并具有相当的隐蔽性。化工生产工艺流程复杂，涉及反应类型繁多，而且有些化工生产有许多副反应，且机理尚不完全清楚，有些则是在危险边缘如爆炸极限附近进行生产，如乙烯制环氧乙烷、甲醇氧化制甲醛等；生产过程中影响各种参数的干扰因素很多，设定的参数很容易发生偏移，一旦偏移就会造成严重的事故；由于人的素质或人机工程设计欠佳，也会造成安全事故，如看错仪表、开错阀门等，而且影响人的操作水平的因素也很复杂，如性格、心理素质、专业知识水平等；事故的发生机理常常非常复杂，许多着火、爆炸事故并不仅仅是由泄漏的气体、液体引发那么简单，而往往是由腐蚀等化学反应引起的。

4. 严重性

事故造成的后果往往非常严重，一个罐体的爆炸，会造成整个罐区的连环爆炸，一个罐区的爆炸，可能殃及生产装置，进而造成全厂性爆炸。如北京东方化工厂就发生过类似的大爆炸。更有一些化工厂，由于生产工艺的连续性，装置布置紧密，会在短时间内发生厂毁人亡的恶性爆炸，如江苏射阳一化工厂就发生过这样的爆炸。危险化学品事故不仅会因设备、装置的损坏，生产的中断而造成重大的经济损失，同时，也会造成重大的人员伤亡。

5. 持久性

事故造成的后果，往往在长时间内都得不到恢复，具有持久性。譬如，人员严重中毒，常常会造成终生难以消除的后果；对环境造成的破坏，往往需要几十年的时间进行治理。

6. 社会性

危险化学品事故往往造成惨重的人员伤亡和巨大的经济损失，影响社会稳定。灾难性事故，常常会给受害者、亲历者造成不亚于战争留下的创伤，在很长时间内都难以消除痛苦与恐怖。如重庆开县的井喷事故，造成了243人死亡，许多家庭都因此残缺破碎，生者可能永远无法抚平心中的创伤，同时，这些危险化学品泄漏事故，还可能对子孙后代造成严重的生理影响。

7. 难处置

绝大多数化工生产事故需由专门队伍、专业人员进行处置，事故现场救治也需救援人员有专业知识。危险化学品事故的类型包括爆炸、中毒、火灾等。首先，危险化学品的爆炸、火灾的机理与一般的爆炸、火灾事故不同，且常常伴随有毒物质的泄漏，因此只有救援人员对火灾的起因和泄漏的有毒物质极其熟悉的基础上，才能进行事故救援。其次，危险化学品种类繁多，不同物质的毒性及其反应机理大不相同，需要救援人员具备相当的专业水平才能保证救援工作的顺利进行。

四、化工生产事故的原因

1. 生产工艺本身具有危险性

化工生产处于高温高压、连续反应状态。所使用的原料和生产过程中的中间产品以及最终产品，如半水煤气、合成气、液氨、甲醇、甲醛、乙醛、甲酸、硫黄、甲铵液、硫酸、氢气、氯气、氯化氢、乙炔、氯乙烯、氢氧化钠等，都易燃易爆、有毒有害，有的还具有强腐蚀性、复杂的工艺流程、高度连续性等特点，对安全生产构成十分不利的因素。

2. 化工企业发展过猛、设计不完善

近几十年来，化工企业得到迅速发展，化工企业增长速度太快，造成物质、原料、材料供不应求，仓促拼凑投产，留下隐患。有些工艺设计不合理，有些企业工厂厂址没有选择好，平面布局不合理，安全距离不符合要求，或者生产工艺不成熟，还有不少的企业在进行扩建改造中，不按“三同时”要求，充分考虑安全生产的需要，增加了不安全因素。这些都给生产埋下了无法克服的先天性隐患。

3. 设备缺陷，技术状况差，失修严重

化工企业设备多，管线复杂。有些企业设备装置落后，安全水平差，加之在生产过程中忽视对设备安全管理，使设备超期服役，日趋老化。有些设备设计上没有考虑周全，也没有选择合适的材料，制造安装质量不过关，缺乏长期的维护和更新等，对安全生产构成重大威胁。

4. 企业管理不善，安全生产无保障

化工生产特点决定了车间之间、岗位之间，必须有统一指挥，密切配合，因而对企业管理提出较高的要求。但是由于“安全第一，预防为主”思想没有真正牢固树立，还存在着“重生产，轻安全”的错误观念，不能正确处理安全与生产的关系。安全生产得不到保证。

5. 员工素质较低，违章违纪现象严重

企业的安全生产，关键在于企业各级领导是否自觉遵章守纪，重视安全。大量事实证明：不少领导干部不能正确处理安全与生产的关系，没有按“五同时”要求去做，酿成事故。部分工人缺乏应有的化工知识和安全知识，违章违纪现象严重。员工素质参差不齐也是其主要原因之一，增加了生产过程中不安全因素。

6. 组织不落实

由于企业领导干部对安全生产认识不足，安全组织上未落到实处，导致事故发生频率增高。其主要表现如下：安全网络未建立；安全机构未设立或运转未设立或运转不灵；各部门、各类人员安全责任制未落实。

世界上任何事物的发生、发展和消亡，都有它内在的因素和客观条件，都有一定的规律性，事故的发生和制止也有规律可循。例如用火比较容易发生着火爆炸事故，但如果严格执行用火管理制度，防火措施也落实到位，就可以减少事故的发生。化工企业在安全生产上有很多不利因素，但并非一定会发生事故。只要充分了解生产过程中的不安全因素，采取相应措施，事故是可以避免的。

五、化工生产事故的预防

海因里希把造成人的不安全行为和物的不安全状态的主要原因归结为以下四个方面的问题：

① 不正确的态度——个别职工忽视安全，甚至故意采取不安全行为；

② 技术、知识不足——缺乏安全生产知识，缺乏经验，或技术不熟练；

③ 身体不适——生理状态或健康状况不佳，如听力或视力不良、反应迟钝、疾病、醉酒或其他生理机能障碍；

④ 不良的工作环境——照明、温度、湿度不适宜，通风不良，强烈的噪声、振动，物料堆放杂乱，作业空间狭小，设备、工具存在缺陷，以及操作规程不合适、没有安全规程等。

根据这四个方面的原因，海因里希提出了防止工业事故的四种有效的方法，后来被归纳为众所周知的3E原则。

① Engineering——工程技术。运用工程技术手段消除不安全因素，实现生产工艺、机械设备等生产条件的安全。

② Education——教育培训。利用各种形式的教育和训练，使职工树立“安全第一”的思想，掌握安全生产所必需的知识和技能。

③ Enforcement——强制管理。借助于规章制度、法规等必要的行政乃至法律的手段约束人们的行为。

一般地讲，在选择安全对策时首先应考虑工程技术措施，然后是教育、训练。实际工作中，针对不安全行为和不安全状态的产生原因，应该灵活地采取对策。例如，针对职工的不正确态度问题，应该考虑工作安排上心理学和医学方面的要求，对关键岗位上的人员要认真挑选，并且加强教育和训练，如能从工程技术上采取措施，则应该优先考虑；对于技术、知识不足的问题，应该加强教育和训练，提高其知识水平和操作技能，尽可能地根据人机学的原理进行工程技术方面的改进，降低操作的复杂程度；为了解决身体不适的问题，在分配工作任务时要考虑心理学和医学方面的要求，并尽可能从工程技术上改进，降低对人员素质的要求；对于不良的物理环境，则应采取恰当的工程技术措施来改进。即使在采取了工程技术措施，减少、控制了不安全因素的情况下，仍然要通过教育、训练和强制手段来规范人的行为，避免不安全行为的发生。

六、化工生产相关法律法规体系

在生产活动中，各级管理者必须遵循相关的法律、法规及标准，同时应当了解法律、法规及标准各自的地位及相互关系，我国安全生产法律法规体系分为以下几个层次。

1.《宪法》

《中华人民共和国宪法》（简称《宪法》）第四十二条规定：“中华人民共和国公民有劳动的权利和义务。国家通过各种途径，创造劳动就业条件，加强劳动保护，改善劳动条件，并在发展生产的基础上，提高劳动报酬和福利待遇。”第四十三条规定：“中华人民共和国劳动者有休息的权利。国家发展劳动者休息和休养的设施，规定职工的工作时间和休假制度。”第四十八条规定：“国家保护妇女的权利和利益……”宪法中所有这些规定，是我国职业安全健康立法的法律依据和指导原则。

2.《刑法》

《中华人民共和国刑法》（简称《刑法》）对违反各项劳动安全健康法律法规，情节严重者的刑事责任做了规定。如第一百三十四条规定：“【重大责任事故罪；强令违章冒险作业罪】在生产、作业中违反有关安全管理的规定，因而发生重大伤亡事故或者造成其他严重后果的，处三年以下有期徒刑或者拘役；情节特别恶劣的，处三年以上七年以下有期徒刑。【强令、组织他人违章冒险作业罪】强令他人违章冒险作业，或者明知存在重大事故隐患而不排除，仍冒险组织作业，因而发生重大伤亡事故或者造成其他严重后果的，处五年以下有期徒刑或者拘役；情节特别恶劣的，处五年以上有期徒刑。”第一百三十五条规定：“举办大型群众性活动违反安全管理规定，因而发生重大伤亡事故或者造成其他严重后果的，对直接负责的主管人员和其他直接责任人员，处三年以下有期徒刑或者拘役；情节特别恶劣的，处三年以上七年以下有期徒刑。”第一百三十六条规定：“违反爆炸性、易燃性、放射性、毒害性、腐蚀性物品的管理规定，在生产、储存、运输、使用中发生重大事故，造成严重后果的，处三年以下有期徒刑或者拘役；后果特别严重的，处三年以上七年以下有期徒刑。”第一百三十七条规定：“建设单位、设计单位、施工单位、工程监理单位违反国家规定，降低工程质量标准，造成重大安全事故的，对直接责任人员，处五年以下有期徒刑或者拘役，并处罚金；后果特别严重的，处五年以上十年以下有期徒刑，并处罚金。”第一百三十九条规定：“违反消防管理法规，经消防监督机构通知采取改正措施而拒绝执行，造成严重后果的，对直接责任人员，处三年以下有期徒刑或者拘役；后果特别严重的，处三年以上七年以下有期徒刑。”

3. 基本法

基本法是全国人民代表大会及其常务委员会对安全生产活动的宏观规定，侧重于对政府机关、社会团体、企事业单位的组织、职能、权利、义务等以及产品生产组织管理和生产基本程序进行规定，以主席令形式公布。

4. 专项法

专项法是针对特定的安全生产领域和特定保护对象而制定的单项法律。如1992年11月，第七届全国人大常委会第二十八次会议通过的我国第一部有关职业安全健康的法律——《中华人民共和国矿山安全法》，此外还有《中华人民共和国海上交通安全法》《中华人民共和国消防法》《中华人民共和国职业病防治法》等。

了解安全生产法

5. 相关法

安全生产与职业健康涉及社会生产活动各方面，因而我国制定颁布的一系列法律均与此相关。如《中华人民共和国全民所有制工业企业法》的第三章“企业的权利和义务”第四十一条指出：“企业必须贯彻安全生产制度，改善劳动条件，做好劳动保护和环境保护工作，做到安全生产和文明生产。”《中华人民共和国标准化法》（简称《标准化法》）第十四条规定：“对保障人身健康和生命财产安全、国家安全、生态环境安全以及经济社会发展所急需的标准项目，制定标准的行政主管部门应当优先立项并及时完成”。其他一些法律，如《中华人民共和国妇女权益保障法》《中华人民共和国环境保护法》和《中华人民共和国工会法》中部分条款也与安全生产、职业健康有关，因而也属于此类。

6. 行政法规

由国务院组织制定并批准公布的，为实施职业安全健康法律或规范安全管理制度及程序而颁布的条例、规定等，如《危险化学品安全管理条例》《中华人民共和国尘肺病防治条例》和《国务院关于特大安全事故行政责任追究的规定》等。

7. 部门规章

部门规章是国务院各部委根据法律、行政法规颁布的行政规章。部门规章对全国有关行政管理部门具有约束力，但它的效力低于行政法规，以部委第几号令发布。例如，国家安全生产监督管理总局令第41号《危险化学品生产企业安全许可证实施办法》。

8. 地方性法规和地方性规章

（1）地方性法规　地方性法规是省、自治区、直辖市人民代表大会及其常务委员会，根据本行政区的特点，在不与宪法、法律、行政法规相抵触的情况下制定的行政法规，仅在地方性法规所辖行政区域内有法律效力。

（2）地方性规章　地方性规章是地方人民政府根据法律、法规制定的规章，仅在其行政区域内有效，其法律效力低于地方性法规。例如2001年5月22日北京市人民政府令2001年第76号《北京市关于重大安全事故行政责任追究的规定》。

9. 国际劳工公约

国际劳工公约，是国际职业安全健康法律规范的一种形式，它不是由国际劳工组织直接实施的法律规范，而是采用会员国批准，并由会员国作为制定国内法规依据的公约文本。国际劳工公约经国家权力机关批准后，批准国应采取必要的措施使该公约发挥效力，并负有实施已批准的劳工公约的国际法义务。如我国已加入的《作业场所安全使用化学品公约》《三方协商促进履行国际劳工标准公约》等。

七、标准体系

所谓标准体系，就是根据标准的特点和要求，按照它们的性质功能、内在联系进行分级、分类，构成一个有机联系的整体。体系内的各种标准互相联系、互相依存、互相补充，具有很好的配套性和协调性。化工安全标准体系不是一成不变的，它与一定时期的技术经济水平以及安全生产状况相适应，因此，它随着技术经济的发展、化工安全生产要求的提高而不断变化。

1. 标准的分级

我国现行的标准体系主要由三级构成，即国家标准、行业标准和地方标准。

（1）国家标准　国家标准是在全国范围内统一的技术要求，是我国职业安全健康标准体系中的主体。主要由国家安全生产综合管理部门、卫生部门组织制定、归口管理，国家质量监督检验检疫总局发布实施。强制性国家标准的代号为“GB”，推荐性国家标准的代号为“GB/T”。

（2）行业标准　行业标准是对没有国家标准而又需要在全国范围内统一制定的标准，是国家标准的补充。强制性安全行业标准代号为“AQ”，推荐性安全行业标准的代号为“AQ/T”。由安全生产行政管理部门及各行业部门制定并发布实施，国家质量监督检验检疫总局备案。

（3）地方标准　根据《中华人民共和国标准化法》，对没有国家标准和行业标准而又需要在省、自治区、直辖市范围内统一的工业产品的安全、卫生要求，可以制定地方标准。地方标准由省、自治区、直辖市标准化行政主管部门制定，并报国务院标准化行政主管部门和国务院有关行政主管部门备案。在公布国家标准或者行业标准之后，该项地方标准即废止。

对于特殊情况而我国又暂无相对应的职业安全健康标准时，可采用国际标准。采用国际标准时，必须与我国标准体系进行对比分析或验证，应不低于我国相关标准或暂行规定的要求，并经有关安全生产综合管理部门批准。

2. 标准的分类

国家标准及行业标准中按标准对象特性分类，主要包括基础标准、产品标准、方法标准和卫生标准等。

（1）基础标准　基础标准是指在一定范围内作为其他标准的基础，被普遍使用、具有广泛指导意义的标准，如《安全色》《职业安全卫生术语》《危险货物运输包装通用技术条件》和《企业职工伤亡事故分类》等。

（2）产品标准　产品标准是指为保证产品的适用性，对产品必须达到的主要性能参数、质量指标、使用维护的要求等所制定的标准，如《电梯技术条件》《呼吸防护　自吸过滤式防毒面具》等。

（3）方法标准　方法标准是指以设计、实验、统计、计算、操作等各种方法为对象的标准。其中内容是以设计、制造、施工、检验等技术事项做出统一规定的标准，一般称作“规范”，如《工业企业噪声控制设计规范》《工业企业总平面设计规范》等；内容是对工艺、操作、安装、检定等具体技术要求和实施程序做出统一规定的标准，一般称作“规程”，如《缺氧危险作业安全规程》和《起重机械安全规程》等。

（4）卫生标准　卫生标准中规定了工作场所中接触有毒有害物质所不应超过的数值，如《工业企业设计卫生标准》（GBZ 1—2010）等。

3. 标准的性质

按标准的性质一般可分为两类：一类是强制性标准，其代号为“GB”（“国标”汉语拼音的第一个字母），另一类是推荐性国家标准，其代号为“GB/T”（“T”为“推”的汉语拼音的第一个字母）。对于强制性标准，国家要求“必须执行”；对于推荐性标准，国家鼓励企业“自愿采用”。

（1）强制性标准　为改善劳动条件，加强劳动保护，防止各类事故发生，减轻职业危害，保护职工的安全健康，建立统一协调、功能齐全、衔接配套的劳动保护法律体系和标准体系，强化劳动安全卫生监察，必须强制执行。在国际上，环境保护、食品卫生和劳动安全卫生问题，越来越引起各国有关方面的重视，制定了大量的安全卫生标准。在这些标准中，经济上的考虑往往是第二位的，即安全第一，经济第二。根据《标准化法》规定，保障人身、财产安全的标准和法律、行政法规规定强制执行的标准是强制性标准，其他标准是推荐性标准。省、自治区、直辖市标准化行政主管部门制定的工业产品的安全、卫生要求的地方标准，在本行政区域内是强制性标准。《中华人民共和国标准化法实施条例》

第十八条规定强制性标准有“（二）产品及产品生产、储运和使用中的安全、卫生标准，劳动安全、卫生标准，运输安全标准；（三）工程建设的质量、安全、卫生标准及国家需要控制的其他工程建设标准……”

（2）推荐性标准 国家规定的强制性标准以外，或是根据国家和企业的生产水平、经济条件、技术能力和人员素质等方面考虑，在全国、全行业强制性统一，执行有困难时，此类标准作为推荐性标准执行。《标准化法》及《中华人民共和国标准化法条文解释》中规定对于推荐性标准，国家将采取优惠措施，鼓励企业采用推荐性标准。推荐性标准一旦纳入指令性文件，将具有相应的行政约束力。如《职业健康安全管理体系 要求及使用指南》（GB/T 45001—2020）。

八、安全生产相关法律法规及标准

安全生产相关法律法规及标准有《中华人民共和国安全生产法》《危险化学品安全管理条例》（国务院令第591号）《安全生产许可证条例》（国务院令第397号）《使用有毒物品作业场所劳动保护条例》（国务院令第352号）《特种设备安全监察条例》（国务院令第373号）《中华人民共和国监控化学品管理条例》（国务院令第190号）《工作场所 安全使用化学品规定》（劳部发［1996］423号）《作业场所安全使用化学品公约》（第170号国际公约）《作业场所安全使用化学品建议书》（第177号建议书）《危险化学品生产企业安全生产许可证实施办法》（国家安全生产监督管理总局令第41号）《危险化学品生产储存建设项目安全审查办法》（国家安全生产监督管理总局令第17号）《危险货物分类和品名编号》（GB 6944—2012）《危险货物品名表》（GB 12268—2012）《危险化学品重大危险源辨识》（GB 18218－2018）《危险化学品经营企业安全技术基本要求》（GB 18265—2019）《建筑设计防火规范（2018年版）》（GB 50016—2014）《石油化工企业设计防火标准（2018年版）》（GB 50160—2008）《建筑物防雷设计规范》（GB 50057—2010）《工作场所有害因素职业接触限值 第1部分：化学有害因素》（GBZ 2.1—2019）《工作场所有害因素职业接触限值 第2部分：物理因素》（GBZ 2.2—2007）《工业企业设计 卫生标准》（GBZ1—2010）《常用化学危险品贮存通则》（GB 15603—1995）《化学品分类和危险性公示通则》（GB 13690—2009）《化学品安全技术说明书内容和项目顺序》（GB/T 16483—2008）《化学品安全标签编写规定》（GB 15258—2009）《危险货物包装标志》（GB 190—2009）《包装储运图示标志》（GB/T 191—2008）《工业管路的基本识别色、识别符号和安全标识》（GB 7231—2003）《危险化学品事故应急救援预案编制导则（单位版）》（安监管危化字［2004］43号）《化学品生产单位盲板抽堵作业安全规范》（AQ 3027—2008）《化学品生产单位吊装作业安全规范》（AQ 3021—2008）《缺氧危险作业安全规程》（GB 8958—2006）《焊接与切割安全》（GB 9448—1999）《职业性接触毒物危害程度分级》（GBZ 230—2010）《有毒作业分级》（GB 12331—1990）《铅作业安全卫生规程》（GB 13746—2008）等。

案例分析

案例一：2021 年年初，工信部发布的《工业互联网创新发展行动计划（2021～2023 年）》提出，深化“5G＋工业互联网”，在安全、健康、环境等理念下采用物联网、大数据、人工智能等新一代信息化技术，建成“安全、创新、绿色、智能、协调”的新型智慧化工园区。

工业互联网创新发展行动计划（2021～2023 年）

结合以上案例，收集整理并分析国内外石化企业的管理理念及具体方案。

案例二：印度博帕尔灾难是历史上最严重的工业化学事故，影响巨大。1984 年 12 月 3 日凌晨，印度博帕尔市的美国联合碳化物属下的联合碳化物（印度）有限公司设于贫民区附近一所农药厂发生氰化物泄漏，引发了严重的后果。造成了 2.5 万人直接致死，55 万人间接致死，另外有 20 多万人永久残废的人间惨剧。现在当地居民的患癌率及儿童夭折率，仍然因这场灾难远比其他印度城市要高。

结合以上案例，分析导致印度博帕尔事件发生的主要原因，并总结经验教训。

思考与讨论

1. 学习本课程之前你对 HSE 和化工安全生产的理解有哪些？

2. 学习后是否明确了学习 HSE 的意义？

3. 讨论如何将 HSE 理念运用到实践中。

4. 通过学习，对照学习目标，自己收获了哪些知识点，提升了哪些技能？

5. 在学习过程中遇到哪些困难，借助哪些学习资源解决遇到的问题（例如：参考教材、文献资料、视频、动画、微课、标准、规范、课件等）？

6. 在学习过程中，采用了哪些学习方法强化知识、提升技能（例如：小组讨论、自主探究、案例研究、观点阐述、学习总结、习题强化等）？

7. 在小组学习中能否提出小组共同思考与解决的问题，这些问题是否在小组讨论中得到解决？

8. 学习过程中遇到哪些困难需要教师指导完成？

9. 还希望了解或掌握哪些方面的知识，希望通过哪些途径来获取这些资源？

第二章

职业防护技术

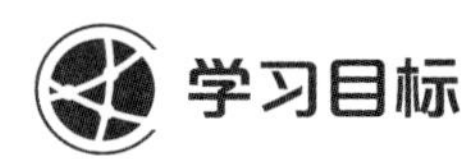

学习目标

1. 知识目标

① 了解职业病定义、种类及特点。

② 熟悉劳动防护用品的作用、特点及分类。

③ 掌握防尘、防毒及其他职业危害的控制措施。

④ 熟悉化学品事故的应急救援流程。

2. 能力目标

① 能在工作中有效预防职业病。

② 能依据具体作业环境正确选择劳动防护用品。

③ 能正确佩戴劳动防护用品。

④ 会心肺复苏、止血、包扎、固定与搬运等各类应急救护技术。

3. 素质目标

① 具备职业防护、健康监护的能力。

② 具备自我保护、自我救护及救护他人的能力。

③ 具备严谨求实、一丝不苟的实训态度。

4. 思政目标

① 树立安全生产、生命至上的意识。

② 树立化工安全职业的岗位责任意识和职业荣誉感。

第一节　认识职业病

一、职业病的定义

根据《中华人民共和国职业病防治法》规定：职业病是指企业、事业单位和个体经济组织等用人单位的劳动者在职业活动中，因接触粉尘、放射性物质和其他有毒、有害物质等因素而引起的疾病。

了解相关法律法规-职业病防治法

《中华人民共和国职业病防治法》规定的职业病，必须具备以下四个条件：①患病主体是企业、事业单位或个体经济组织的劳动者；②必须是在从事职业活动的过程中产生的；③必须是因接触粉尘、放射性物质和其他有毒、有害物质等职业病危害因素引起的；④必须是国家公布的职业病分类和目录所列的职业病。四个条件缺一不可。

中国职业病呈现五大特点，分别是：①接触职业病危害人数多，患病数量大；②职业病危害分布行业广，中小企业危害严重；③职业病危害流动性大、危害转移严重；④职业病具有隐匿性、迟发性特点，危害往往被忽视；⑤职业病危害造成的经济损失巨大，影响长远。

2013年12月23日，国家卫生计生委、人力资源社会保障部、安全监管总局、全国总工会4部门联合印发《职业病分类和目录》，分10类共132种。其中：尘肺病（又称肺尘埃沉着病）13种和其他呼吸系统疾病6种；职业性放射性疾病11种；职业性化学中毒60种；物理因素所致职业病7种；职业性传染病5种；职业性皮肤病9种；职业性眼病3种；职业性耳鼻喉口腔疾病4种；职业性肿瘤11种；其他职业病3种。

二、职业病危害因素

职业病危害，指对从事职业活动的劳动者可能导致职业病的各种危害。职业病危害因素包括：职业活动中存在的各种有害的化学、物理、生物等因素，以及在作业过程中产生的其他职业有害因素。职业病危害因素按其来源可概括为三类。

1. 生产过程中的职业危害因素

（1）化学因素　包括毒物，如铅、汞、苯、氯气、硫化氢等；粉尘，如矽尘、煤尘、塑料粉尘等；灼伤物，如硫酸、氨水、黄磷、甲醛等。

（2）物理因素　包括异常气候条件和不良工作环境，如高温、低温、高湿、高压、辐射、噪声、振动等。

（3）生物因素　包括作业场所存在的微生物、病菌，如炭疽杆菌、布鲁氏菌、霉菌等。

2. 劳动过程中的职业危害因素

（1）劳动组织不当　如超时工作，作业方式不合理，劳动作息时间安排不当等。

（2）劳动强度过大　如超负荷工作，作业强度超过劳动者机能，未考虑性别因素等。

（3）个体差异或非职业性疾病因素影响　如视力差，血压高，有恐高症，或受烟酒、药物、心理因素的刺激等。

（4）不良的人机匹配　如劳动体位不妥，人与机器间距不当，工具不合适等。

3. 生产环境中的职业危害因素

（1）生产场所设计不合理　如厂房布局上把有粉尘源的车间放在常年上风口，建筑物容积或建筑构件与生产性质不相适应等。

（2）缺乏安全卫生防护设施　如作业场所采光、照明不足，地面湿滑，没有通风设备等；防尘、防爆、防暑、防冻等设施缺乏或不足；个人防护用品不足或有缺陷等。

（3）特殊工场的不良作业条件　如由于生产工艺需要而设置的冷库低温、烘房高温等。

三、职业病的预防

1. 职业病的特点

（1）病因明确　病因即职业性有害因素，这些因素可直接或间接、个别或共同地发生作用。

（2）存在剂量-反应关系　其病因是可定量检测的，有害因素的接触水平、时间与发病率或机体受损程度有明显的关系。

（3）发病群发性与个案性　接触同一种职业性有害因素的人群中有一定数量的职业病病例发生，很少出现单一病人的现象。但也不可忽视个案发病的特异性，如慢性中毒的患者常以个案出现。

（4）临床疗效多不满意　多无特效治疗方法和治疗药物，如能早期发现，处理得当，预后良好。

（5）发病可以预防　由于病因明确，可控制和消除病因，职业病可以预防。

2. 职业病预防原则

职业病的发生，取决于职业性危害因素、职业性接触作用、劳动者个体因素等“三要素”，即与危害因素的理化性质、浓度大小，人和危害因素的接触机会、时间、强度，个体因素差异（年龄、性别、遗传因素、身体素质、卫生习惯等）有关。因此，采取综合措施杜绝职业性危害因素，创造良好劳动条件，提高个人防护意识和能力，是职业病预防的关键。在具体的预防工作中，应坚持“三级预防”原则。

（1）一级预防　即病因预防，是消除或控制职业性有害因素，预防职业病发生的根本性措施。

① 工程技术措施。一是科学设计厂房建筑，产生有毒物质的作业应单独设立车间，治理各种有害物质的设施必须与主体工程同时设计、同时施工、同时投产；二是改变生产工艺，用低毒物质代替有毒物质，禁止使用某些已证明了有致癌作用的物质；三是生产过程实行机械化、自动化和密闭化，最大限度减少工人直接接触机会；四是加强通风、除尘、排毒措施，降低有害物质在空气中的浓度。

② 组织措施。为了有效防治职业危害，我国颁布了各种卫生法规和标准。如《中华人民共和国劳动法》《工业企业设计卫生标准》（GBZ 1—2010）《中华人民共和国尘肺防

治条例》等。工矿企业应贯彻落实各项卫生法规，合理安排劳动过程，建立健全劳动制度。卫生机构应加强劳动卫生监督，对现有企业执行劳动卫生法规和卫生标准情况进行检查，对企业设计与投产前进行审查和鉴定。

③ 卫生保健措施。一是加强职业健康教育，提高劳动者自我保健意识，严格遵守安全操作规程，注意个人卫生，做好个人防护；二是做好就业前的健康检查和定期检查，发现就业禁忌和早期发现职业疾病的可疑征象；三是在保证平衡膳食基础上，根据接触毒物的性质及作用特点，合理供给保健食品，适当补充某些特殊需要的营养成分，增强机体抵抗力，保护受影响的器官，发挥营养物质的解毒作用。

（2）二级预防　为临床前期预防，对职业病做到早期发现、早期诊断和早期治疗是二级预防的主要内容。其主要措施有：①对职业人群开展普查、筛检、定期健康检查、群众自我检查、高危人群的重点项目检查等，及早发现、明确诊断，使患者能得到及时的治疗和处理；②定期监测生产环境中有害物质的浓度，如超过国家容许标准，应及时查明原因，采取防治措施。

（3）三级预防　为临床预防。患者在明确为职业病后，能得到及时、合理的处理，防止恶化或复发，防止劳动能力的丧失。对慢性职业病患者，通过医学监护，预防并发症和伤残。对已经丧失劳动能力或伤残者，应进行康复治疗，努力做到病而不残，残而不废，延长寿命。

三级预防措施的有效施行，必须是在地方政府领导下、企业各级管理部门及业务单位共同协作配合，认真贯彻国家的法律法规、方针政策，结合本单位情况，制定出具体措施才能落实。

3. 职业病预防措施

（1）作业环境监测

① 化学毒物监测。

空气采样。可分为区域采样和个体采样两种方式，定点定时对空气质量进行监控，测定有害物质浓度，掌握空气质量准确数据。

皮肤污染测定。对有机磷农药、苯胺、四乙基铅这类能通过皮肤吸收的化学品的接触人员，测定其皮肤、衣服、手套等的污染量。

生物学监测。采集人的生物样品如尿液、血液、头发、指甲、唾液等，进行化学毒物化验检查，包括反映毒物吸收（如血铅、尿酚、发汞等）、毒作用、毒物所致病损的三项指标，以判断毒物对人体组织器官是否产生了损害以及损害的程度。

② 物理因素监测。物理因素的监测大多采用仪器测定，如评价作业地点的噪声强度和噪声分布情况等。物理因素对人体的作用强度，主要取决于发生源的特性、数量、分布和距离等，监测时应确定监测点、监测时间和次数，并做好监测记录。

③ 生产性粉尘监测。生产性粉尘监测的项目主要有粉尘浓度、粉尘分散度、粉尘中游离二氧化硅含量等。通过对作业场所空气中粉尘的分析检测，了解粉尘含量及其变化情况，以便及时采取相应的控制措施。

（2）职业健康监护　职业健康监护主要是通过预防性健康检查，早期发现职业性危害，以便及时采取措施减少或消除致害因素，同时对接触过致害因素的人员及早进行观察或治疗。

① 健康检查。

就业前健康检查。这是对准备就业的人员进行的健康检查。一般检查其体质和健康状况是否适合从事某职业，对危险作业是否有职业禁忌证和危及他人的疾病，如心脏病、精神病等；同时取得基础健康状况第一手资料，供日后定期检查或进行动态观察时对比分析。

从业人员定期体检。这是按一定时间间隔（通常为一年），主要针对接触职业危害因素的作业人员进行的健康检查。目的是及早发现和诊治职业病患者或其他疾病患者，并对高危易感人群作重点监护；发现有早期可疑症状者，进行职业病筛查，查出不适合从事某职业或某工种的人员，应调离或变换工种。

离岗健康检查。这是对即将调离或退职离开存在职业危害的岗位人员进行的健康检查。通过检查确认其在岗工作期间是否受到职业性危害，以消除离岗人员的心理担忧；若有危害，则应根据病情助其诊治。退休人员也应定期进行体检，以利于对某些潜伏期较长的职业病（如晚发型硅沉着病）能及时进行治疗。

② 建立健康监护档案。健康监护档案包括：职业史、疾病史、家族病史、职业危害因素的接触状况、个人健康基础资料等，应予建立和健全。

③ 跟踪监护。对接触过职业危害因素的人员或职业病疑似患者，应进行健康跟踪观察监护，并对其健康监护资料进行积累、统计和分析，以期早预防、早治疗。

（3）管理与技术措施　用人单位必须严格执行《工作场所职业卫生管理规定》（国家卫生健康委员会令第 5 号），同时预防职业病，也要从设备和技术方面来考虑。例如，改革工艺、隔离密闭、通风排气等。有一点必须强调指出，防尘、防毒和有关防护设备安装后，要注意维护和检修，以保证它起到应有的防护效果。

第二节　劳动防护用品分类及选用

一、劳动防护用品分类

1. 劳动防护用品的定义

劳动防护用品，是指保护劳动者在生产过程中的人身安全与健康所必备的一种防御性装备，对于减少职业危害起着相当重要的作用。

2. 劳动防护用品的作用

在生产劳动过程中，由于作业环境条件异常，或安全装置缺乏和有缺陷，或操作失误，或突发其他意外情况，往往会引发工伤事故或职业危害。为了防止工伤事故和职业危害，劳动者必须使用劳动防护用品，一旦遭遇意外事故或发生职业危害，所穿（佩）戴的护品就会起到至关重要的作用。

（1）隔离和屏蔽作用　使用一定的隔离或屏蔽物，将人体全部或局部与外界隔开或减少接触，能有效防御职业性损伤。譬如防护服装，穿戴齐全工作服、帽、鞋、手套等，能隔绝和减少生产性粉尘和酸雾气体的刺激，预防职业性皮肤病，避免直接性灼伤等；对于糜烂性毒剂使用隔绝式防毒服，对于放射性物质使用防辐射服，都能起到很好的防护作用。

（2）过滤和吸附作用　利用活性炭或某些化学吸附剂对毒物的吸附作用，将有毒气体（或蒸气）经过滤装置净化为无毒空气，就能避免呼吸中毒。如在有毒环境中作业时，作业人员必须根据作业状况、个体差异正确佩戴防毒面具。

（3）保险和分散作用　在登高、井下或悬空作业时，利用绳、带、网等器械或佩戴安全帽，能对作业人员起到安全保护的作用。如戴安全帽、系安全带或挂安全网等，在受到高空坠物冲击或失足坠落时，就是比较保险的安全措施，特别是安全帽能分散头部冲击力度。

劳动防护用品又分为一般劳动防护用品和特殊劳动防护用品。一般劳动防护用品只是劳动保护的辅助性措施，它区别于劳动保护的根本性措施——改善生产劳动条件、实施卫生技术措施等。防护用品对人的保护作用是有限度的，当伤害超过允许的防护范围时，护品就会失去作用。尽管如此，防护用品仍是劳动保护必不可少的装备，是劳动者安全作业的最后一道防线。一般情况下都把对人体的危害因素包含在防护用品的安全限度内，各种护品已具有消除或减轻事故伤害和职业危害的作用。特别在劳动条件差、危害程度高或突发意外事故时，如抢修设备、露天作业、现场急救或排查隐患等，防护用品尤其是特种防护用品会成为劳动保护的主要措施，能在很大程度上对人体起到保护作用。

3. 劳动防护用品的特点

（1）特殊性　劳动防护用品不同于一般的商品，它是保障劳动者安全与健康的特殊用品，使用在特定的生产作业场所。我国施行的《用人单位劳动防护用品管理规定》第八条规定，劳动者在作业过程中，应当按照规章制度和劳动防护用品使用规则，正确佩戴和使用劳动防护用品。

（2）适用性　劳动防护用品的适用性，包括防护用品选择的适用性和使用的适用性。选择的适用性是指必须根据不同的工种、作业环境以及使用者自身特点，选择适合的护品，如防护鞋（靴），就须根据生产场合防静电、防高温、防酸碱等不同特殊需求分类选择，并按使用者尺寸配发。使用的适用性是指护品不仅防护性能可靠，而且使用性能要好，且方便、灵活，作业者乐于使用，如防噪声耳塞有大小型号之分，若使用的型号不合适，既有可能起不到很好的防护作用，又可能让人戴上很不舒服。

（3）时效性　劳动防护用品要求有一定的使用寿命，其本身的质量以及维护和保养十分重要。如橡胶、塑料制作的护品，长时间受紫外线或冷热温度影响会逐渐老化而易折损；有些护目镜和面罩，受光线照射和擦拭影响，或酸碱蒸气腐蚀，镜片的透光率会逐渐下降而失效；绝缘、防静电和导电鞋（靴），会随着鞋底的磨损改变其性能；一般的防护用品受保存条件如温度、湿度影响，也会缩短其使用年限等。在使用或保存期内遭到损坏或超过有效使用期的防护用品，应实行报废。

4. 劳动防护用品的分类方法

劳动防护用品的分类方法较多，有按原材料分类的，也有按使用性质或防护功能分类的，从劳动卫生学的角度，通常按人体防护部位分类，我国制定的标准《劳动防护用品分类与代码》（LD/T 75—1995）即以人体防护部位分类，共分9大类。该分类方法既保持了劳动防护用品分类的科学性，同国际标准化分类统一，又兼顾了防护功能和材料、用途分类的合理性。这9大类劳动防护用品，分别是以阿拉伯数字从1～9代表头部、呼吸器官、眼（面）部、听觉器官、手部、足部、躯体、皮肤等部位防护用品和防坠落及其他护品。

认识个人防护用品

① 头部护具类。用于保护头部，防撞击和挤压伤害、防物料喷溅、防粉尘等的护具。主要有玻璃钢、塑料、橡胶、玻璃、胶纸、防寒和竹编安全帽以及防尘帽、防冲击面罩等。

② 呼吸器官护具类。预防肺尘埃沉着病和职业病的重要护品。按用途分为防尘、防毒、供氧三类，按作用原理分为过滤式、隔绝式两类。

③ 眼防护具。用以保护作业人员的眼睛、面部，防止外来伤害。分为焊接用眼防护具、炉窑用眼护具、防冲击眼护具、微波防护具、激光防护镜以及防X射线、防化学、防尘等眼护具。

④ 听力护具。长期在90dB以上或短时在115dB以上环境中工作时应使用听力护具。听力护具有耳塞、耳罩和帽盔三类。

⑤ 防护鞋。用于保护足部免受伤害。目前主要产品有防砸、绝缘、防静电、耐酸碱、耐油、防滑鞋等。

⑥ 防护手套。用于手部保护，主要有耐酸碱手套、电工绝缘手套、电焊手套、防X射线手套、石棉手套、丁腈手套等。

⑦ 防护服。用于保护职工免受劳动环境中的物理、化学因素的伤害。防护服分为特殊防护服和一般作业服两类。

⑧ 防坠落护具。用于防止坠落事故发生。主要有安全带、安全绳和安全网。

⑨ 护肤用品。用于外露皮肤的保护。分为护肤膏和洗涤剂。

二、劳动防护用品选用

1. 选用原则

① 根据国家标准、行业标准或地方标准选用。

② 根据生产作业环境、劳动强度以及生产岗位接触有害因素的存在形式、性质、浓度（或强度）和防护用品的防护性能进行选用。

③ 穿戴要舒适方便，不影响工作。

2. 对用人单位发放的要求

① 根据工作场所中的职业危害因素及其危害程度，按国家经贸委2000年颁布的《劳动防护用品配备标准（试行）》规定的国家工种分类目录中的典型工种的劳动防护用品配备标准，为从业人员免费提供符合国家规定的护品。不得以货币或其他物品替代应当配备的护品。

② 到定点经营单位或生产企业购买特种劳动防护用品。护品必须具有“三证”，即生

产许可证、产品合格证和安全鉴定证。购买的护品须经本单位安全管理部门验收。按照护品的使用要求，在使用前对其防护功能进行必要的检查。

③ 教育从业人员，按照护品的使用规则和防护要求，做到“三会”：会检查护品的可靠性；会正确使用护品；会正确维护保养护品，并进行监督检查。

④ 按照产品说明书的要求，及时更换、报废过期和失效的护品。

⑤ 建立、健全护品的购买、验收、保管、发放、使用、更换、报废等管理制度和使用档案，并切实贯彻执行和进行必要的监督检查。

3. 劳动防护用品的正确使用方法

① 使用前首先做外观检查，以认定劳动防护用品对有害因素防护效能的程度，外观有无缺陷或损坏，各部件组装是否严密，启动是否灵活等。

② 严格按照《使用说明书》正确使用劳动防护用品。

③ 在性能范围内使用防护用品，不得超极限使用；不得使用未经国家指定、未经监测部门认可或经检测达不到标准要求的产品；不能随便代替，更不能以次充好。

第三节　职业卫生技术

一、防尘技术

1. 生产性粉尘的来源

“粉尘”是对能较长时间悬浮于空气中的固体颗粒物的总称。粉尘是一种气溶胶，固体微小尘粒实际是分布于以空气作为胶体溶液里的固体分散介质。在生产中，与生产过程有关而形成的粉尘叫生产性粉尘。

生产性粉尘来源甚广，几乎所有矿山和厂矿在生产过程中均可产生粉尘。如采矿和隧道的打钻、爆破、搬运等，矿石的破碎、磨粉、包装等，机械工业的铸造、翻砂、清砂等，以及玻璃、耐火材料等工业，均可接触大量粉尘、煤尘；而从事皮革、棉毛、烟茶等加工行业和塑料制品行业的人，可接触相应的有机性粉尘。生产性粉尘的主要来源有以下几个方面。

① 固体物料经机械性撞击、研磨、碾轧而形成，经气流扬散而悬浮于空气中的固体微粒。

② 物质加热时产生的蒸气在空气中凝结或被氧化形成的烟尘。

③ 有机物质的不完全燃烧，形成的烟。

2. 生产性粉尘的分类

（1）以生产性粉尘的性质分类

① 无机性粉尘。根据来源不同，有金属性粉尘，例如铝、铁、锡、铅、锰等金属及化合物粉尘；非金属的矿物粉尘，例如石英、石棉、滑石、煤等；人工无机粉尘，例如水泥、玻璃纤维、金刚砂等。

② 有机性粉尘。植物性粉尘，例如木尘、烟草、棉、麻、谷物、茶、甘蔗等粉尘；

动物性粉尘，例如畜毛、羽毛、角粉、骨质等粉尘。

③ 合成材料粉尘。主要见于塑料加工过程中。塑料的基本成分除高分子聚合物外，还含有填料、增塑剂、稳定剂、色素及其他添加剂。

（2）以粉尘的来源分类

① 尘：固态分散性气溶胶，固体物料经机械性撞击、研磨、碾轧而形成，粒径为0.25～20μm，其中大部分为0.5～5μm。

② 雾：分散性气溶胶，为溶液经蒸发、冷凝或受到冲击形成的溶液粒子，粒径为0.05～50μm。

③ 烟：固态凝聚性气溶胶，包括金属熔炼过程中产生的氧化微粒或升华凝结产物、燃烧过程中产生的烟，粒径＜1μm，其中较多的粒径为0.01～0.1μm。

（3）以产生粉尘的生产工序分类

① 一次性烟尘：由烟尘源直接排出的烟尘。

② 二次性烟尘：经一次收集未能全部排除而散发出的烟尘，相应的有各种移动、零散的烟尘点。

（4）以粉尘的物性分类

① 吸湿性粉尘、非吸湿性粉尘。

② 不粘尘、微粘尘、中粘尘、强粘尘。

③ 可燃尘、不燃尘。

④ 爆炸性粉尘、非爆炸性粉尘。

⑤ 高比电阻尘、一般比电阻尘、导电性尘。

⑥ 可溶性粉尘、不溶性粉尘。

3. 生产性粉尘的危害

（1）健康危害　根据不同特性，粉尘可对机体引起各种损害。如可溶性有毒粉尘进入呼吸道后，能很快被吸收入血流，引起中毒；放射性粉尘，则可造成放射性损伤；某些硬质粉尘可损伤角膜及结膜，引起角膜浑浊和结膜炎等；粉尘堵塞皮脂腺和机械性刺激皮肤时，可引起粉刺、毛囊炎、脓皮病及皮肤皲裂等；粉尘进入外耳道混在皮脂中，可形成耳垢等。

粉尘对机体影响最大的是呼吸系统损害，包括上呼吸道炎症、肺炎（如锰尘）、肺肉芽肿（如铍尘）、肺癌（如石棉尘、砷尘）、肺尘埃沉着病（如二氧化硅等尘）以及其他职业性肺部疾病等。

肺尘埃沉着病是由于在生产环境中长期吸入生产性粉尘而引起的弥漫性肺间质纤维化改变为主的疾病。它是职业性疾病中影响面最广、危害最严重的一类疾病。

根据粉尘性质不同，肺尘埃沉着病的病理学特点也轻重不一。如：①石英、石棉所引起的间质反应以胶原纤维化为主，胶原纤维化往往成层排列成结节状，肺部结构永久性破坏，肺功能逐渐受影响，一旦发生，即使停止接触粉尘，肺部病变仍在继续；②锡、铁、锑等粉尘，主要沉积于肺组织中，呈现异物反应，以网状纤维增生的间质纤维化为主，在X射线胸片上可以看到满肺野结节状阴影，主要是这些金属的沉着，这类病变不损伤肺泡结构，因此肺功能一般不受影响，脱离粉尘作业，病变可以不再继续发展，甚至肺部阴影逐渐消退。

其他职业性肺部疾病有吸入棉、亚麻或大麻尘引起的棉尘病，主要出现胸闷、气急和（或）咳嗽症状，可有急性肺通气功能改变，吸烟又吸入棉尘可引起非特异性慢性阻塞性肺病（COPD）；职业性变态反应肺泡炎是由于吸入带有霉菌孢子的植物性粉尘，如草料尘、粮谷尘、蔗渣尘等引起的，患者常在接触粉尘 4～8h 后出现畏寒、发热、气促、干咳，第二天后自行消失，急性症状反复发作可以发展为慢性，并产生不可逆的肺组织纤维增生和 COPD；职业性哮喘可在吸入很多种粉尘（例如铬酸盐、硫酸镍、氯铂酸铵等）后发生。这些均已纳入职业病范围。

（2）粉尘爆炸　粉尘爆炸，指可燃粉尘在受限空间内与空气混合形成的粉尘云，在点火源作用下，形成的粉尘空气混合物快速燃烧，并引起温度压力急骤升高的化学反应。

粉尘爆炸多发生在伴有铝粉、锌粉、铝材加工研磨粉、各种塑料粉末、有机合成药品的中间体、小麦粉、糖、木屑、染料、胶木灰、奶粉、茶叶粉末、烟草粉末、煤尘、植物纤维尘等产生的生产加工场所。

粉尘爆炸具有以下三种危害。

① 具有极强的破坏性。粉尘爆炸涉及的范围很广，煤炭、化工、医药加工、木材加工、粮食和饲料加工等部门都时有发生。

② 容易产生二次爆炸。第一次爆炸气浪把沉积在设备或地面上的粉尘吹扬起来，在爆炸后的短时间内爆炸中心区会形成负压，周围的新鲜空气便由外向内填补进来，形成所谓的" 返回风"，与扬起的粉尘混合，在第一次爆炸的余火引燃下引起第二次爆炸。二次爆炸时，粉尘浓度一般比一次爆炸时高得多，故二次爆炸威力比第一次要大得多。例如，某硫黄粉厂，磨碎机内部发生爆炸，爆炸波沿气体管道从磨碎机扩散到旋风分离器，在旋风分离器发生了二次爆炸，爆炸波通过爆炸后在旋风分离器上产生的裂口传播到车间中，扬起了沉降在建筑物和工艺设备上的硫黄粉尘，又发生了爆炸。

③ 能产生有毒气体。一种是一氧化碳；另一种是爆炸物（如塑料）自身分解的毒性气体。毒气的产生往往造成爆炸过后的大量人畜中毒伤亡，必须充分重视。

（3）影响生产　粉尘影响正常生产，主要表现在对产品质量、设备磨损、工场能见度及环境卫生的不利影响等方面。

4. 生产性粉尘的防护

（1）综合抑尘技术　主要包括静电消尘技术、生物纳膜抑尘技术、云雾抑尘技术及湿式收尘技术等关键技术。

① 静电消尘技术。静电消尘装置主要包括高压供电设备和电收尘装置两部分，含尘气流通过电场，在高压（60～100kV）静电场中，气体被电离成正、负离子，这些离子碰到尘粒便使之带电。带正电的尘粒很快回到负极电晕线上，带负电的尘粒趋向正极密闭罩和排风管内，经简易振动或自行脱落，掉至皮带上或料仓中，而净化后的气体经排风管排出。

静电消尘装置的特点是除尘效率高（一般都在 99% 以上），设备简单，运行可靠，且粉尘容易回收，适用于产生点分散的场合。它无需管网复杂的除尘系统，但必须有一套整流升压的供电设备，造价较高。

② 生物纳膜抑尘技术。生物纳膜是层间距达到纳米级的双电离层膜，能最大限度增加水分子的延展性，并具有强电荷吸附性；将生物纳膜喷附在物料表面，能吸引和团聚小颗粒粉尘，使其聚合成大颗粒状尘粒，自重增加而沉降；该技术的除尘率最高可达99%以上，平均运行成本为0.05～0.5元/t。

③ 云雾抑尘技术。云雾抑尘技术是通过高压离子雾化和超声波雾化，可产生1～100μm的超细干雾；超细干雾颗粒细密，充分增加与粉尘颗粒的接触面积，水雾颗粒与粉尘颗粒碰撞并凝聚，形成团聚物，团聚物不断变大变重，直至最后自然沉降，达到消除粉尘的目的；所产生的干雾颗粒，30%～40%粒径在2.5μm以下，对大气细微颗粒污染的防治效果明显。

④ 湿式收尘技术。湿式收尘技术通过压降来吸收附着粉尘的空气，在离心力以及水与粉尘气体混合的双重作用下除尘；独特的叶轮等关键设计可提供更高的除尘效率。适用于散料生产、加工、运输、装卸等环节，如矿山、建筑、采石场、堆场、港口、火电厂、钢铁厂、垃圾回收处理等场所。

（2）相关技术措施

① 优先采用先进的生产工艺、技术和原材料，消除产生或减少粉尘，对于工艺技术原材料达不到要求的，根据生产工艺和粉尘特性，设计相应防尘通风控制措施。

② 产生粉尘的生产过程和设备，应优先采用机械化和自动化，避免直接人工操作，结合生产工艺采取通风和净化措施。

③ 密闭措施，设置适宜的局部排风除尘设施对尘源进行控制，尽可能采取湿式作业。

④ 通风系统的组成及其布置应合理，满足防尘要求。

⑤ 采用热风采暖、空气调节和机械通风装置的车间，进风口设置在室外空气清洁区并低于排风口，对有防火防爆要求的通风系统，其进风口应设在不可能有火花溅落的安全地点，排风口应设在室外安全处。相邻工作场所的进气和排气装置，应合理布局，避免气流短路。

⑥ 进风口的风量，应按防止粉尘逸散至室内的原则通过计算确定。有条件时，应在投入运行前以实测数据进行调整。

⑦ 局部排风罩不能采用密闭时，应根据不同的工艺操作要求和技术经济条件选择适宜的伞形排风装置。

⑧ 在放置有爆炸危险的粉尘的工作场所，应设置防爆通风系统或事故排风系统。

⑨ 在做好技术性防护的同时还要注重组织措施和医疗预防措施。

（3）个人防护　个人防护（如佩戴防尘口罩），是防尘措施的有力补充。首先要选用专业防尘口罩，一般的纱布口罩无法达到防尘的要求；其次要适合自己的脸型，最大限度地保证空气不会从口罩和面部的缝隙不经过口罩的过滤进入呼吸道。然后要按使用说明正确佩戴，这样既能有效阻止粉尘，又使戴上口罩后比较舒适，呼吸不费力。最后要定期更换，防尘口罩戴时间长了就会降低或失去防尘效果，还要防止在使用中挤压变形、污染进水。

二、防毒技术

1. 工业毒物及其分类

工业毒物是指以原料、半成品、成品、副产品或废弃物存在于工业生产中的少量进入人体后，能与人体发生化学或物理化学作用，破坏正常生理功能，引起功能障碍、疾病甚至死亡的化学物质。

工业毒物常有以下几种分类。①按化学结构分类，如金属、醇、酮等。②按用途分类，如农药、有机溶剂等。③按毒害作用分类。又可按其作用的性质和损害的器官或系统加以区分。按作用的性质可分为刺激性、窒息性、麻醉性、溶血性、腐蚀性、致敏性、致癌性、致畸胎性等；按损害的器官或系统则可分为神经毒性、肝脏毒性、血液毒性、肾脏毒性、全身毒性等。④按毒害作用的性质和化学结构可分为刺激性气体、窒息性气体、金属类、金属及其化合物、有机化合物、高分子化合物生产中的毒物。

2. 工业毒物的危害与职业中毒

中毒是指有毒化学物质通过一定的途径进入机体后，与生物体相互作用，直接导致或者通过生物物理或生物化学反应，引起生物体功能或结构发生改变，导致暂时性或持久性损害，甚至危及生命的疾病。毒物进入体内后是否发生中毒，取决于多种因素，如毒物的毒性、性状、进入体内的量和时间、患者的个体差异（如对毒物的敏感性以及耐受性）等。

（1）毒物的毒性　毒性是指某种毒物引起机体损伤的能力，用来表示毒物剂量与反应之间的关系。毒性大小所用的单位一般以化学物质引起实验动物某种毒性反应所需要的剂量表示。气态毒物，以空气中该物质的浓度表示。所需剂量（浓度）愈小，表示毒性愈大。最通用的毒性反应是动物的死亡数。常用的评价指标有以下几种。

① 绝对致死量或浓度（LD_{100} 或 LC_{100}）：染毒动物全部死亡的最小剂量或浓度。

② 半致死量或浓度（LD_{50} 或 LC_{50}）：染毒动物半数死亡的剂量或浓度。这是将动物实验所得的数据经统计处理而得。

③ 最小致死量或浓度（MLD 或 MLC）：染毒动物中个别动物死亡的剂量或浓度。

④ 最大耐受量或浓度（LD_0 或 LC_0）：染毒动物全部存活的最大剂量或浓度。

⑤ 实验动物染毒剂量采用 mg/kg、mg/m^3 表示。

（2）职业中毒的类型

① 慢性中毒：长期少量毒物进入人体引起的中毒。有蓄积性。

② 亚急性中毒：在较短时间内较大剂量毒物进入人体引起的中毒。

③ 急性中毒：在短时间内大量毒物进入人体引起的中毒。

（3）急性职业中毒的原因　急性职业中毒发生的原因较为复杂，多数情况下不能用单一原因来解释。常见中毒原因主要有以下几方面。

① 设备方面：没有密闭通风排毒设备；密闭通风排毒设备效果不好；设备检修或抢修不及时；因设备故障、事故引起的跑、冒、滴、漏或爆炸。

② 个体方面：没有个人防护用品；不使用或不当使用个人防护用品；缺乏安全知识；

过度疲劳或其他不良身体状态；有从事有害作业的禁忌证。

③ 安全管理方面：化学品无毒性鉴定证明；化合物成分不明；化学品来源不明；化学品贮存或放置不当；化学品转移或运输无标志或标志不清。

（4）职业中毒的临床表现

① 呼吸系统：出现鼻腔、咽喉充血或水肿，引起鼻炎、咽喉炎、气管炎甚至中毒性肺炎或肺水肿，皆因吸入氨、氯、二氧化硫等刺激性气体所致；急性中毒时，则出现呼吸困难、口唇青紫甚至窒息死亡。某些毒物可导致哮喘发作，如二异氰酸甲苯酯。长期接触低浓度刺激性气体可引起慢性支气管炎、肺气肿等疾病。

② 神经系统：出现大脑皮质功能紊乱、兴奋与抑制过程失调等神经衰弱症状，多为慢性中毒表现。铊、砷、铅等急性中毒，会引起周围神经炎，出现神经功能障碍。更严重的是中毒性脑病及脑水肿，使脑部出现器质性或机能性病变，如头晕、嗜睡、幻视、震颤、意识障碍甚至昏迷、抽搐等，常因四乙基铅、汞、苯、二硫化碳等毒物所致。

③ 血液系统：出现血液中白细胞和血小板减少，甚至引起中性粒细胞减少症，多由有机溶剂特别是苯以及放射性物质所致。苯胺、硝基苯能引起高铁血红蛋白血症，急性中毒时会出现缺氧症状甚至昏迷。砷化氢可引起急性溶血，出现血红蛋白尿。苯、汞、砷、四氯化碳等可引起再生障碍性贫血和心肌损害等疾患。

④ 消化系统：出现牙龈肿胀出血、黏膜糜烂，牙酸蚀、氟斑牙等口腔炎症，系汞、砷、铅、氟等急性中毒；这些毒物还可引起急性胃肠炎，出现剧烈呕吐和严重腹泻等症状。磷、锑、氯仿等能引起中毒性肝炎，严重损害肝肾功能，一些亲肝性毒物，如四氯化碳、三硝基甲苯等，可引起急性或慢性肝病。

⑤ 泌尿系统：出现肾脏损害，尤以汞、四氯化碳等造成的急性坏死性肾病最为严重；砷化氢急性中毒也可引起坏死性肾病，乙二醇、铋等亦可引起中毒性肾病。除汞、砷化氢、四氯化碳以外，镉、铀、铅等也能引起肾损害，甚至造成急性肾功能衰竭。

（5）常见毒物及其危害

① 金属与类金属毒物。

铅：银灰色软金属，延展性强，相对密度 11.35，熔点 327℃，沸点 1620℃。加热至 400～500℃即有大量铅蒸气逸出，在空气中迅速氧化成氧化亚铅和氧化铅，并凝结成烟尘。不溶于稀盐酸和硫酸，能溶于硝酸、有机酸和碱液。铅是全身性毒物，主要是影响卟啉代谢。卟啉是合成血红蛋白的主要成分，因此影响血红素的合成，产生贫血。铅可引起血管痉挛、视网膜小动脉痉挛和高血压等。铅还可作用于脑、肝等器官，发生中毒性病变。

汞：常温下为银白色液体，相对密度 13.6，熔点−38.87℃，沸点 356.9℃。黏度小，易流动和流散，有很强的附着力，地板、墙壁等都能吸附汞。常温下即能蒸发，温度升高，蒸发加快。不溶于水，能溶于类脂质，易溶于硝酸、热浓硫酸。能溶解多种金属，生成汞齐。汞离子与体内的巯基、二巯基有很强的亲和力。汞与体内某些酶的活性中心巯基结合后，使酶失去活性，造成细胞损害，导致中毒。

铬：钢灰色、硬而脆的金属，相对密度 7.20，熔点 1900℃，沸点 2480℃。氧化缓慢，耐腐蚀。不溶于水，溶于盐酸、热硫酸。铬化合物中六价铬毒性最大。化肥工业催化剂主要原料三氧化铬，是强氧化剂，易溶于水，常以气溶胶状态存在于厂房空气中。六价铬化合物有强刺激性和腐蚀性。铬在体内可影响氧化、还原、水解过程，可使蛋白质变性，引起核酸、核蛋白沉淀，干扰酶系统。六价铬抑制尿素酶的活性，三价铬对抗凝血活素有抑制作用。

锰：浅灰色硬而脆的金属。熔点 1260℃，沸点 2097℃，易溶于稀酸。锰及其化合物的毒性各不相同，化合物中的锰原子价越低毒性越大。工业生产中以慢性中毒为主，多因吸入高浓度锰烟和锰尘所致。轻度中毒表现为失眠、头痛，记忆力减退，四肢麻木，举止缓慢。重度中毒者出现四肢僵直、动作缓慢笨拙、语言不清、智能下降等症状。

② 有机溶剂。

苯：具有芳香气味的无色、易挥发、易燃液体。密度 0.879，熔点 5.5℃，沸点 80.1℃。不溶于水，溶于乙醇、乙醚等有机溶剂。苯的中毒机理目前尚不清楚。一般认为，苯中毒是由苯的代谢产物酚引起的。酚是原浆毒物，能直接抑制造血细胞的核分裂，对骨髓中核分裂最活跃的早期活性细胞的毒性作用更明显，使造血系统受到损害。另外苯有半抗原的特性，可通过共价键与蛋白质分子结合，使蛋白质变性而具有抗原性，发生变态反应。

甲苯：无色具有芳香味的液体。沸点 100.6℃。不溶于水，溶于乙醇、乙醚等有机溶剂。甲苯毒性较低，属低毒类。工业生产中甲苯主要以蒸气态经呼吸道进入人体，皮肤吸收很少。急性中毒表现为中枢神经系统的麻醉作用和植物性神经功能紊乱症状，慢性中毒主要因长期吸入较高浓度的甲苯蒸气所致，出现头晕、头痛、无力、失眠、记忆力衰退等现象。

四氯化碳：无色、透明、易挥发的油状液体。熔点−22.9℃，沸点 76.7℃。不易燃、遇火或热的表面可分解为二氧化碳、氯化氢、光气和氯气。微溶于水，易溶于有机溶剂。四氯化碳蒸气主要通过呼吸道进入人体，液体和蒸气均可经皮肤吸收，可引起急性和慢性中毒。

③ 硝基苯和苯胺。硝基苯是无色或淡黄色具有苦杏仁气味的油状液体。相对密度 1.2037，熔点 5.7℃，沸点 210.9℃。几乎不溶于水，能与乙醇、乙醚或苯互溶。苯胺是有特殊臭味的无色油状液体。相对密度 1.022，熔点−6.2℃，沸点 184.4℃。微溶于水，可溶于乙醇、乙醚和苯等。

苯的硝基和氨基化合物进入人体后，经氧化变成硝基酚和氨基酚，使血红蛋白变成高铁血红蛋白。高铁血红蛋白失去携氧能力，引起组织缺氧。这类毒物还能导致红细胞破裂，出现溶血性贫血，也可直接引起肝、肾和膀胱等脏器的损害。

④ 窒息性气体。窒息性气体中毒是最常见的急性中毒，据 1988 年的全国职业病发病统计资料，窒息性气体中毒高居急性中毒之首；据化工部近 40 年急性职业中毒死亡情况分析，高居首位的仍是窒息性气体中毒，由其造成的死亡人数竟占急性职业中毒总死亡数的 65%，可见此类毒物的重要性。根据这些窒息性气体毒性不同，可将其大致分为三类。

单纯窒息性气体。这类气体本身的毒性很低，或属惰性气体，但若在空气中大量存在可使吸入气中氧含量明显降低，导致机体缺氧。正常情况下，空气中氧含量约为 20.96%，若氧含量<16%，即可造成呼吸困难；氧含量<10%，则可引起昏迷甚至死亡。

属于这一类的常见窒息性气体有氮气、甲烷、乙烷、丙烷、乙烯、丙烯、二氧化碳、水蒸气及氩、氖等惰性气体。

血液窒息性气体。血液以化学结合方式携带氧气，正常情况下每克血红蛋白约可携带1.4ml氧气，若每100ml血液以15g血红蛋白计算，约可携带21ml氧血；肺血流量约5L/min，故血液每分钟约从肺中携出1000ml氧气。血液窒息性气体的毒性在于它们能明显降低血红蛋白对氧气的化学结合能力，并妨碍血红蛋白向组织释放已携带的氧气，从而造成组织供氧障碍，故此类毒物亦称化学窒息性气体。常见的有一氧化碳、一氧化氮、苯的硝基或氨基化合物蒸气等。

细胞窒息性气体。这类毒物主要作用于细胞内的呼吸酶，使之失活，从而阻碍细胞对氧的利用，造成生物氧化过程中断，形成细胞缺氧样效应。由于此种缺氧实质上是一种“细胞窒息”或“内窒息”，故此类毒物也称细胞窒息性毒物，常见的为氰化氢和硫化氢。

⑤ 刺激性气体。

刺激性气体是工业生产中常遇到的一类有害气体，对人体，特别是对呼吸道有明显的损害，轻者为上呼吸道刺激症状，重者则致喉头水肿、喉痉挛、支气管炎、中毒性肺炎，严重时可发生肺水肿。刺激性气体大多是化学工业的重要原料和副产品，此外在医药、冶金等行业中也经常接触到，多具有腐蚀性。生产过程中常因设备、管道被腐蚀而发生跑、冒、滴、漏现象，或因管道、容器内压力增高而大量外逸造成中毒事故，其危害不仅限于工厂车间，也污染环境。失火、爆炸、大量泄漏等情况下还可造成人群急性中毒。

刺激性气体常以局部损害为主，仅在刺激作用过强时引起全身反应。决定病变部位和程度的因素是毒物的溶解度和浓度。溶解度与毒物作用部位有关，而浓度则与病变程度有关。高溶解度的氨、盐酸，接触到湿润的眼球结膜及上呼吸道黏膜时，立即附着在局部发生刺激作用；中等溶解度的氯、二氧化硫，低浓度时只侵犯眼和上呼吸道，而高浓度则侵犯全呼吸道；低浓度的二氧化氮、光气，对上呼吸道刺激性小，易进入呼吸道深部并逐渐与水分作用而对肺产生刺激和腐蚀，常引起肺水肿。液态的刺激性毒物直接接触皮肤黏膜可发生灼伤。

氯气：黄绿色气体，密度为空气的2.45倍，沸点−34.6℃。易溶于水、碱溶液、二硫化碳和四氯化碳等。高压下液氯为深黄色，相对密度为1.56。化学性质活泼，与一氧化碳作用可生成毒性更大的光气。氯溶于水生成盐酸和次氯酸，产生局部刺激。主要损害上呼吸道和支气管的黏膜，引起支气管痉挛、支气管炎和支气管周围炎，严重时引起肺水肿。吸入高浓度氯后，引起迷走神经反射性心跳停止，呈“电击样”死亡。

光气：无色、有霉草气味的气体，密度为空气的3.4倍，沸点8.3℃。加压液化，相对密度为1.392。易溶于醋酸、氯仿、苯和甲苯等。遇水可水解成盐酸和二氧化碳。毒性比氯气大10倍。对上呼吸道仅有轻度刺激，但吸入后其分子中的羰基与肺组织内的蛋白质酶结合，从而干扰了细胞的正常代谢，损害细胞膜，肺泡上皮和肺毛细血管受损通透性增加，引起化学性肺炎和肺水肿。

氮氧化物：由N_2O、NO、NO_2、N_2O_3、N_2O_4、N_2O_5等组成的混合气体。其中NO_2比较稳定，占比例最高。氮氧化物不易溶于水，低温下为淡黄色，室温下为棕红色。氮氧化物较难溶于水，因而对眼和上呼吸道黏膜刺激不大。主要是进入呼吸道深部的细支气管和肺泡后，在肺泡内可阻留80%，与水反应生成硝酸和亚硝酸，对肺组织产生强烈刺激和腐蚀作用，引起肺水肿。硝酸和亚硝酸被吸收进入血液，生成硝酸盐和亚硝酸盐，可扩张血管，引起血压下降，并与血红蛋白作用生成高铁血红蛋白，引起组织缺氧。

二氧化硫：无色气体，密度为空气的2～3倍。加压可液化，液体相对密度1.434，沸点为-10℃。溶于水、乙醇和乙醚。吸入呼吸道后，在黏膜湿润表面上生成亚硫酸和硫酸，产生强烈的刺激作用。大量吸入可引起喉水肿、肺水肿、声带痉挛而窒息。

⑥ 高分子化合物。高分子化合物也称聚合物或共聚物，是由一种或几种单体聚合或缩聚而成的分子量高达几千至几百万的大分子物质，由于具备许多天然物质难有的优异性能，如强度高、耐腐蚀、绝缘性好、质量轻等，已广泛应用于国民经济各个领域。

高分子化合物本身在正常条件比较稳定，对人体基本无毒，但在加工或使用过程中可释出某些游离单体或添加剂，对人体造成一定危害，某些高分子化合物在加热或氧化时，可产生毒性极强的热裂解产物，如聚四氟乙烯加热到420℃即可分解出四氟乙烯、六氟丙烯、八氟异丁烯等物质，刺激性甚强，吸入后可致严重中毒性肺炎、肺水肿。高分子化合物燃烧时可产生大量CO，并造成周围环境缺氧；某些化合物同时还可生成前述的热裂解产物；而含有氮和卤素的化合物可生成氰化氢、光气、卤化氢等物质，对机体危害极大。

氯乙烯：常温常压下为略带芳香味的无色气体，易燃易爆，加压时易被液化；燃烧时可分解出氯化氢、CO_2、CO、光气等；微溶于水，可溶于乙醇，易溶于乙醚、四氯化碳等。它主要用作制造聚氯乙烯的单体，可与醋酸乙烯、丙烯腈、偏二氯乙烯等生成共聚物，而用作绝缘材料、黏合剂、涂料、合成纤维等。氯乙烯主要以乙炔和氯化氢为原料经$HgCl_2$催化而成，此过程可与氯乙烯接触，而在聚合成聚氯乙烯的各过程，尤其在进行聚合釜清洗时，更易接触大量氯乙烯。氯乙烯主要经由呼吸道进入体内，皮肤仅有少量吸收。吸入体内的氯乙烯多以原形呼出，停止接触10min，约可排出82%；高浓度吸入主要为麻醉作用，并因使吸入气中氧含量相对下降而致缺氧。人在$30g/m^3$浓度下有头晕、恶心等症状；麻醉浓度约为$182g/m^3$。

聚四氟乙烯（PTFE）热裂解气：PTFE是四氟乙烯（TFE）的均聚物，化学性质稳定，有优良的电解性、耐热性、耐腐蚀性，有“塑料王”之称，且无毒性。但其热裂解物有毒性，毒性大小与温度有直接关系：>315℃的热裂解物仅具呼吸道刺激作用；>400℃的产物对肺有强烈刺激作用，因有水解性氟化物（氟化氢、氟光气）生成；500℃以上时，可检出四氟乙烯、六氟丙烯、八氟环丁烷及大量八氟异丁烯、氟光气，毒性更强。一般认为PTFE热裂解气毒性主要由八氟异丁烯、氟光气及氟化氢引起。其主要作用为肺的强烈刺激，可致肺水肿、肺出血、肺纤维化；心肌也可出现水肿、变性、坏死；此外，肝、肾及中枢神经系统也均有中毒损害发生。

丙烯腈：无色、易燃、易爆、易挥发气体，带杏仁气味，略溶于水，易溶于有机溶剂；水溶液不稳定，碱性条件下易水解成丙烯酸，还原时生成丙腈。可聚合成聚丙烯腈，也可与衣康酸、丁二烯、醋酸乙烯、苯乙烯、氯乙烯等共聚，用于制造合成纤维、合成橡胶、合成树脂等。

丙烯腈可经呼吸道、皮肤、消化道进入人体。进入体内的丙烯腈在1h内仅少量（5%左右）以原形呼出，约10%随尿以原形排出，另有15%左右以硫氰酸盐形式排出。故急性中毒情况下，丙烯腈可能主要以析出的氰根发挥毒性；此外，未被排出及解离的丙烯腈分子本身对中枢神经亦有损害作用。

2-氯乙醇：由乙醇水解、氯化而得，主要在合成涤纶生产中用于制备乙二醇。其为无色透明液体，具醚样臭味，具挥发性；能溶于水及各种有机溶剂。本品对中枢神经系统及肺、肝、肾等重要器官均有损害作用，可能系本品在肝内经辅酶作用，转化为氯乙醛所致。

氨：无色气体，有强烈的刺激性气味，密度为空气的 0.5971 倍。易液化，沸点 −33.5℃。溶于水、乙醇和乙醚。遇水生成氢氧化氨，呈碱性。氨对上呼吸道有刺激和腐蚀作用，高浓度时可引起接触部位的碱性化学灼伤，组织呈溶解性坏死，并可引起呼吸道深部及肺泡损伤，发生支气管炎、肺炎和肺水肿。氨被吸收进入血液，可引起糖代谢紊乱及三羧酸循环障碍，降低细胞色素氧化酶系统的作用，导致全身组织缺氧。氨可在肝脏中解毒生成尿素。

氯丁二烯：常态下具刺激气味的无色液体，具挥发性，微溶于水，易溶于各种有机溶剂。本品在空气中极易氧化，在光和催化剂作用下可很快聚合；遇火或热金属可爆炸，生成光气和各种氯化物等。它主要用于氯丁橡胶和其他聚氯丁二烯产品的生产。工业生产中，氯丁二烯主要经由呼吸道及皮肤吸收入体，仅少量经呼气和尿以原形排出，进入体内的氯丁二烯主要分布于富含脂质的组织；它不仅具有刺激性，可致眼、皮肤、呼吸道及肺损伤，对中枢神经系统、肝、肾等组织也有明显损伤作用，研究认为可能与它在体内转化为酸或生成环氧化物有关，后者具有很强活性，可引起脂质过氧化反应，故氯丁二烯中毒动物或人体内血或组织中还原型谷胱甘肽（GSH）减少，而脂质过氧化产物丙二醛（MDA）增多。

⑦ 有机农药。农药主要是指用于防治危害农作物生长及农产品储存的病、菌、虫、鼠、杂草等的药物，也包括植物生长调节剂、增效剂等化学物质。农药由于化学结构相差很大，故毒性亦不尽相同，但不少农药，尤其是有机化合物，可具有下列共同毒性特点。

神经毒性。多数有机化合物类农药，由于脂溶性较强，常具有不同程度的神经毒性，有的还是其发挥杀虫作用的主要机制。毒性最强的为有机锡、有机汞、有机氯、有机氟、有机磷、卤代烃、氨基甲酸酯等，常可致中毒性脑病、脑水肿、周围神经病等，临床可见头痛、恶心、呕吐、抽搐、昏迷、肌肉震颤、感觉障碍或感觉异常、瘫痪等，有的可引起中枢性高热，如六六六、狄氏剂、艾氏剂、毒杀芬等有机氯类。

皮肤黏膜刺激性。几乎各种农药均具一定刺激性，其中以有机硫、有机氯、有机磷、有机汞、有机锡、氨基甲酸酯、杀虫脒、酚类、卤代烃、除草醚、百草枯等作用最强，可引起皮疹、痤疮、水泡、灼伤、溃疡等。

心脏毒性。不少毒药可引起心肌损伤，导致 ST 及 T 波异常、传导障碍、心律失常甚至心源性休克、猝死，尤以有机氯、有机汞、有机磷、有机氟、杀虫脒、磷化氢等最为突出。

消化系统毒性。各类农药口服均可致明显化学性胃肠炎而引起恶心、呕吐、腹痛、腹泻；如砷制剂、百草枯、环氧丙烷等，甚至可引起腐蚀性胃肠炎，而有呕血、便血等表现；还有些农药如有机氯、有机汞、有机砷、有机硫、氨基甲酸酯类、卤代烃、环氧丙烷、百草枯等则具有较强的肝脏毒性，可引起肝功能异常及肝脏肿大。

有些农药还具有独特的毒性，如 a. 血液毒性：如杀虫脒、螟蛉畏、甲酰苯肼、除草醚等可引起明显的高铁血红蛋白症，甚至导致溶血；代森锌可引起硫化血红蛋白血症，也可致溶血；茚满二酮类可致凝血障碍，可引起全身严重出血。b. 肺脏毒性：五氯苯酚、氯化苦、磷化氢、福美锌、安妥、杀虫双、有机磷、氨基甲酸酯、拟除虫菊酯、卤代烃、百草枯等对肺有强烈刺激性，可致严重化学性肺炎、肺水肿，后者还能引起急性肺间质纤维化。c. 肾脏毒性：前述可引起急性血管内溶血的农药，皆可因血红蛋白管型堵塞肾小管，引起急性肾小管坏死甚至急性肾功能衰竭。此外，有机磷、有机硫、有机汞、有机氯、有机砷、杀虫双、安妥、五氯苯酚、环氧丙烷、卤代烃等对肾小管还有直接毒性，可引起急性肾小管坏死甚至急性肾功能衰竭；杀虫脒还可以引起出血性膀胱炎。d. 其他：五氯酚钠、二硝基苯酚、二硝基甲酚、乐杀螨、敌普螨等可导致体内氧化磷酸化解偶联，使氧化过程生成的能量无法以 ATP 形式储存而转化为热能释出，机体可发生高热、惊厥、昏迷。

有机磷农药：目前我国使用最广的杀虫剂，有机磷农药在体内与胆碱酯酶形成磷酰化胆碱酯酶，胆碱酯酶活性受抑制，使酶不能起分解乙酰胆碱的作用，致组织中乙酰胆碱过量蓄积，使胆碱能神经过度兴奋，引起毒蕈碱样、烟碱样和中枢神经系统症状。磷酰化胆碱酶酯酶一般约经 48h 即“老化”，不易复能。按农药品种及浓度，吸收途径及机体状况而异。一般经皮肤吸收多在 2～6h 发病，呼吸道吸入或口服后多在 10min 至 2h 发病。各种途径吸收致中毒的表现基本相似，但首发症状可有所不同。如经皮肤吸收为主时常先出现多汗、流涎、烦躁不安等；经口中毒时常先出现恶心、呕吐、腹痛等症状；呼吸道吸入引起中毒时视物模糊及呼吸困难等症状可较快发生。

有机氟类农药：常见品种为氟乙酸钠及氟乙酰胺，毒性均甚强烈。氟乙酸钠为一高效杀鼠剂，进入机体后可与辅酶 A 结合，生成氟乙酰辅酶 A 并进而与草酰乙酸缩合成氟柠檬酸，此步反应称为“致死合成”，因生成的氟柠檬酸可明显抑制乌头酸酶，使柠檬酸不能进一步氧化，三羧酸循环中断，能量（ATP）生成出现障碍，兼之有大量堆积的柠檬酸的直接刺激，从而使体内各重要器官功能出现严重障碍，尤以脑、心肌损害最为明显。中毒主要由口服引起，潜伏期仅数十分钟，常见症状为恶心、呕吐、流涎、腹痛，可有血性呕吐物，继而出现中枢神经及心血管系统症状，如头痛、头晕、精神恍惚、恐惧感、面部麻木、视物不清、肌肉颤动、肌肉痉挛疼痛、心悸等，心电图检查常见有心动过速、传导阻滞、心室纤颤等；严重者可出现癫痫样发作、昏迷、脑水肿、肺水肿甚至呼吸循环骤停、死亡。本品因毒性太高，已被禁止使用。氟乙酰胺毒性与氟乙酸钠相同，目前也不准用于杀鼠，而主要用于杀虫杀螨。本品由于不挥发、不溶于脂类，故不易经呼吸道及皮肤侵入，中毒多因误服或食用本品毒死的畜禽所致，潜伏期多为数十分钟。其中毒症状与氟乙酸钠相似。血氟、尿氟、血柠檬酸增高对诊断有重要提示作用。

有机氯农药：氯苯结构较稳定，生物体内酶难于降解，所以积存在动、植物体内的有机氯农药分子消失缓慢。由于这一特性，通过生物富集和食物链的作用，环境中的残留农药会进一步得到富集和扩散。通过食物链进入人体的有机氯农药能在肝、肾、心脏等组织中蓄积。蓄积的残留农药也能通过母乳排出，或转入卵蛋等组织，影响后代。我国于 20 世纪 60 年代已开始禁止将 DDT（双对氯苯基三氯乙烷）、六六六用于蔬菜、茶叶、烟草等作物上。

3. 防毒措施

（1）防止职业中毒的技术措施　所有防毒技术措施，都是基于根除毒物、控制毒物扩散、防止人体接触几方面来考虑的。

① 替代和排除有毒或高毒物料。化工生产中，原料和辅料应尽量采用无毒或低毒物质，即用无毒物料替代有毒物料，用低毒物料替代高毒或剧毒物料，这是根除或减轻毒物对人体危害的有效措施。如在合成氨工业中，原料气的脱硫剂采用蒽醌二磺酸钠溶液替代原用的砷碱液，就彻底排除了砷的毒害。又如采用乙烯直接氧化替代乙炔水合制取乙醛，避免了使用硫酸汞催化剂；用云母氧化铁防锈漆替代含铅的红丹漆防腐，则消除了铅的危害；用乙醇、甲苯替代苯溶剂，毒性亦减少。

② 选择无毒或低毒工艺。改进工艺流程，选择无毒或毒性小的生产工艺，是根除或减轻毒物对人体危害的根本性措施。零污染、无害化的绿色化学工艺是现代化工的发展方向，采用无毒或低毒的新工艺已是目前化工行业的共识，并得到积极的推广和应用。如采用乙烯直接氧化制取环氧乙烷，就比原用乙烯、氯气和水制取环氧乙烷安全，消除了原料氯及中间产物氯化氢的毒害。又如采用无氰电镀新工艺，可避免氰化物的毒害；生产蓄电池的工艺中将灌注铅粉改为灌注铅膏，则可减少铅的危害。

③ 通风排毒和净化处理。按照《工作场所有害因素职业接触限值　第1部分：化学有害因素》（GBZ 2.1—2019），降低生产现场空气中的毒物浓度，使之符合国家规定的职业接触限值，是预防职业中毒的关键。首先是控制毒物不逸散，消除工人接触毒物的机会，其次对已逸出的毒物要设法排除，常用的方法是安装通风设备和净化装置进行通风排毒和净化处理。化工作业场所大多采用机械通风，往往除尘与排毒共用。一般在毒物比较集中或人员经常活动区域采取局部通风，包括局部排风（用排气罩或通风橱排出有害气体）和局部送风（用风机或其他通风设施送入新鲜空气）；而在毒源不固定或低毒有害气体扩散面积较大的区域，则采取全面通风，用大量新鲜空气将作业场所的有害气体冲淡或置换，达到通风排毒的目的。

为了防止污染大气环境，作业场所排出的有毒气体须经过净化后回收处理才能排入大气。常用的方法如下。

冷凝净化：采用冷凝器回收空气中的有机溶剂蒸气，或对高湿废气进行净化处理。

吸收净化：采用吸收塔对气体中的有害组分进行吸收，并将吸收液进行回收处理，例如用水吸收混合气中的氨以净化气体，再用蒸馏溶液的方法回收氨。

吸附净化、气体吸附可清除空气中浓度相当低的某些有害物质，常用吸附剂有活性炭、分子筛、硅胶等。

④ 密闭化、连续化生产。在化工生产中，很多有毒物料和中间产物呈气、液状态，一般都是采用密闭式加料、出料和密闭式反应、输送。除了设备、管道要求密闭，机、泵等转动装置须加轴密封，并杜绝跑、冒、滴、漏现象，同时结合减压操作和通风措施，有效防止毒物的散发和外逸。另外，测温、测压、取样等装置应透明无泄漏，避免操作人员接触有毒介质。

连续化已是一般大中型无机、有机化工生产的特征，但目前在精细化工如染料、涂料的生产中，还有一些间歇式操作。比如采用板框压滤机进行物料过滤，人机接触较近，并需频繁加料、取料和清装滤布，若采用连续操作的真空吸滤机，则可减少毒物对人体的不良影响。

⑤ 隔离操作和自动控制。由于条件限制和生产性质决定了需要有毒作业，则必须采取隔离操作，将操作人员与生产设备隔离开来，避免散逸毒物对人体产生危害。常用的方法有两种，一种是将设备放置在隔离室内，通过排风使室内呈负压状态；另一种是将人员操作点安置在隔离室内，通过输送空气使室内呈正压状态，均能实现人与毒物的隔离。

现代化工企业，其机械化、自动化程度已很高，运用各种机械替代人工操作，或采用遥控和程控方法，可极大地减少人与物料的直接接触，从而减轻或避免有毒物对人体的危害。自动控制还可对生产现场的异常情况进行自动调控，比如安全阀一类的安全泄压和报警装置，给化工生产带来更大的安全系数。另外，采用自动控制的生产工艺，或采用防爆、防火、防漏气的储运过程，都对防止毒物扩散非常有利。

（2）个体防毒措施　毒物对人体的致害程度，取决于毒物的性质、浓度以及作用方式，时间长短等因素，而且并不是有毒环境都一定使人中毒，其中毒程度还与个体差异有关。例如，接触同一毒物，不同个体会因年龄、性别、生理特性（如孕期）、健康状态、免疫功能的不同，对毒物有不同的反应敏感度。因此，从事有毒作业，不必盲目恐慌。企业只要严格执行《使用有毒物品作业场所劳动保护条例》（国务院令第352号），个人遵守安全操作规程，注意自身劳动保护，职业中毒是可以避免的。在接触有毒物的生产场所作业，应注意以下个体防护。

① 服装防护。应穿戴特殊质地和式样的防护服、鞋、手套、口罩；对毒物有可能溅入眼睛或有灼伤危险的作业，必须戴防护眼镜。在有刺激性气体的场所，为防止皮肤污染，可选用适宜防护油膏，如防酸用3%氧化锌油膏、防碱用5%硼酸油膏等。

② 面具防护。包括防毒口罩与防毒面具，应根据现场不同情况合理使用防毒面具：有毒物质呈气溶胶形态时，使用机械过滤式防毒口罩；呈气体、蒸气状态时，使用化学过滤式防毒口罩或防毒面具；在毒物浓度过高或氧气含量过低的特殊情况下，则采用隔离式防护面具；入釜、罐检修时应戴送风式防毒面具。有毒作业场所除必须配备防毒面具外，还应配备必要的冲洗设备及冲洗液等。

③ 个人卫生。生产作业场所内禁止进食、饮水、饮酒和吸烟；工作服、帽和手套应勤洗换；下班后要淋浴，且不得将工作服、帽带回家等。在使用和保管化学品和农药时，禁止与食物或其他用品同处存放，防止有毒物质污染或不慎误食。

（3）急性中毒的现场抢救　急性中毒往往发生于事故场合，如生产突发异常情况或设备损坏毒物外泄等。争取在第一时间及时、正确地实施现场抢救，对于减轻中毒症状、挽救患者生命具有十分重要的意义。

① 现场急救准备。首先是救护人员做好自身防护准备，穿防护服、佩戴防毒面具或氧气呼吸器，准备好急救器械和药品；其次迅速进入现场切断毒物来源，关闭、堵塞泄漏的管道、阀门和设备，打开门窗或启动通风设施进行排毒。同时，尽快将中毒者移至空气流通处，开始实施抢救。

② 现场抢救技术。如心脏复苏术，呼吸复苏术，解毒、排毒术等。这些现场抢救技术，均系医护急救专门技术，应由医护人员或受过急救专门训练的人员实施。生产现场的作业人员也须经过安全技术培训，具备应急抢救的基本常识和能力，遇突发中毒事故时可自救和互救。

③ 现场救护要点。尽快使患者脱离中毒环境，在新鲜空气处解开或剪去衣服进行抢救，必要时给予氧气吸入或人工呼吸。对呼吸、心搏停止者实施心肺复苏术抢救，务必争分夺秒，越快越好。

保持患者呼吸道通畅，密切观察其意识状态、瞳孔大小及血压、呼吸、脉搏情况，及时给予相应处理，并注意保暖。

群体中毒时，必须对患者受伤性质和严重程度做好“检伤分类”，按轻重缓急进行分级治疗和分别处理。首先寻找神志不清的患者，若不止一名时应先求援，再对其中最严重者进行急救，其顺序为心跳呼吸停止者最先，深度昏迷者其次，最后是轻度患者。

对于经口进入的毒物，尽快采取催吐、洗胃等方法排出；对于气体或蒸气吸入中毒者，可给予吸氧或进行人工呼吸；对于由皮肤和黏膜吸收的中毒者，立即将其衣服脱去，用冷的清水彻底清洗体表、毛发及甲缝内毒物；对于由伤口进入的毒物，应在伤口的近心端扎止血带，局部用冰敷，并用吸引器或局部引流排毒；对于眼睛溅入毒物，立即用流动清水反复冲洗，时间不得少于 15min；若有固体毒物颗粒，要用镊子取出。

解毒剂的使用一是要尽早，在急性中毒的早期即用；二是要合理，某些毒物如砷、汞、有机磷等各有其特定的解毒剂，但不可滥用。通常使用较广泛的解毒剂是活性炭，几乎对所有毒物均有一定吸附效果。

急性中毒的现场抢救，既要迅速也要正确，实施科学救护，才能避免次生伤害和加重伤亡。

三、其他防护技术

1. 噪声危害及控制

(1) 噪声的危害　噪声对人体的危害是全身性的，既可以引起听觉系统的变化，也可以对非听觉系统产生影响。这些影响的早期主要是生理性改变，长期接触比较强烈的噪声，可以引起病理性改变。此外，作业场所中的噪声还可以干扰语言交流，影响工作效率，甚至引起意外事故。

① 对听觉系统的影响。噪声对听觉器官的影响是一个从生理移行至病理的过程，造成病理性听力损伤必须达到一定的强度和接触时间。长期接触较强烈的噪声引起听觉器官损伤的变化一般是从暂时性听阈位移逐渐发展为永久性听阈位移。

暂时性听阈位移是指人或动物接触噪声后引起暂时性的听阈变化，脱离噪声环境后经过一段时间听力可恢复到原来水平。

短时间暴露在强烈噪声环境中，感觉声音刺耳、不适，停止接触后，听觉器官敏感性下降，脱离接触后对外界的声音有“小”或“远”的感觉，听力检查听阈可提高 10～15dB，离开噪声环境 1min 之内可以恢复，这种现象称为听觉适应。

较长时间持续暴露于强噪声环境或多次接受脉冲噪声，引起听力明显下降，离开噪声环境后，听阈提高超过15～30dB，需要数小时甚至数十小时听力才能恢复，称为听觉疲劳。一般在十几小时内可以完全恢复的属于生理性听觉疲劳，在实际工作中常以16h为限。随着接触噪声的时间继续延长，如果前一次接触引起的听力变化未能完全恢复又再次接触，可使听觉疲劳逐渐加重，最终听力不能恢复而变为永久性听阈位移。

听觉适应和听觉疲劳均属于可逆性听力损伤，可以被视为生理性保护效应。听觉适应和听觉疲劳发生时，听力下降，能听到声响的阈值提高，从而减轻噪声的伤害。

永久性听阈位移指噪声或其他有害因素导致的听阈升高，不能恢复到原有水平。出现这种情况是听觉器官具有器质性的变化。永久性听阈位移又可分为听力损失、噪声性耳聋以及爆震耳聋。

听力损失是指长期处于超过听力保护标准的环境中（>85～90dB），听觉疲劳难以恢复，持续累积作用的结果，可使听阈由生理性移行至不可恢复的病理过程。主要表现在高频（3000Hz、4000Hz、6000Hz）任一频段出现永久性听阈位移大于30dB，但无语言听力障碍，又称高频听力损失。高频听力损失（特别是在3000～6000Hz）可作为噪声性耳聋的早期指标。

噪声性耳聋是指当高频听力损失扩展至语言频率三频段（500Hz、1000Hz、2000Hz），造成平均听阈位移大于25dB，伴有主观听力障碍感。并且在4000Hz处有一听力突然下降的听谷存在。噪声性耳聋是由于长期遭受噪声刺激所引起的一种缓慢性、进行性的感音神经性耳聋。

爆震性耳聋又称爆震性声损伤，是在一次强噪声作用下造成的听力损伤，如爆破作业、火器发射或其他突然发生的巨响所形成的强脉冲噪声和弱冲击波的复合作用，使外耳道气压瞬间达到峰值，强大的压强可使鼓膜充血、出血或穿孔，严重时可致听骨链骨折。瞬间高压传入内耳，造成内淋巴强烈振荡致基底膜损伤、出现听力障碍，并可由于前庭受到刺激而伴有眩晕、恶心、呕吐等症状。此时生理保护结构所起的反应已经完全不起作用，因此必须加强听觉器官的个体防护。

耳蜗形态学的改变是指噪声引起的听觉系统损伤是物理（机械力学）、生理、生化、代谢等多因素共同作用的结果。在这些因素的共同作用下，可使听毛细胞受损伤，严重时螺旋器全部消失或破坏。损伤部位常发生在距前庭窗9～13mm处。

② 对神经系统的影响。噪声对神经系统的影响与噪声的性质、强度和接触时间有关。噪声反复长时间的刺激，超过生理承受能力，就会对中枢神经系统造成损害，使脑皮层兴奋与抑制平衡失调，导致条件反射的异常，使脑血管功能紊乱，脑电位改变，从而产生神经衰弱综合征，可出现头痛、头昏、耳鸣、易疲倦以及睡眠不良等表现，还可以引起暴露者记忆力、思考力、学习能力、阅读能力降低等神经行为效应。在强声刺激下可引起交感神经紧张，引起呼吸和脉搏加快、皮肤血管收缩、血压升高、发冷、出汗、心律不齐、胃液分泌减少、抑制胃肠运动、影响食欲。

③ 对内分泌系统的影响。噪声可通过下丘脑-垂体系统，促使肾上腺皮质激素、性腺激素以及促甲状腺激素等分泌的增加，从而引起一系列的生化改变。

④ 对心血管系统的影响。噪声对心血管系统的影响主要表现为交感神经兴奋，心率、脉搏加快，噪声越强，反应也越强烈，导致心输出量显著增加，收缩压有某种程度的升

高。但随噪声作用时间的延长，机体这种“应激”反应逐渐减弱，继而出现抑制，心率、脉搏减缓，心输出量减少，收缩压下降。一般认为，心血管系统改变的程度与噪声的性质、参数以及接触时间的长短有关。

⑤ 对视觉器官的影响。噪声对视觉器官会造成不良影响。在高噪声环境下工作的工人常主诉眼痛、视力减退、眼花等。噪声与振动还能引起眼睛对运动物体的对称平衡反应失灵，其原因是中枢神经系统在噪声刺激下产生抑制作用。一般来说，噪声强度越大，视力清晰度稳定性越差。视力清晰度降低，会使劳动生产率下降。同时，噪声还会使色觉、视野发生异常，调查发现噪声对红、蓝、白三色视野缩小 80%。

⑥ 对消化系统的影响。在噪声的长期作用下，可引起胃肠功能紊乱，表现为食欲不振、恶心、消瘦、胃液分泌减少、胃蠕动无力、胃排空减慢等。

(2) 噪声的控制 采用工程技术措施控制噪声源的声输出，控制噪声的传播和接收，以得到人们所要求的声学环境，即为噪声控制。

噪声污染是一种物理性污染，它的特点是局部性和没有后效。噪声在环境中只是造成空气物理性质的暂时变化，噪声源的声输出停止之后，污染立即消失，不留下任何残余物质。噪声的防治主要是控制声源和声的传播途径，以及对接收者进行保护。

解决噪声污染问题的一般程序是首先进行现场噪声调查，测量现场的噪声级和噪声频谱，然后根据有关的环境标准确定现场容许的噪声级，并根据现场实测的数值和容许的噪声级之差确定降噪量，进而制定技术上可行、经济上合理的控制方案。

① 声源控制。运转的机械设备和运输工具等是主要的噪声源，控制它们的噪声有两条途径：一是改进结构，提高其中部件的加工精度和装配质量，采用合理的操作方法等，降低声源的噪声发射功率。二是利用声的吸收、反射、干涉等特性，采用吸声、隔声、减振、隔振等技术，以及安装消声器等，控制声源的噪声辐射。

采用各种噪声控制方法，可以收到不同的降噪效果。如将机械传动部分的普通齿轮改为有弹性轴套的齿轮，可降低噪声 15～20dB；把铆接改成焊接，把锻打改成摩擦压力加工等，一般可减低噪声 30～40dB。

② 传播途径控制。声在传播中的能量是随着距离的增加而衰减的，因此使噪声源远离需要安静的地方，可以达到降噪的目的。

声的辐射一般有指向性，处在与声源距离相同而方向不同的地方，接收到的声强度也就不同。不过多数声源以低频辐射噪声时，指向性很差；随着频率的增加，指向性就增强。因此，控制噪声的传播方向（包括改变声源的发射方向）是降低噪声尤其是高频噪声的有效措施。

建立隔声屏障，或利用天然屏障（土坡、山丘），以及利用其他隔声材料和隔声结构来阻挡噪声的传播。应用吸声材料和吸声结构，将传播中的噪声声能转变为热能等。在城市建设中，采用合理的城市防噪声规划。此外，对于固体振动产生的噪声采取隔振措施，以减弱噪声的传播。

③ 接收防护。为了防止噪声对人的危害，可采取下述防护措施：佩戴护耳器，如耳塞、耳罩、防声头盔等；减少在噪声环境中的暴露时间；根据听力检测结果，适当调整在噪声环境中的工作人员。人的听觉灵敏度是有差别的。如在 85dB 的噪声环境中工作，有

人会耳聋，有人则不会。可以每年或几年进行一次听力检测，把听力显著降低的人调离噪声环境。

2. 辐射危害及预防

辐射分高温辐射和电磁辐射。现代工业越来越多应用各种电磁辐射能，从高频变压器、耦合电容器到无线通信设备、感应加热设备，包括化工过程的测量和控制、无损探伤等，很多都是利用电磁场产生的能量来工作的。而电磁辐射又分非电离辐射和电离辐射。

（1）非电离辐射的危害及防护　非电离辐射是指不能引起物质的原子或分子电离的辐射，如紫外线、红外线、射频电磁波、激光等，存在于灭菌、电气焊、高频熔炼、微波干燥、激光切割等不同场合。

① 紫外线。紫外线在电磁波谱中介于X射线和可见光之间的频带。自然界中的紫外线主要来自太阳辐射，生产场所的火焰、电弧光、紫外线灯也是紫外线发生源。凡温度超过1200℃的炽热体如冶炼炉、煤气炉、电炉等，辐射光谱中即可出现紫外线，物体温度越高，紫外线波长越短，强度越大。紫外线辐射按其生物作用可分为以下三个阶段：长波紫外线辐射，波长320～400nm，又称晒黑线；中波紫外线辐射，波长275～320nm，又称红斑线；短波紫外线辐射，波长180～275nm，又称杀菌线。紫外线可直接伤害人体皮肤，尤以中波紫外线对皮肤的刺激强烈，红斑潜伏期为数小时至数天。紫外线也可直接伤害眼睛，当眼睛暴露于强烈的短波紫外线时，能引起结膜炎和角膜溃疡，潜伏期一般在0.5～24h；往往在照射后4～24h，两眼出现充血怕光、流泪、刺痛、异物感，并带有头痛、视觉模糊、水肿等症状。长期受小剂量紫外线照射，亦可发生慢性结膜炎。在电焊、气焊、氩弧焊、等离子焊接作业时，强烈的紫外线辐射可致焊工患电光性皮炎和电光性眼炎。长期在杀菌消毒用紫外线灯光下工作，或在室外作业受日光过度照射，也可能发生电光性眼炎。

对紫外线危害的防护措施是：在从事有强紫外线照射的作业时，必须佩戴专用防护面罩、手套及眼镜，如使用黄绿色镜片或贴上金属薄膜，均有较好的防护效果；在紫外线发生源附近设立屏障，或在室内墙壁和屏障上涂以黑色，可吸收部分紫外线，减少辐射危害。

② 射频电磁波。射频电磁辐射包括1.0×10^{2}～3.0×10^{7}kHz的宽广频带，按其频率大小分为中频、高频、甚高频、特高频、超高频、极高频六个频段。在化工生产场所，容易受到诸如高频焊接、微波加热以及多种电气设备产生的射频电磁波危害，这些高频设备的辐射源常是作业区的主要辐射源，与微波作业中遇微波能量外泄同属射频辐射污染。

高频电磁波与微波的辐射危害在本质上没有区别，只有程度上的不同。一般，在高频辐射作用下，人的体温会明显升高，出现神经衰弱、神经功能紊乱症状，表现为头痛、头晕、失眠、嗜睡、心悸、记忆力衰退等；而微波属于特高频电磁波，其波长很短，对人体的危害更为明显，除有表面致热作用外，对机体还有较大的穿透性，导致组织深部发热和记忆力、视力、嗅觉衰退。微波还对人体心血管系统有影响，主要表现为血管痉挛、张力障碍和血压不正常等。长期受高强度微波辐射，会造成眼睛晶体“老化”及视网膜病变。

对射频电磁波危害的防护措施是：采用金属屏蔽（屏蔽罩或屏蔽室），减少高频、微波辐射源的直接辐射；采用自动化远距离操作，工作点安置在辐射强度最小位置；采用安全联锁装置，如微波炉的炉门安全联锁开关，能确保炉门打开微波炉即不工作，而当炉门关上微波炉才能工作；微波作业时，应穿戴专用防护衣、帽和防护眼镜。

③ 其他非电离辐射。长期受红外线辐射的作业者如焊工、司炉工，可引发职业性白内障，一般发病工龄较长，往往双眼同时发生，患者晶体损伤，出现进行性视力减退，晚期仅有光感。对红外线辐射的防护，重点是保护眼睛，作业时应戴绿色玻璃防护镜，严禁裸眼直视强光源。另外，激光作业如激光焊接、切割，会对作业者造成皮肤、眼睛损伤，尤其眼部出现眩光感或视力模糊，严重时丧失视觉，因此作业时应穿戴专门的防护服、手套和防护眼镜。

（2）电离辐射的危害及防护

电离辐射是指能引起物质的原子或分子电离的辐射，如 α 粒子、β 粒子、X 射线、γ 射线、中子射线等。电离辐射物质主要指放射性物质，利用放射线照射原理，医学上可进行透视检查、肿瘤放疗，工业上可进行管道焊接、铸件探伤等。

① 电离辐射的危害。电离辐射的危害主要是指超过允许剂量的放射线作用于人体造成的危害，分为体外危害和体内危害。体外危害是放射线由体外穿入人体造成的危害，X 射线、γ 射线、β 粒子和中子射线都能造成体外危害；体内危害是由于吞食、吸入放射性物质，或通过受伤的皮肤直接侵入体内造成的危害。放射性物质可导致的职业病有外照射急性放射病、慢性放射病、内照射放射病、放射性肿瘤、放射性甲状腺、骨损伤、皮肤和性腺病变等，多达 11 种。电离辐射对人体的伤害主要表现在阻碍和损伤细胞的活动机能乃至细胞死亡。人在短期内受到超过允许剂量的放射线照射，会引发急性放射病，开始出现头晕、乏力、食欲下降等症状，随后出现造血、消化功能破坏和脑损伤，甚至死亡；而人长期或反复受到低于或接近允许剂量的放射线照射，也能使细胞改变机能，出现眼球晶体浑浊、皮肤干燥、头发脱落和内分泌失调等症状，引起慢性放射病，严重时出现贫血、白细胞减少、白内障、胃肠道溃疡、皮肤坏死等病变，另外，电离辐射损伤对于孕妇来说，还会危及胎儿，造成畸形、死胎或新生儿死亡。

② 电离辐射的防护。

a.“三防护”技术。“三防护”即时间防护、距离防护和屏蔽防护，目的都是减少人体受放射线照射的时间和剂量。

时间防护：缩短接触时间。在有电离辐射的作业场所，人体受到放射线照射的累计剂量与接触时间成正比，即受照射的时间越长，累计的照射剂量越大，所以，应合理安排作业方式，缩短作业人员与放射性物质的接触时间，特别在照射剂量较大、防护条件较差的情况下，应采取分批轮流作业，减少个体照射时间，并禁止在作业场所有不必要的停留，避免照射累计剂量超过允许剂量。

距离防护：加大操作距离。电离辐射强度与距离的平方成反比，所以加大操作人员与辐射源之间的距离十分有效，人体在一定时间内所受到的照射剂量会随距离的增大而明显减少。加大操作距离的方法很多，例如在拆卸同位素液位计的探测器（辐射源）时，使用长臂夹钳就是种加大距离的操作。先进的距离防护方式是实行遥控操作，能更大程度地减少甚至消除辐射的危害。

屏蔽防护：遮蔽放射物质。在从事放射作业（如 X 射线探伤作业）时，在有放射源或储存放射物质的场所，必须设置屏蔽，以减少或消除放射性危害。屏蔽的形式、材质和厚度，应根据放射线的性质和强度确定。比如：屏蔽 γ 射线常用铅、铁、水泥、砖、石等材料；屏蔽 β 射线常用有机玻璃、塑胶、铝板等，对强 β 放射性物质，须用 1cm 厚的塑胶或玻璃板遮蔽；γ 射线和 X 射线的放射源要在有铅或混凝土屏蔽的条件下储存，如放射性同位素仪表的辐射源就要放在铅罐内，仪表工作时只有一束射线射到被测物上，操作人员在距放射源 1m 外的屏蔽后便无伤害；水、石蜡等物质，对遮蔽中子射线有效。而遮蔽中子可产生二次 γ 射线，在计算屏蔽厚度时，应一并考虑。

b. 个体防护措施。严格执行辐射作业场所的安全操作规程和卫生防护制度；定期进行职业医学检查，建立个人辐射剂量档案和健康档案，认真进行剂量监督，做好自我防护。

坚持良好的卫生习惯，减少放射性物质的伤害。即：进入任何有辐射污染的场所，必须穿戴防辐射工作服、手套、鞋套、口罩和目镜，若辐射污染严重则戴防护面罩或穿气衣（充空气的衣套）；在有吸入放射性粒子危险的场所，要携带氧气呼吸器；在有辐射的作业场所，禁止吸烟、饮水、进食等，离开时彻底清洗身体的裸露部分，特别是手要用肥皂洗净，杜绝一切放射性物质侵入人体的可能。

对于有辐射区域，或在搬运、储存、使用超过规定量的放射物质时，都应严格设置明显的警告标志或标签。在所有高辐射区域，都应设置控制设施，使进入者可能接触的剂量在安全允许范围内；并设置明显的警戒信号和自动报警装置，当发生意外时，所有人员都能听到撤离警报并能立即撤离。

3. 高、低温作业危害及防护

（1）高温作业　高温作业是指有高气温、或有强烈的热辐射、或伴有高气湿（相对湿度≥80%*RH*）相结合的异常作业条件，湿球黑球温度指数（WBGT 指数）超过规定限值的作业。包括高温天气作业和工作场所高温作业。

冶金工业，包括炼钢、炼铁、轧钢、炼焦等；机械制造业的铸造、锻造、热处理等；玻璃与耐火工业的窑工、炉工等；此外还有造纸、制糖、砖瓦工业、发电厂、火车和轮船的锅炉间以及潜水舱等，均属高温作业。

① 对生理功能的影响。

体温调节：高温作业的气象条件、劳动强度、劳动时间及人体的健康状况等因素，对体温调节都有影响。

水盐代谢：高温作业时，排汗显著增加，可导致机体损失水分、氧化钠、钾、钙、镁、维生素等，如不及时补充，可导致机体严重脱水、循环衰竭、热痉挛等。

循环系统：高温作业时，心血管系统经常处于紧张状态，可导致血压发生变化。高血压患者随着高温作业工龄的增加而增加。

消化系统：可引起食欲减退，消化不良，胃肠道疾病的患病率随工龄的增加而增加。

神经内分泌系统：可出现中枢神经抑制，注意力、工作能力降低，易发生工伤事故。

泌尿系统：由于大量水分经汗腺排出，如不及时补充，可出现肾功能不全、蛋白尿等。

② 中暑性疾病。

热射病：由于体内产热和受热超过散热，引起体内蓄热，导致体温调节功能发生障碍。其是中暑最严重的一种，病情危重，死亡率高。典型症状为：急骤高热，肛温常在41℃以上，皮肤干燥，热而无汗，有不同程度的意识障碍，重症患者可有肝肾功能异常等。

热痉挛：由于水和电解质的平衡失调所致。明显的肌痉挛使有收缩痛，痉挛呈对称性，轻者不影响工作，重者痉挛甚剧，患者神志清醒，体温正常。

热衰竭：热引起外周血管扩张和大量失水造成循环血量减少，颅内供血不足而导致发病。先有头昏、头痛、心悸、恶心、呕吐、出汗，继而昏厥，血压短暂下降，一般不引起循环衰竭，体温多不高。

③ 保护措施。

改善工作条件，配备防护设施、设备。水隔热：常用的方法有水箱或循环水炉门，瀑布水幕等；使用隔热材料：常用的材料有石棉、炉渣、草灰、泡沫砖等。在缺乏水源的工厂及中小型企业，采取的方法如下；采用自然通风，如天窗、开敞式厂房，还可以在屋顶上装风帽；机械式通风，如风扇、岗位送风、安装空调设备。

加强个人防护。个人防护用品应采用结实、耐热、透气性好的织物制作工作服，并根据不同作业的需求，供给工作帽、防护眼镜、面罩等。如高炉作业工种，须佩戴隔热面罩和穿着隔热、通风性能良好的防热服。

加强卫生保健和健康监护。从预防的角度，要做好高温作业人员的就业前和入暑前体检，凡有心血管疾病、中枢神经系统疾病、消化系统疾病等高温禁忌证者，一般不宜从事高温作业，应给予适当的防治处理。供给防暑降温清凉饮料、降温品和补充营养要选用盐汽水、绿豆汤、豆浆、酸梅汤等作为高温饮料，饮水方式以少量多次为宜。可准备毛巾、风油精、藿香正气水以及人丹等防暑降温用品。此外，要制订合理的膳食制度，膳食中要补充蛋白质、糖以及维生素 A、B1、B2、C 和钙。

（2）低温作业　低温作业是在低于允许温度下限的气温条件下进行作业。低温作业工作有高山高原工作、潜水员水下工作、现代化工厂的低温车间以及寒冷气候下的野外作业等。

① 对人体的影响。在极冷的低温下，很短时间内身体组织便会冻痛、冻伤和冻僵；冷金属与皮肤接触时所产生的黏皮伤害，一般发生在零下 10 多度以下的低温环境中；温度虽未低到足以引起冻痛和冻伤的程度，但是由于全身性长时间低温暴露，使人体热损失过多，深部体温（口温、肛温）下降到生理可耐限度以下，从而产生低温的不舒适症状，出现呼吸急促、心率加快、头痛、瞌睡、身体麻木等生理反应，还会出现感觉迟钝，动作反应不灵活，注意力不集中、不稳定，以及否定的情绪体验等心理反应。

② 防护措施。当在水中作业时，由于水的热容量和热导率均较空气大得多，所以低

温症状和伤害也就出现得早。低温的主要防护措施包括对低温环境的人工调节和对个人的防护。通过人工调节，比如用暖气、隔冷和炉火等办法，调节室内气温使之保持在人体可耐的范围内。个人防护一般是穿用合适的防寒服装。衣服的防寒效果，不仅受其材料的影响，还与衣服的厚度和形状有很大关系。采用衣服内通热气或热水的办法，可以极大地提高抗寒能力。它的缺点是不能离供应暖气或暖水的设备太远；为克服这一缺点，可采用电池加热的衣服和手套，既轻便又灵活，适应高空和水下低温作业。

4. 灼伤及防治

（1）化学灼伤及防治　凡是化学物质直接作用于身体，引起局部皮肤组织损伤，并通过受损的皮肤组织导致全身病理生理改变，甚至伴有化学性中毒的病理过程，称为化学灼伤。化工生产中，化学灼伤常常伴随生产中的事故或由于设备发生腐蚀、开裂、泄漏等造成。化学灼伤程度与化学物质的性质、接触时间、接触部位等有关。

化学灼伤与热力烧伤有许多相同的改变，但化学灼伤又有化学致伤物所造成的特殊病理变化：①皮肤组织接触强氧化剂或还原剂可导致组织蛋白变性、凝固，局部形成灼伤焦痂；②脂肪组织不断溶解、破坏，损伤不断向深层扩展，组织再生极为困难；③破坏组织的胶体状态和通透性，局部充血；④破坏与麻痹皮肤神经末梢感受器，出现皮肤感觉麻木或痛觉过敏等；⑤许多化学致伤物质可导致局部或全身性变态反应，如沥青灼伤后出现的“光敏现象”；⑥破坏酶系统或产生毒性物质，如锌灼伤后产生的锌蛋白可能引起“金属铸造热”样反应。

化学灼伤后应迅速脱离现场，脱去被污染的衣服，即刻用大量流动清水冲洗创面或其他方法去除污染物。轻、中度化学灼伤应防止休克，一般不需输液。可口服烧伤饮料，不伴颅脑损伤的伤员可给予镇静剂、止痛剂。局部进行创面清理，采取暴露疗法或包扎疗法。重度化学灼伤主要防止化学灼伤性休克，重视早期的血液动力学改变，维持电解质平衡和掌握液体需要量，休克期间应用利尿剂，对呼吸道灼伤诱发的灼伤性休克，气管切开，使用机械呼吸器，监测血气指标。灼伤感染是灼伤病人的主要死亡原因，可采用综合治疗措施，保护创面清洁，调整液体量，早期切痂，植皮，增强机体抗感染免疫能力，合理应用抗生素防止并发症发生，重症患者送危重抢救病房（ICU）监护治疗。

（2）热力烧伤及防治　热力烧伤一般是指由于热力如火焰、热液（水、油、汤）、热金属（液态和固态）、蒸汽和高温气体等所致的人体组织或器官的损伤，主要是皮肤损伤，严重者可伤及皮下组织、肌肉、骨骼、关节、神经、血管甚至内脏，也可伤及被黏膜覆盖的部位，如眼、口腔、食管、胃、呼吸道、直肠、阴道、尿道等。临床上习惯称为的“烫伤”，系指由于沸液、蒸汽等所引起的组织损伤，是热力烧伤的一种。应当强调指出的是，烧伤是伤在体表，反应在全身，是全身性的反应或损伤，尤其是大面积烧伤，全身各系统均可被累及。

应加强防火、防烧烫伤安全宣传教育，在日常生活中要避免与热源接触，尤其是儿童，心智发育不全，对外界事物充满好奇，更应做好防护工作；在工作中要严格执行各种安全管理规章制度，尽量做到防患于未然。

一旦发生热力烧伤，应迅速脱离致伤源。烧伤面积与深度往往与致伤时间成正比，减少致伤时间是烧伤现场防止创面加深和急救的首要措施。迅速脱离热源，就地打滚，靠身体压灭火苗，或跳进附近的水池与河沟内灭火，或用被子、毯子、大衣等覆盖，靠隔绝空气灭火。尽快脱去着火或被热液或化学物质浸渍的衣物，以免致伤源继续作用，加深创面。电接触伤时，应尽快切断电源，在未切断电源前，急救者切记不能接触伤员，以免自身触电。对于意识障碍或因伤失去移动能力的伤员使用灭火器灭火急救时，应避免造成伤员窒息。

第四节 应急救护技术

一、心肺复苏术

心肺复苏与人工呼吸

心搏骤停一旦发生，如得不到即刻及时抢救复苏，4～6min 后会造成患者脑和其他人体重要器官组织的不可逆损害，因此心搏骤停后的心肺复苏（CPR）必须在现场立即进行。

据美国近年统计，每年因心血管病而死亡人数达百万人，约占总死亡人数的 1/2，而因心脏停搏突然死亡者 60%～70%发生在院前。美国成年人中约有 85%的人有兴趣参加 CPR 初步训练，结果使 40%心脏骤停者复苏成功，每年可抢救约 20 万人的生命。心脏跳动停止者，如在 4min 内实施初步的 CPR，在 8min 内由专业人员进一步心脏救生，死而复生的可能性最大，因此时间就是生命，速度是关键，初步的 CPR 按 CAB 进行。

1. 评估现场环境安全

任何急救开始的同时，均应及时拨打急救电话。

抢救前，施救者首先要确保现场安全；其次判断患者有无意识，拍摇患者并大声询问，手指甲掐压人中穴约 5s，如无反应表示意识丧失；然后施救者先使病人仰面平卧于坚实的平面上，解开颈部纽扣，注意清除口腔异物，使患者仰头抬颏，用耳贴近口鼻，如未感到有气流或胸部无起伏，则表示已无呼吸。

2. 胸外按压（circulation，C）

检查心脏是否跳动，最简易、最可靠的是检查颈动脉，抢救者用 2～3 个手指放在患者气管与颈部肌肉间轻轻按压，时间不少于 10s。如果患者停止心跳，就要通过胸外按压，使心脏和大血管血液产生流动，以维持心、脑等主要器官最低血液需要量。

选择胸外心脏按压部位：先以左手的中指、食指定出肋骨下缘，而后将右手掌侧放在胸骨下 1/3，再将左手放在胸骨上方，左手拇指邻近右手指，使左手掌底部在剑突上。右手置于左手上，手指间互相交错或伸展。按压力量经手根而向下，手指应抬离胸部。

胸外心脏按压方法：急救者两臂位于病人胸骨的正上方，双肘关节伸直，利用上身重量垂直下压，对中等体重的成人下压深度应大于 5cm，而后迅速放松，解除压力，让胸廓自行复位。如此有节奏地反复进行，按压与放松时间大致相等，频率为每分钟 100 次。

3. 开放气道（airway，A）

昏迷的病人常因舌后移而堵塞气道，因此需要畅通气道。急救者以一手置于患者额部使头部后仰，并以另一手抬起后颈部或托起下颏，保持呼吸道通畅。对怀疑有颈部损伤者只能托举下颏而不能使头部后仰；若疑有气道异物，应从患者背部双手环抱于患者上腹部，用力、突击性挤压。

4. 人工呼吸（breathing B）

在保持患者仰头抬颏前提下，施救者用一手捏鼻孔（或口唇），然后深吸一大口气，迅速用力向患者口（或鼻）内吹气，然后放松鼻孔（或口唇），照此每 5s 反复一次，直到恢复自主呼吸。每次吹气间隔 1.5s，在这个时间抢救者应自己深呼吸一次，以便继续口对口呼吸，直至专业抢救人员的到来。

5. 注意事项

① 胸外心脏按压术只能在患（伤）者心脏停止跳动下才能施行。

② 施行心肺复苏术时应将患（伤）者的衣扣及裤带解松，以免引起内脏损伤。

③ 胸外心脏按压的位置必须准确。不准确容易损伤其他脏器。按压的力度要适宜，过大过猛容易使胸骨骨折，引起气胸血胸；按压的力度过轻，胸腔压力小，不足以推动血液循环。

④ 口对口吹气量不宜过大，一般不超过 1200ml，胸廓稍起伏即可。吹气时间不宜过长，过长会引起急性胃扩张、胃胀气和呕吐。吹气过程要注意观察患（伤）者气道是否通畅，胸廓是否被吹起。

⑤ 口对口吹气和胸外心脏按压应同时进行，严格按吹气和按压的比例操作，吹气和按压的次数过多和过少均会影响复苏的成败。当只有一个急救者给病人进行心肺复苏术时，应是每做 30 次胸外心脏按压，交替进行 2 次人工呼吸；当有两个急救者给病人进行心肺复苏术时，首先两个人应呈对称位置，以便于互相交换，一个人做胸外心脏按压，另一个人做人工呼吸。两人可以数着 1、2、3 进行配合，每按压心脏 30 次，口对口或口对鼻人工呼吸 2 次。

二、止血术

在各种突发事故中，常有外伤大出血的紧张场面。出血是创伤的突出表现，因此，止血是创伤现场救护的基本任务。

1. 创伤出血

创伤是体表或体内组织受损的现象，创伤几乎都会引起出血，人体的血液量大约相当于体重的十三分之一，人体的血液一次失去超过 15%就会有休克现象而若超过 30%就会有生命危险。

依出血的部位不同，通常将出血分成三类：皮下出血、内出血、外出血。其中外出血依血管损伤的种类分成三类，可以根据出血的情况和血液的颜色来判断。

毛细血管出血：呈小点状的红色血液，从伤口表面渗出，看不见明显的血管出血，这种出血常能自动停止。

静脉出血：血液是从伤口内的血管流出，血液的颜色呈暗红色，一般的静脉出血通过清创消毒及包扎处理后很快会停止出血，小的静脉出血会自行停止。

动脉出血：动脉血液刚从心脏里挤压出来，压力很大，出血往往是喷射状的，故必须采取急救措施，防止失血过多，影响健康甚至危及生命。

2. 止血方法

止血的方法有包扎止血、加压包扎止血、指压止血、加垫用肢止血、填塞止血、止血带止血。一般的出血可以使用包扎、加压包扎法止血；四肢的动、静脉出血，如使用其他的止血法能止血的，就不用止血带止血。

操作要点如下：

① 尽可能戴上医用手套，如果没有可用敷料、干净布片、塑料袋、餐巾纸为隔离层；

② 脱去或剪开衣服，暴露伤口，检查出血部位；

③ 根据伤口出血的部位，采用不同的止血法止血；

④ 不要对嵌有异物或骨折断端外露的伤口直接压迫止血；

⑤ 不要去除血液浸透的敷料，而应在其上另加敷料并保持压力；

⑥ 肢体出血应将受伤区域抬高到超过心脏的高度；

⑦ 如必须用裸露的手进行伤口处理，在处理完成后，用肥皂清洗手；

⑧ 止血带在万不得已的情况下方可使用。

（1）手压止血法　用手指、手掌或拳头压迫出血区域近侧动脉干，暂时性控制出血。压迫点应放在易于找到的动脉径路上，压向骨骼方能有效。例如，头、颈部出血，常可指压颞动脉、颌动脉、椎动脉；上肢出血，常可指压锁骨下动脉、肱动脉、肘动脉、桡动脉、尺动脉；下肢出血，常可指压股动脉、胫动脉。在操作时要注意：压迫力度要适中，以伤口不出血为准；压迫 10～15min，仅是短时急救止血；保持伤处肢体抬高。

① 颞浅动脉压迫点。一侧头顶部出血时，在同侧耳前，对准耳屏上前方 1.5cm 处，用拇指压迫颞浅动脉止血（见图 2-1）。

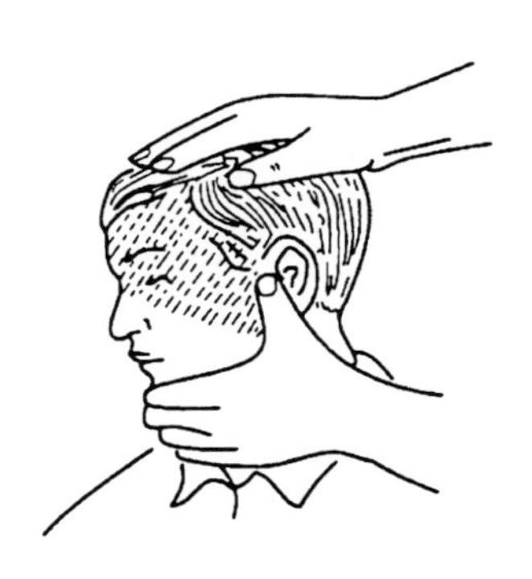

图 2-1　按压颞浅动脉

② 肱动脉压迫点。肱动脉位于上臂中段内侧，位置较深，前臂及手出血时，在上臂中段的内侧摸到肱动脉搏动后，用拇指按压可止血（见图 2-2）。

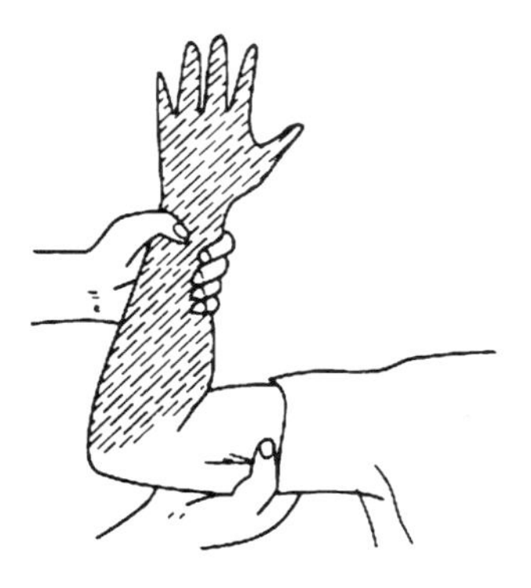

图 2-2　指压肱动脉

③ 桡、尺动脉压迫点。桡、尺动脉在腕部掌面两侧，腕及手出血时，要同时按压桡、尺两条动脉方可止血（见图 2-3）。

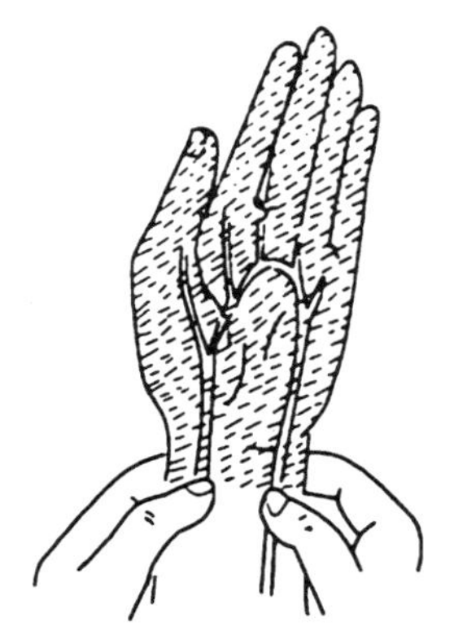

图 2-3　指压桡、尺动脉

④ 股动脉压迫点。在腹股沟韧带中点偏内侧的下方能摸到股动脉强大搏动。用拇指或掌根向外上压迫，用于下肢大出血（见图 2-4）。

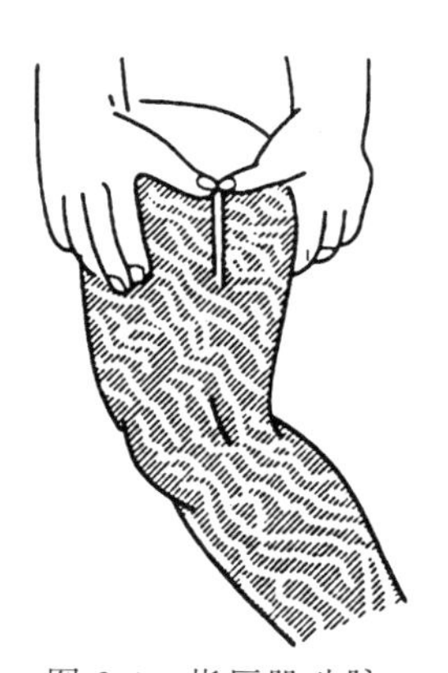

图 2-4　指压股动脉

股动脉在腹股沟处位置表浅，该处损伤时出血量大，要用双手拇指同时压迫出血的远近两端。压迫时间也要延长，如果转运时间长时可试行加压包扎。

（2）加压包扎止血法　适用于各种伤口，是一种比较可靠的非手术止血法。先用厚敷料无菌纱布覆盖压迫伤口，再用三角巾或绷带用力包扎，包扎范围应该比伤口稍大。这是一种目前最常用的止血方法，四肢的小动脉或静脉出血、头皮下出血的多数患者均可获得止血目的。

（3）强屈关节止血法　前臂和小腿动脉出血不能制止时，而且无合并骨折或脱位时，立即强屈肘关节或膝关节，并用绷带固定，即可控制出血，以利迅速转送医院。

（4）填塞止血法　用于广泛而深层软组织创伤，腹股沟或腋窝等部位活动性出血以及内脏实质性脏器破裂，如肝粉碎性破裂出血。可用灭菌纱布或子宫垫填塞伤口，外加包扎固定。在做好彻底止血的准备之前，不得将填入的纱布抽出，以免发生大出血时措手不及（见图 2-5）。

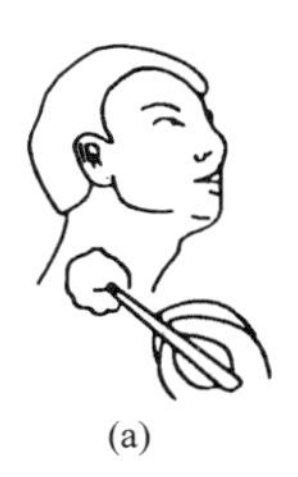
(a)

(b)

(c)

图 2-5　填塞止血法

（5）止血带法　止血带的使用，一般适用于四肢大动脉的出血，并常常在采用加压包扎不能有效止血的情况下，才选用止血带。常用的止血带有以下各种类型。

① 橡皮管止血带。常用弹性较大的橡皮管，便于急救时使用（见图 2-6）。

(a)

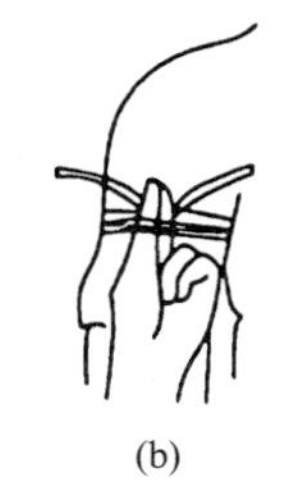
(b)

(c)

图 2-6　橡皮管止血法

② 弹性橡皮带（驱血带）。用宽约 5cm 的弹性橡皮带，抬高患肢，在肢体上重叠加压，包绕几圈，以达到止血目的（见图 2-7）。

③ 充气止血带。压迫面宽而软，压力均匀，还有压力表测定压力，比较安全，常用于四肢活动性大出血或四肢手术。

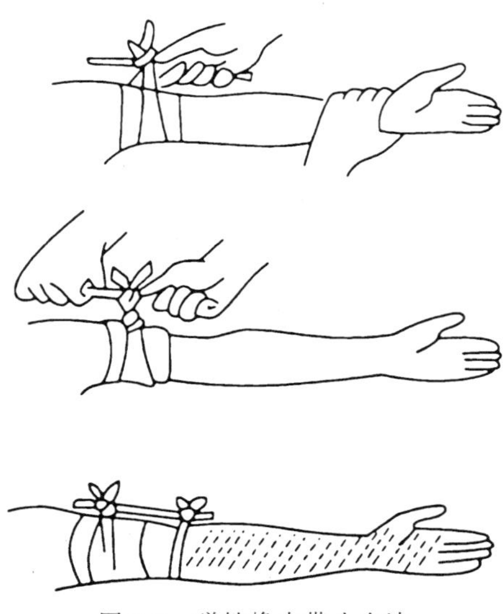

图 2-7 弹性橡皮带止血法

（6）止血带使用方法和注意事项

① 止血带绑扎部位。扎止血带的标准位置在上肢为上臂上 1/3，下肢为股中、下 1/3 交界处。

② 止血带的松紧要合适。

③ 持续时间。原则上应尽量缩短使用止血带的时间，通常只允许 1h 左右，最长不宜超过 3h。

④ 止血带的解除。要在输液、输血和准备好有效的止血手段后，在密切观察下放松止血带。若止血带缠扎过久，组织已发生明显广泛坏死时，在截肢前不宜放松止血带。

⑤ 止血带不可直接缠在皮肤上，在止血带的相应部位要有衬垫，如三角巾、毛巾、衣服等。

⑥ 要求有明显标志，说明上止血带的时间和部位。

三、包扎术

包扎是外伤现场应急处理的重要措施之一。及时正确的包扎，可以达到压迫止血、减少感染、保护伤口、减少疼痛，以及固定敷料和夹板等目的；相反，错误的包扎可导致出血增加、加重感染、造成新的伤害、遗留后遗症等不良后果。

1. 事故创伤伤口概述

伤口是细菌侵入人体的门户，如果伤口被细菌污染，就可能引起化脓或并发败血症、气性坏疽、破伤风，严重损害健康，甚至危及生命。所以，受伤以后，如果没有条件做到清创手术，在现场要先进行包扎。

（1）现场处理　在现场进行处理时，首先要判断受伤程度，要仔细检查伤口的位置、大小、深浅、污染程度及异物特点，然后再采取合适的方法进行处理。例如，伤口深，出血多，可能有血管损伤；胸部伤口可能有气胸；腹部伤口可能有肝、脾或胃肠损伤；肢体畸形可能有骨折；异物扎入人体可能损伤大血管、神经或重要脏器。

(2) 包扎材料　常用的包扎材料有创可贴、尼龙网套、三角巾、弹力绷带、纱布绷带、胶条及附近方便可用器材，如毛巾、头巾、衣服等。

① 绷带。绷带一般是用长条纱布制成，纱布绷带利于伤口渗出物的吸收，高弹力细带用于关节部位损伤。绷带的长度和宽度有多种规格，如用于手指、手腕、上股等身体不同部位损伤的不同宽度的细带，常用的有宽 5cm、长 600cm 和宽 8cm、长 600cm 两种。一头卷起的为单头带，两头同时卷起为双头带，把绷带两端用剪刀剪开即为四头带。

② 三角巾。用边长为 1m 的正方形白布或纱布，将其对角剪开即分成两块三角巾，90°角称为顶角，其他两个角称为底角，外加的一根带子称为系带，斜边称为底边。为方便不同部位的包扎，可将三角巾折叠成带状，称为带状三角巾，或将三角巾在顶角附近与底边中点折叠成燕尾式（见图 2-8）。

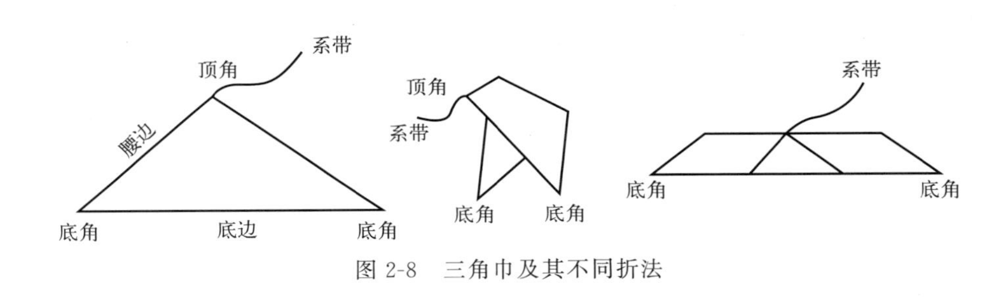

图 2-8　三角巾及其不同折法

2. 包扎方法

包扎伤口动作要快、准、轻、串，包扎部位要准确、严密，不遗漏伤口；包扎动作要轻，不要碰撞伤口，以免增加伤员的疼痛和出血；包扎要牢靠，但不宜过紧，以免妨碍血液流通和压迫神经。

在进行包扎操作时要注意：尽可能带上医用手套，或用其他洁净材料为隔离层；伤口封闭要严密，防止污染伤口；动作要轻巧而迅速，部位要准确，伤口包扎要牢固，松紧适宜；不用水冲洗伤口（化学伤除外）；不要对嵌有异物或骨折断端外露的伤口直接包扎；不要在伤口上用消毒剂或消炎粉，如必须用裸露的手进行伤口处理，在处理完成后，用肥皂清洗手。

(1) 绷带包扎法

① 环行法。此法是绷带包扎中最常用的，适用肢体粗细较均匀处伤口的包扎，用左手将绷带固定在无菌敷料上，右手持绷带卷绕肢体紧密缠绕；加压绕肢体环形缠绕 4～5 层，每圈盖住前一圈，绷带缠绕范围要超出敷料边缘；最后固定［见图 2-9（a）］。

② 螺旋包扎。适用上肢、躯干的包扎。先作环行缠绕两圈，从第三圈开始，环绕时压住上圈的 1/2 或 1/3；最后用胶布粘贴固定［见图 2-9（b）］。

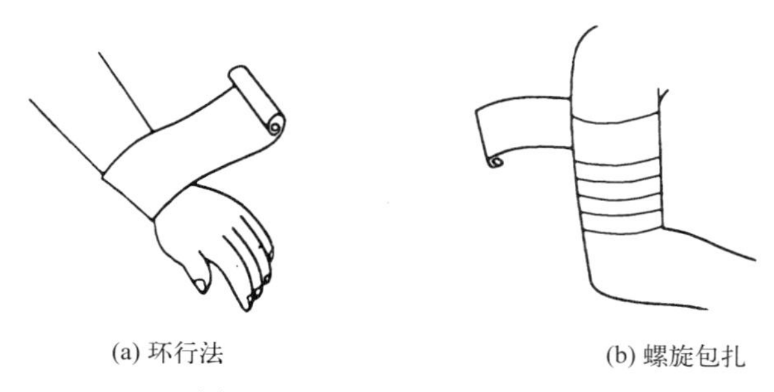

(a) 环行法　　(b) 螺旋包扎

图 2-9　环形法和螺旋包扎法

③“8”字包扎。手掌、踝部和其他关节处伤口用“8”字绷带包扎，选用弹力绷带。包扎手时从腕部开始，先环行缠绕两圈，然后经手和腕“8”字形缠绕；最后绷带尾端在腕部固定（见图 2-10）。

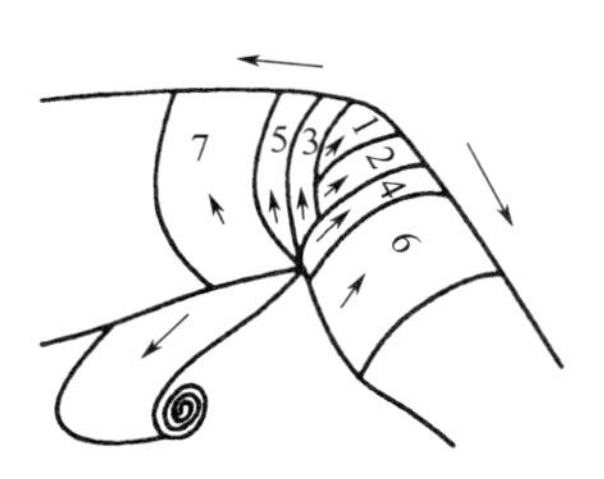

图 2-10　“8”字包扎

④ 回返包扎。用于头部或断肢伤口包扎。先将绷带绕头作环行固定两圈；左手持绷带端于后头中部，右手持绷带卷，从头后方向前到前额；然后再固定前额处绷带向后反折；最后将反折绷带固定（见图 2-11）。

图 2-11　回返包扎法

⑤ 螺旋反折包扎。用于粗细不等部位，如小腿、前臂等。先用环行法固定始端；螺旋方法每圈反折一次，反折时，以左手拇指按住绷带上面的正中处，右手将带向下反折，向后绕并拉紧（见图 2-12）。

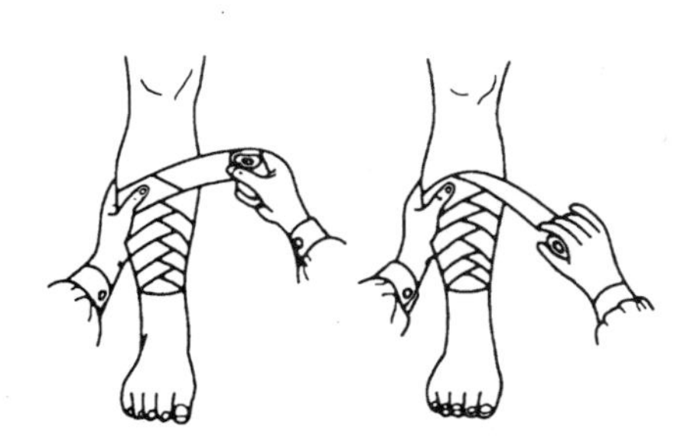

图 2-12 螺旋反折包扎法

（2）三角巾包扎法 使用三角巾，注意边要固定，角要抓紧，中心伸展，敷料贴实，在应用时可按需要折叠成不同的形状，运用于不同部位的包扎。

① 头顶帽式包扎。将三角巾底边的正中点放在前额弓上部，顶角围到枕后，然后将底边经耳上扎紧压住顶角，在颈后交叉，再经耳上到额部拉紧打结，最后将顶角向上反折嵌入底边用胶布或别针固定（见图 2-13）。

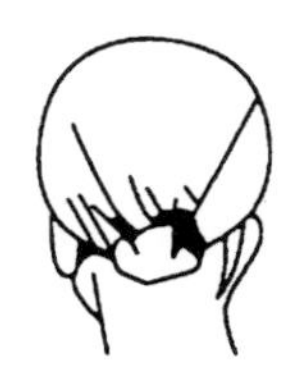

图 2-13 三角巾头顶帽式包扎

② 肩部包扎。适用于一侧肩部外伤，将燕尾三角巾的夹角对着伤侧颈部，巾体紧压伤口的敷料上，燕尾底部包绕上臂根部打结；然后两个燕尾角分别经胸、背拉到对侧腋下打结固定（见图 2-14）。

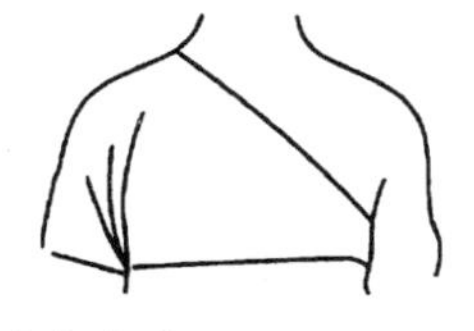

图 2-14 三角巾肩部包扎

③ 胸部包扎。三角巾折叠成燕尾式，置于胸前，夹角对准胸骨上凹；两燕尾角过肩于背后；将燕尾顶角系带，围胸在背后打结；然后，将燕尾角系带拉紧绕横带后上提；再与另一燕尾角打结；背部包扎时，把燕尾巾调到背部即可（见图 2-15）。

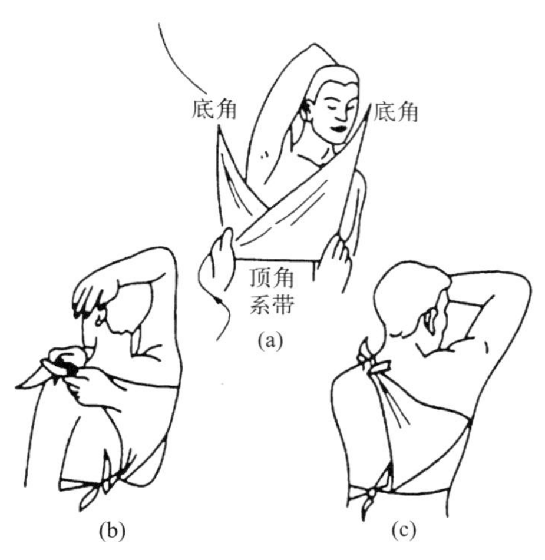

图 2-15　三角巾胸部包扎

④ 手（足）部包扎。三角巾展开，手指或足趾尖对向三角中的顶角；手掌或足平放在三角巾的中央；指缝或足缝间插入敷料；将顶角折回，盖于手背或足背；两底角分别围绕到手背或足背交叉，再在腕部或踝部围绕一圈后在手背或足背打结（见图 2-16、图 2-17）。

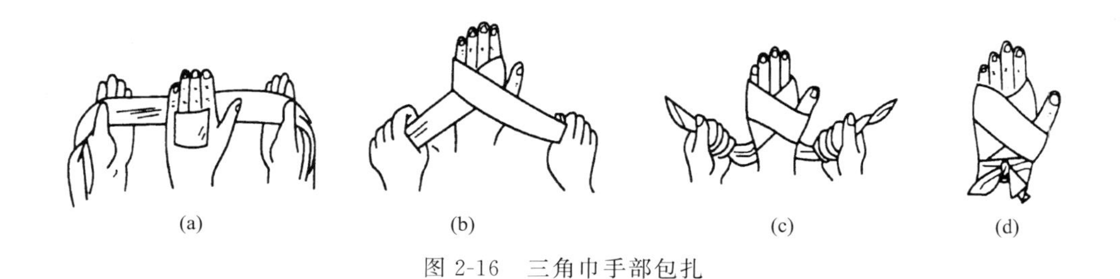

图 2-16　三角巾手部包扎

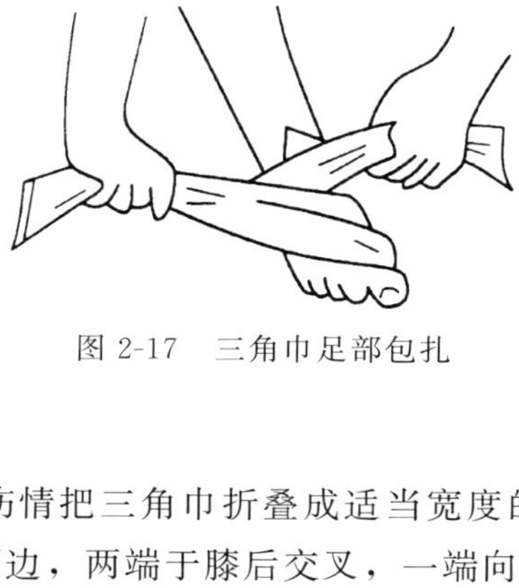

图 2-17　三角巾足部包扎

⑤ 膝部带式包扎。根据伤情把三角巾折叠成适当宽度的带状巾，将带的中段斜放在伤部，其两端分别压住上下两边，两端于膝后交叉，一端向上，一端向下，环绕包扎，在

膝后打结，呈“8”字形（见图 2-18）。

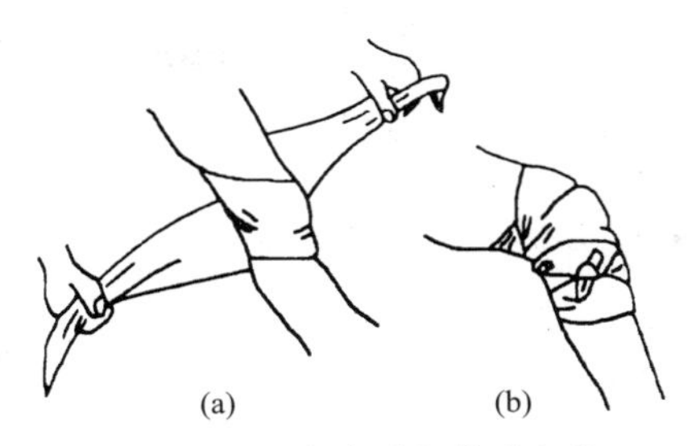

图 2-18 三角巾膝部带式包扎

⑥ 腹部包扎。把三角巾横放在腹部，将顶角朝下，底边置于脐部，拉紧底角至围绕到腰后打结，顶角经会阴拉至臀部上方，用底角余头打结，此法也可包扎臀部，不同的是顶角和左右两底角在腹部打结（见图 2-19）。

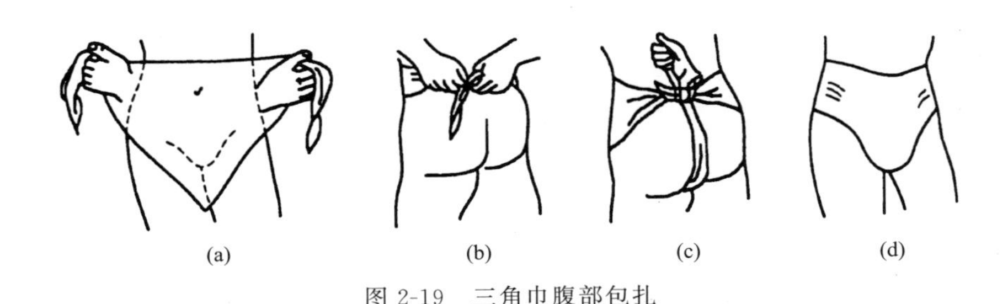

图 2-19 三角巾腹部包扎

⑦ 悬臂带包扎。将前臂屈曲用三角巾悬吊于胸前，叫悬臂带，用于前臂损伤和骨折。大悬臂带方法是将三角巾放于健侧胸部，底边和躯干平行，上端越过肩部，顶角对着伤臂的肘部，伤臂弯成直角放在三角巾中部，下端绕过伤臂反折越过伤侧肩部，两端在颈后或侧方打结。再将顶角折回，用别针固定。小悬臂带将三角巾折叠成带状吊起前臂的前部（不要托肘部），适用于肩关节损伤、锁骨和肱骨骨折。

四、固定术

当发生事故后，骨骼的完整性由于受外力的撞击、扭曲、过分的牵拉、机械性的碾伤、肌肉拉力受损、本身疾病等原因，直接或间接遭到破坏，发生骨骼破裂、折断、粉碎，称为骨折。

固定术是针对骨折的急救措施，可以防止骨折部位移动，具有减轻伤员痛苦的功效，同时能有效地防止因骨折断端的移动而损伤血管、神经等组织造成的严重并发症。实施骨折固定先要注意伤员的全身状况，如心脏停搏要先复苏处理；如有休克情况发生，要先抗休克或同时处理休克；如有大出血要先止血包扎，然后固定。急救固定的目的不是让骨折复位，而是防止骨折断端的移动，所以刺出伤口的骨折端不应该送回。固定时动作要轻巧，固定要牢靠，松紧要适度，皮肤与夹板之间要垫适量的软物，尤其是夹板两端骨突出处和空腹部位更要注意，以防局部受压引起缺血坏死。

1. 骨折类型

① 闭合性骨折：骨折断端与外界或体内空腔脏器不相通，骨折处的皮肤没有破损。

② 开放性骨折：骨折断端与外界或体内空腔脏器相通，骨折局部皮肤破裂损伤，骨折端与外界空气接触，暴露在体外。

③ 完全性骨折：骨完全断裂，骨断裂成三块以上的碎块又称为粉碎性骨折。

④ 不完全性骨折：骨未完全断裂。

⑤ 嵌顿性骨折：断骨两端互相嵌在一起。

2. 骨折判断

（1）表现　骨折突出表现是疼痛，受伤处有明显的压痛点，移动时有剧痛，安静时则疼痛减轻。根据疼痛的轻重和压痛点的位置，可以大体判断是否骨折和骨折的部位。无移位的骨折只有疼痛没有畸形，但局部可有肿胀或血肿。

（2）畸形　骨折部位在肌肉的作用下，形态改变，如成角、旋转、肢体缩短等。

（3）功能障碍　骨的支撑、运动、保护等功能受到影响或完全丧失。

（4）循环　神经损伤的检查。上肢损伤检查桡动脉是否有搏动，下肢损伤检查足背动脉是否有搏动；触压伤员的手指或足趾，询问有何感觉，手指或足趾能否自由活动。

3. 固定材料

一般事故现场急救多受条件限制，只能做外固定，目前最常用的外固定有夹板、气垫、固定器等。

（1）木制夹板　可用木板、竹片或杉树皮等，削成长宽合度的小夹板，以适合不同部位的需要，外包软性敷料，用绷带或布条固定在小夹板上更好，以防损伤皮肉，是以往最常用的固定器材。适应于四肢闭合性管状骨折，四肢开放性骨折，创面小、经处理后创口已愈合者。

（2）钢丝夹板　一般有7cm×100cm、10cm×100cm、15cm×100cm等规格。携带方便，可按需要任意弯曲，以适应各部位，使用时应在钢丝夹板上放置软性衬垫。

（3）充气夹板为筒状双层塑料膜，使用时把筒膜套在骨折肢体外，使肢体处于需要固定的位置，然后向进气阀吹气，双层内充气后立刻变硬，达到固定作用。

（4）塑料夹板　可在60℃以上热水中软化，塑形后托住骨折部位包扎，冷却后塑料夹板变硬，达到固定作用。

以上的夹板类材料，在现场急救时可用杂志、硬纸板、木板块、折叠的毯子、树枝、雨伞等作为临时夹板，将受伤上肢缚在胸廓上，将受伤下肢固定于健康的肢体上即可。

（5）负压气垫　为片状双层塑料膜，膜内装有特殊高分子材料，使用时用片状膜包裹骨折肢体，使肢体处于需要固定位置，然后向气阀抽气，气垫立刻变硬，达到固定作用。

（6）其他材料　如特制的颈部固定器、股骨骨折的托马固定架，紧要时就地取材的木棍、树枝、登山杖等。

像上述的颈部固定器这样的材料，在现场急教时可用报纸、毛巾、衣物卷成卷来代替，从颈后向前围在颈部，颈套粗细以围于颈部后限制下颌活动为宜。

4. 固定方法

要根据现场的条件和骨折的部位采取不同的固定方式。固定要牢固，不能过松、过紧。在骨折和关节凸出处要加衬垫，以加强固定和防止皮肤压伤。在固定时还要注意以下操作要点：①置伤员于适当位置，就地施救；②夹板与皮肤、关节、骨凸出部位加衬垫，固定时操作要轻；③先固定骨折的上端，再固定下端，绑带不要系在骨折处；④前臂、小腿部位的骨折，尽可能在损伤部位的两侧放置夹板固定，以防止肢体旋转及避免骨折断端相互接触；⑤固定后，上肢为屈肘位，下肢呈伸直位；⑥应露出指（趾）端，便于检查末梢血液循环。

固定方法中充气夹板、负压气垫、颈部固定器、钢丝夹板等使用比较简便快速而且有效，下面主要介绍木制夹板和三角巾固定法。

（1）胸部固定

① 锁骨骨折固定。将两条指宽的带状三角巾分别环绕两个肩关节，于肩部打结；再分别将三角巾的底角拉紧，在两肩过度后张的情况下，在背部将底角拉紧打结（见图 2-20）。

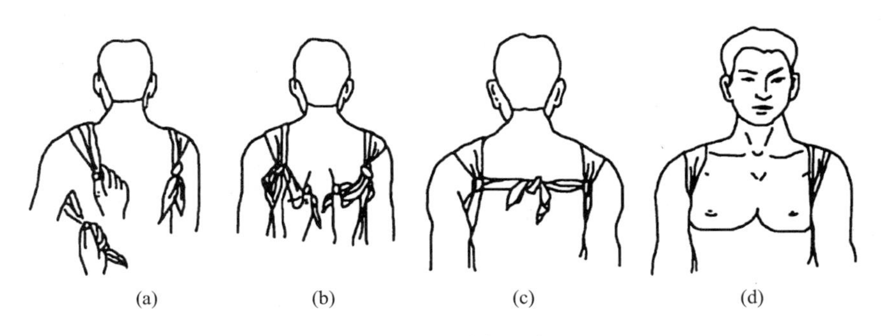

图 2-20　锁骨骨折固定法

② 肋骨骨折固定。方法同胸部外伤包扎。

（2）四肢骨折固定

① 肱骨骨折固定。脑骨骨折时因桡神经紧贴肱骨干，易损伤。固定时，骨折处要加厚垫保护以防止桡神经损伤。

用两条三角巾和一块夹板将伤肢固定，然后用燕尾式三角巾中间悬吊前臂，使两底角向上绕颈部后打结，最后用一条带状三角巾分别经胸背于健侧腋下打结（见图 2-21）。

此外，如为肱骨髁上骨折，因位置低，接近肘关节，局部有肱动脉和正中神经，容易损伤，所以现场不宜用夹板固定。可直接用三角巾或围巾等固定于胸廓，前臂悬吊于半屈位。

② 肘关节骨折固定。当肘关节弯曲时，用两带状三角巾和一块夹板把关节固定。当肘关节伸直时，可用一卷绷带和一块夹板把肘关节固定（见图 2-22）。

图 2-21 肱骨骨折固定法

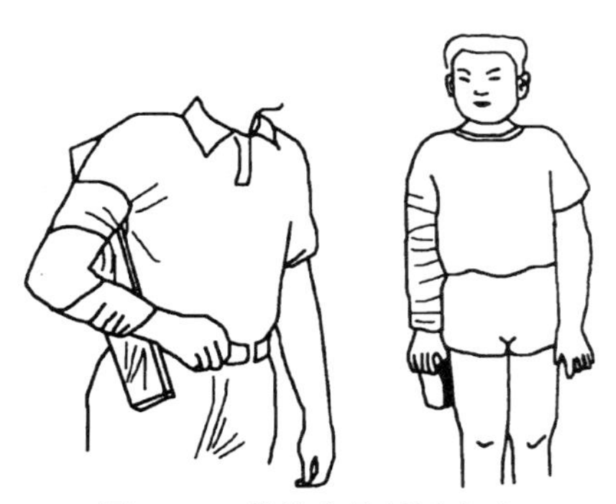

图 2-22 肘关节骨折固定法

③ 桡骨、尺骨骨折固定。用一块合适的夹板置于伤肢下面，用两块带状三角巾或绷带把伤肢和夹板固定，再用一块燕尾三角巾悬吊伤肢，最后再用一条带状三角巾的两底边分别绕胸背于健腋下打结固定。指端要露出，检查甲床血液循环（见图 2-23）。

(a) (b)

图 2-23 桡骨、尺骨骨折固定法

④ 手指骨骨折固定。利用冰棒棍或短筷子作小夹板，另用两片胶布作黏合固定（见图 2-24）。若无固定棒棍，可以把伤肢黏合，固定在健肢上。

⑤ 股骨骨折固定。股骨干粗大，骨折常由巨大外力造成，损伤严重，出血多，易出现休克，骨折后大腿肿胀、疼痛、变形或缩短。

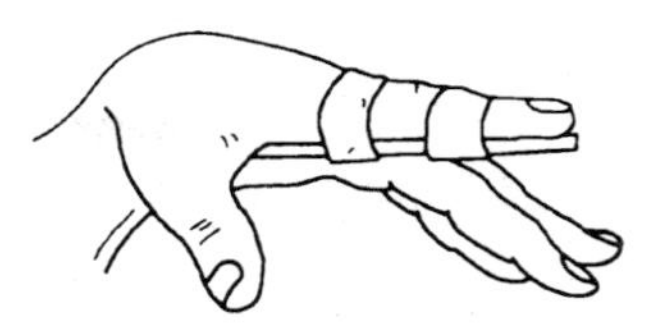

图 2-24 手指骨骨折固定法

固定时可用一块长夹板（长度为伤员的腋下至足跟）放在伤肢侧，另用一块短夹板（长度为会阴至足跟）放在伤肢内侧，至少用 4 条带状三角巾，分别在腋下、腰部、大腿根部及膝部环绕伤肢包扎固定，注意在关节突出部位要放软垫。若无夹板时，可以用带状三角巾或绷带把伤肢固定在健侧肢体上，趾端露出，检查甲床血液循环情况（见图 2-25）。

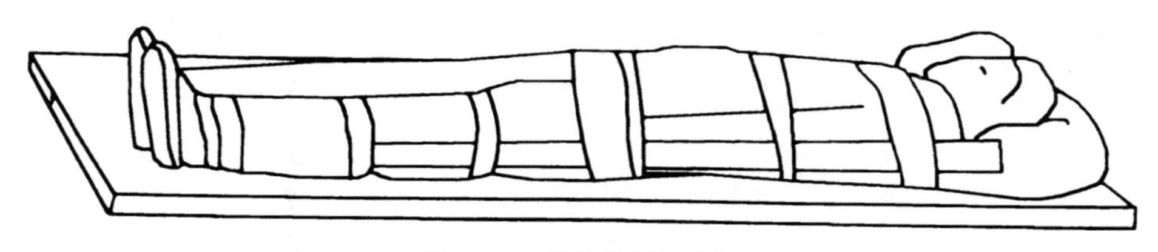

图 2-25 股骨骨折固定法

⑥ 胫骨、腓骨骨折固定。小腿骨折端易刺破小腿前方皮肤，造成骨外露。因此，在骨折处要加厚垫保护。出血、肿胀严重时会导致骨-筋膜室综合征，造成小腿缺血、坏死。小腿骨折固定时切忌固定过紧。

用木板固定时，分别放于伤肢的内侧和外侧；在膝关节、踝关节骨凸出部放棉垫保护，空隙处用柔软物品填实；视情况用宽带固定，先固定骨折上下两端，然后固定膝、踝；用“8”字法固定足踝；趾端露出，检查甲床血液循环（见图 2-26）。

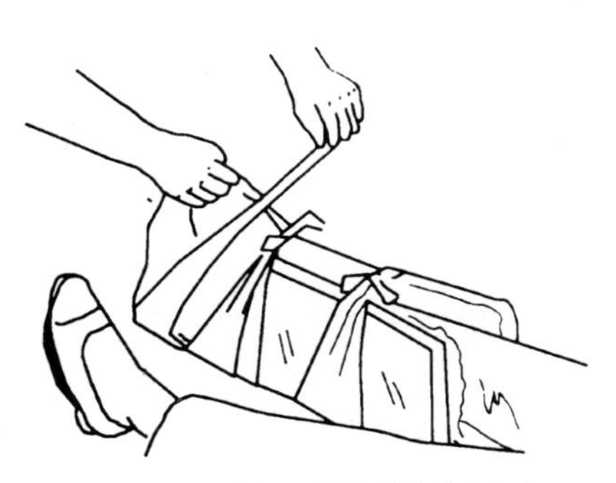

图 2-26 胫骨、腓骨骨折固定法

（3）脊柱骨折固定

① 颈椎骨折固定。伤员仰卧，在头枕部垫薄枕，使头部呈正中位，头部不要前屈或后仰，再在头的两侧各垫枕头服卷，最后用一条带子通过伤员额部固定头部，限制头部前后左右晃动（见图 2-27）。

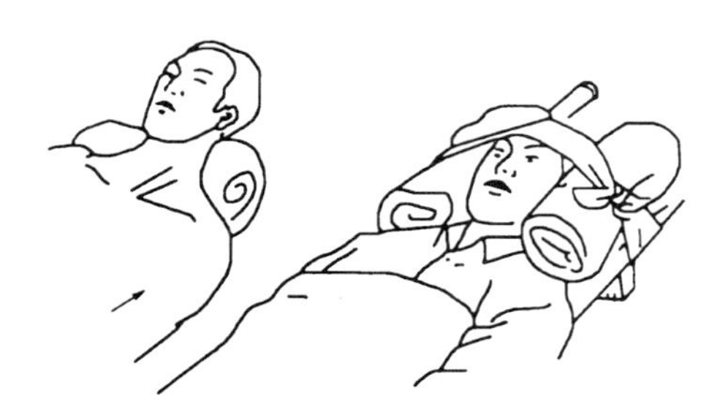

图 2-27 颈椎骨折固定法

② 胸椎、腰椎骨折固定。用一长、宽与伤员身高、肩宽相仿的木板作固定物，并作为搬运工具，保持伤员身体长轴一致侧卧，将其平直抬于木板上，头颈部、足踝部及腰后空虚处要垫实，双肩、骨盆、双下肢及足都用宽带固定于木板上，避免运输途中颠簸、晃动，双手用细带固定放于身体两侧（见图 2-28）。

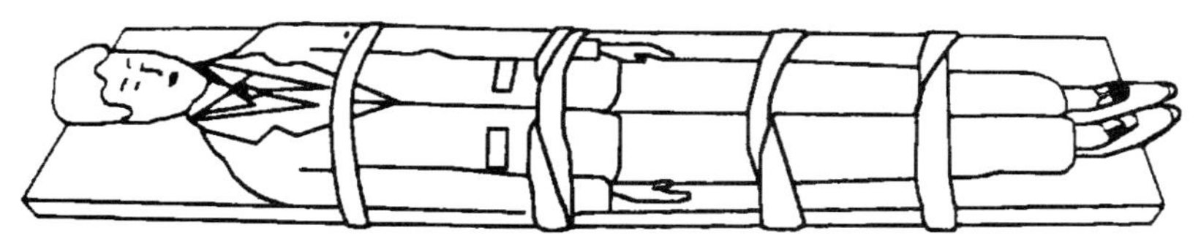

图 2-28 胸椎、腰椎骨折固定法

（4）骨盆骨折固定　将一条带状三角巾的中段放于腰骶部，绕髋前至小腹部打结固定，再用另一条带状三角巾中段放于小腹正中，绕髋后至腰骶部打结固定（见图 2-29）。

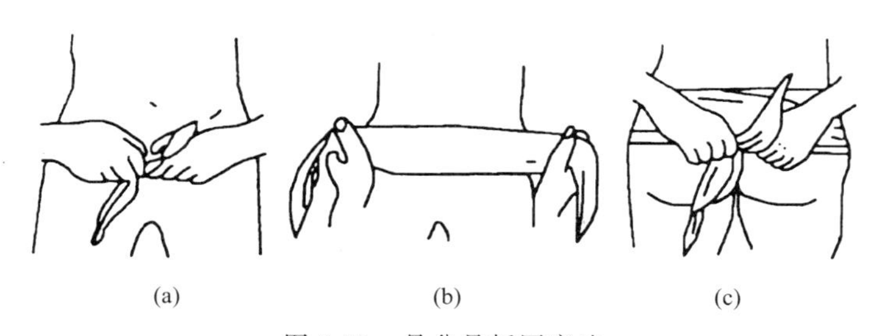

(a)　(b)　(c)

图 2-29 骨盆骨折固定法

五、搬运

搬运、护送似乎是件简单而平常的事情，是一个用力搬运和交通运输问题，与医疗、急救无密切关系。然而，事实并非如此。搬运、护送不当可使危重伤员在现场的救护前功尽弃。不少已被急救处理较好的伤员，往往在不正确的运送途中病情加重、恶化；有些伤员因经不住路途颠簸或病情恶化，不能及时施以急救而丧失生命。

1. 搬运病人注意事项

① 迅速判断伤情，做好伤员现场的救护，先救命后治伤。必须先止血、包扎、固定，妥善处理后才能搬动。

② 运送时尽可能不摇动伤（病）者的身体。若遇脊椎受伤者，应将其身体固定在担架上，用硬板担架搬送。切忌一人抱胸、一人搬腿的双人搬抬法，因为这样搬动易加重脊髓损伤。

③ 运送患者时，随时观察呼吸、体温、出血、面色变化等情况，注意患者姿势，给患者保暖。

④ 在人员、器材未准备完好时，切忌随意搬动。

2. 搬运方法

正确的搬运方法能减少伤员的痛苦，防止损伤加重；错误的搬运方法不仅会加重伤员的痛苦，还会加重损伤。因此，正确的搬运在现场救护中显得尤为重要。

（1）徒手搬运　对于转运路程较近、病情较轻、无骨折的伤员常采用此种搬运方法。

① 单人搬运法。适用于伤势比较轻的伤病员，采取拖行法、自行法、抱持法、背负法、扶持法等方法（见图 2-30）。

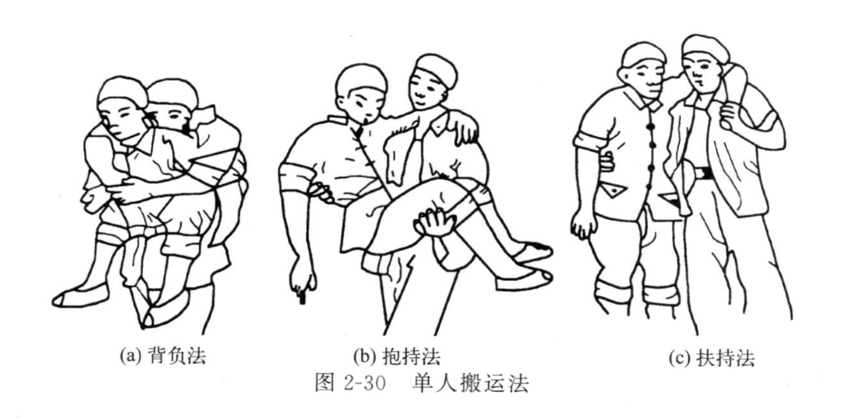

(a) 背负法　(b) 抱持法　(c) 扶持法

图 2-30　单人搬运法

② 双人搬运法。一人搬托双下肢，一人搬托腰部。在不影响病伤的情况下，还可用椅式、杠轿式和拉车式（见图 2-31）。

杠轿式要求救护人两人对面站于伤员的背后，呈蹲位；各自用右手紧握左手腕，左手再紧握对方右手腕，组成手座杠轿；伤员将两手臂分别置于救护人员颈后，坐在手座杠轿上；救护人员慢慢抬起，站立，用外侧脚一同起步搬运。

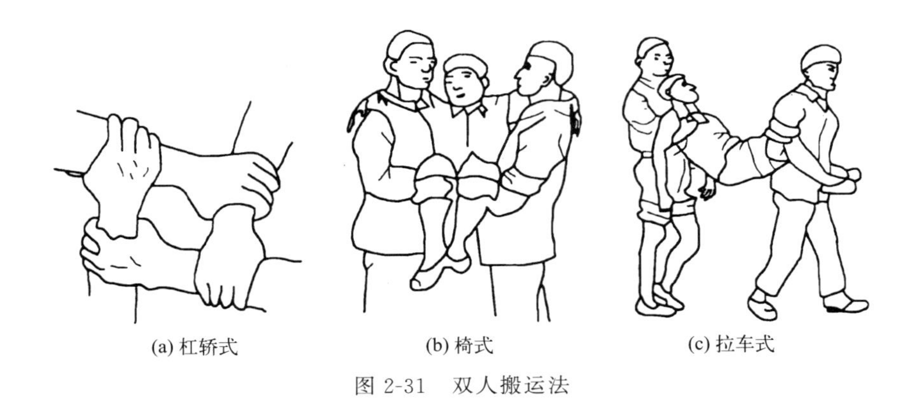

图 2-31 双人搬运法

③ 多人搬运法。对脊椎受伤的患者向担架上搬动应由 4～6 人一起搬动，2 人专管头部的牵引固定，使头始终保持与躯干成直线的位置，维持颈部不动。另 2 人托住臂背，2 人托住下肢，协调地将伤者平直放到担架上，并在颈窝放一小枕头，头部两侧用软垫沙袋固定（见图 2-32）。

图 2-32 多人搬运法

（2）担架搬运 担架是现场救护搬运中最方便的用具。由 2～4 名救护人员按救护搬运的正确方法将伤员轻轻移上担架，需要的话，做好固定。

① 担架的自制方法。

用木棍制担架：用两根长约 2.3m 的木棍，或两根长约 2m 的竹竿绑成梯子形，中间用绳索来回绑在两长棍之中即成（见图 2-33）。

用上衣制担架：用上述长的木根或竹竿两根穿放两件上衣的袖筒中即成，常在没有绳索的情况下用此法（见图 2-34）。

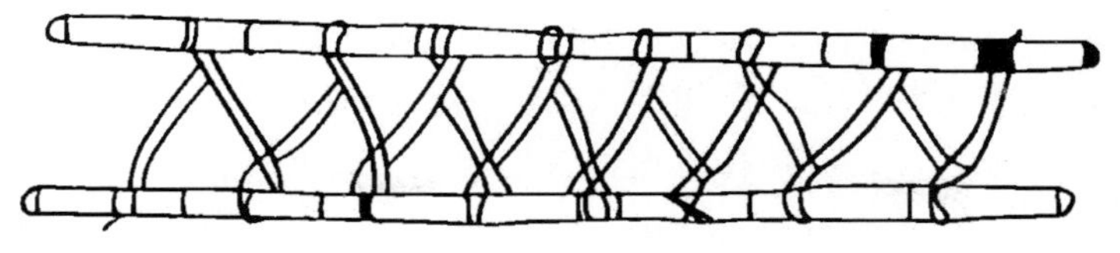

图 2-33　木棍制担架

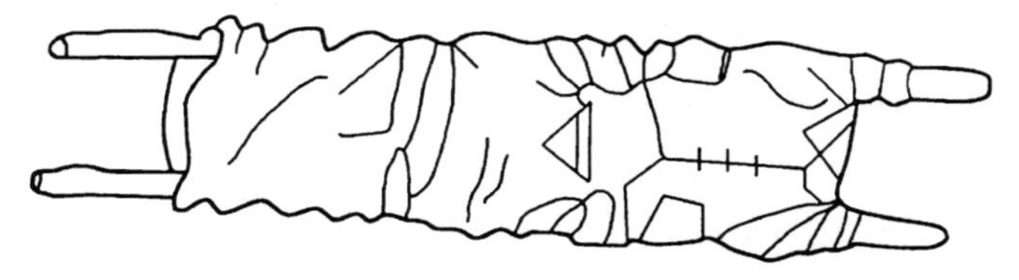

图 2-34　上衣制担架

用椅子制担架：将两把扶手椅对接，用绳索固定对接处即成（见图 2-35）。

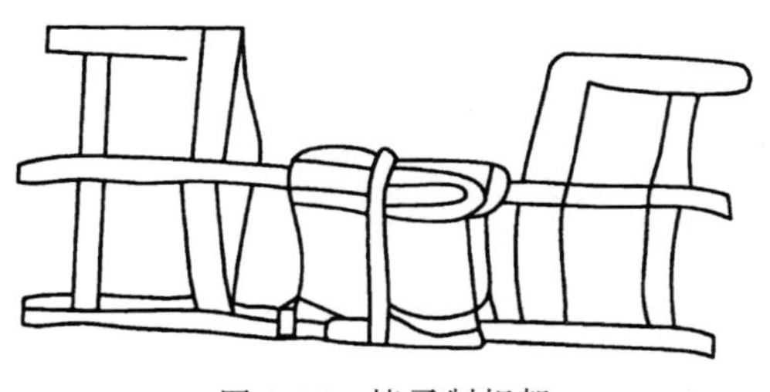

图 2-35　椅子制担架

用毛毯制担架：用两根木棍、一块毛毯或床单、较结实的长线（铁丝也可）制成。第一步把木棍放在毛毯中央，毛毯的一边折叠，与另一边重合。第二步，毛毯重合的两边包住另一根木棍。第三步，用穿好线的针把一根木棍两边的毯子缝合，然后把包另一根木棍边的毯子两边也缝上，即做成（见图 2-36）。

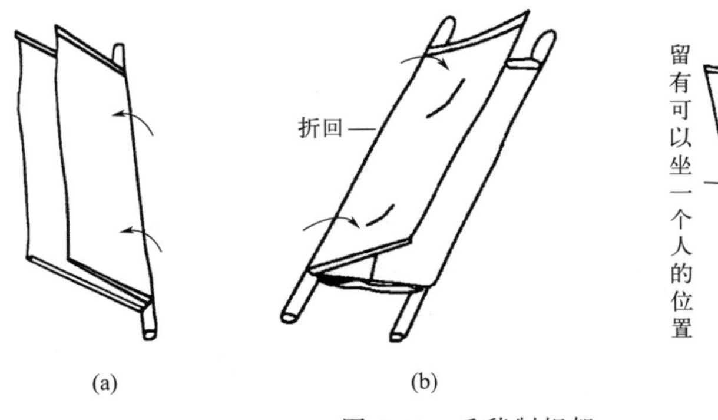

图 2-36　毛毯制担架

② 担架搬运的要点：伤员固定于担架上；伤员的头部向后，足部向前，以便后面抬担架的救护人员观察伤员的变化；抬担架人的脚步、行动要一致；向高处抬时，前面人要将担架放低，后面人要抬高，以使伤员保持水平状态；向低处抬则相反；一般情况下伤员多采取平卧位，有昏迷时头部应偏于一侧，有脑脊液耳漏、鼻漏时头部应抬高30°，防止脑脊液逆流和窒息。

3. 现场搬运注意事项

① 搬动要平稳，避免强拉硬拽，防止损伤加重。

② 特别要保持脊柱轴位，防止脊髓损伤。

③ 疑有脊柱骨折时禁忌一人抬肩、一人抱腿的错误方法。

④ 转运途中要密切观察伤员的呼吸、脉搏变化，并随时调整止血带和固定物的松紧度，防止皮肤压伤和缺血坏死。

⑤ 要将伤员妥善固定在担架上，防止头部扭动和过度颠簸。

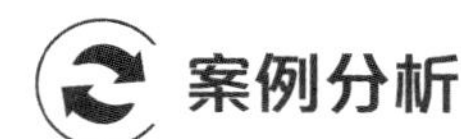

案例分析

案例一：江苏省苏州工业园区某公司生产手机显示屏的无尘车间，生产中需用溶剂清洗表面膜板，原来是用乙醇擦洗，之后管理者为节约生产成本改用正己烷擦洗，造成40多名员工慢性中毒，出现不同程度的肢体麻木、手臂无力和头晕、恶心、皮肤有针刺感等症状，甚至有2人晕倒在车间里。厂方给员工只配发普通口罩，根本起不到劳动保护作用。该车间员工强烈要求体检，经疾控中心联系医院查出，上述症状者属于慢性中毒引起的“周围神经炎”，随后住院治疗才有所缓解。

检索乙醇和正己烷的安全标签，梳理两种物质的危险性；描述使用乙醇的防护措施和使用正己烷的防护措施。

案例二：2003年8月10日，某机械厂电焊车间承接了一批急需焊接的零部件。当时车间有专业焊工3名，因交货时间紧迫，3台手工焊机要同时开工。由于有的部件较大，有的需要定位焊接，电焊工不能单独作业，需要他人协助。车间主任临时安排3名钣金工辅助焊工操作，却没有配发任何电焊作业的防护用品。3台焊机同时操作，3名辅助工在焊工焊接时负责扶着焊件，电弧光直接照射他们的眼睛和皮肤（距高光源大约1m），每人每次上前辅助约30min或60min不等。工作仅半日，下班后不到4h，3名辅助工先后出现电光灼伤症状：眼睛剧痛、怕光、流泪；皮肤有灼热感，痛苦难忍。经医院检查，3人的双眼结膜均充血、水肿；面部、颈部等暴露部位的皮肤呈现水肿性红斑，其中1人因穿背心短裤操作，肩部、两臂及两腿内侧均出现大面积水疱，并有局部脱皮。

分析事故发生的原因；针对此次作业，分析作业人员应佩戴哪些劳动防护用品。

案例三：2008年1月9日14时左右，重庆市某化工厂铁氧体颗粒生产车间发生高浓度二氧化碳中毒窒息事故，5人死亡，13人受伤。这起严重事故的起因是，该车间在使用磷锰矿（主要成分为碳酸锰）和稀硫酸进行中试时，生成了大量的二氧化碳气体并长时间溢出，下沉聚集到反应罐下部的循环冷却水池周围，当1名工人到水池检查时即发生窒息，其他工人见状陆续去抢救，3人当场死亡，2人送医院后死亡。

分析导致该起事故的原因；简述针对二氧化碳作业应选用哪些劳动防护用品。

思考与讨论

1. 学习之前对职业卫生与职业防护的理解有哪些？

2. 思考学习后是否明确了学习职业卫生与职业防护的意义？

3. 如何将职业防护的相关知识运用到后续的课程学习与理解中。

4. 通过学习，对照学习目标，思考自己收获了哪些知识点，提升了哪些技能？

5. 在学习过程中遇到哪些困难？自己借助了哪些学习资源解决遇到的问题？

6. 在学习过程中，采用了哪些学习方法强化知识、提升技能（例如：小组讨论、自主探究、案例研究、观点阐述、学习总结、习题强化等）？

7. 在小组学习中能否提出小组共同思考与解决的问题，这些问题是否在小组讨论中得到解决？

8. 讨论学习过程中遇到哪些困难需要教师指导完成。

9. 还希望了解或掌握哪些方面的知识，希望通过哪些途径来获取这些资源？

第三章

危险化学品的安全管理

学习目标

1. 知识目标

① 了解危险化学品的管理流程。

② 熟悉危险化学品分类及危险性。

③ 掌握危险化学品特性。

2. 能力目标

① 能识别危险化学品标识。

② 能分析危险化学品的固有危险性和过程危险性。

③ 会查阅危险化学品安全技术说明书。

④ 能依据危险化学品安全标签和安全技术说明书的提示，安全使用危险化学品。

3. 素质目标

① 具备查阅文献，搜集资料的能力。

② 具备自我提升，终身学习的能力。

③ 具备勤学好问，永不放弃的学习态度。

4. 思政目标

① 树立安全生产意识。

② 强化岗位责任意识。

第一节 危险化学品定义与分类

一、危险化学品的定义

《危险化学品安全管理条例》第三条：本条例所称危险化学品，是指具有毒害、腐蚀、爆炸、燃烧、助燃等性质，对人体、设施、环境具有危害的剧毒化学品和其他化学品。

二、危险化学品的分类

危险化学品分类

危险化学品目前有数千种，其性质各不相同，每一种危险化学品往往具有多种危险性，但是在多种危险性中，必有一种主要的对人类危害最大的危险性。因此，危险化学品的分类，主要是根据其主要危险特性进行分类的。目前涉及危险化学品分类的标准主要有《危险货物分类和品名编号》（GB 6944—2012）和《化学品分类和危险性公示　通则》（GB 13690—2009）等国家标准，其中《化学品分类和危险性公示　通则》（GB 13690—2009）中对危险化学品的分类如下。

1. 爆炸物

爆炸物分类、警示标签和警示性说明见 GB 20576（如图 3-1）。

（1）定义　爆炸物质（或混合物）是一种固态或液态物质（或物质的混合物），其本身能够通过化学反应产生气体，而产生气体的温度、压力和速度能对周围环境造成破坏。其中也包括发火物质，即便它们不放出气体。

发火物质（或发火混合物）是通过非爆炸自主放热化学反应产生的热、光、声、气体、烟或所有这些的组合来产生效应的一种物质或物质的混合物。

爆炸性物品是含有一种或多种爆炸性物质或混合物的物品。

烟火物品是包含一种或多种发火物质或混合物的物品。

（2）分类

① 爆炸性物质和混合物。

② 爆炸性物品，但不包括下述装置：其中所含爆炸性物质或混合物由于其数量或特性，在意外或偶然点燃或引爆后，不会由于迸射、发火、冒烟或巨响而在装置之外产生任何效应。

③ 前两者中未提及的为产生实际爆炸或烟火效应而制造的物质、混合物和物品。

2. 易燃气体

易燃气体分类、警示标签和警示性说明见 GB 20577。

易燃气体是在 20℃和 101.3kPa 标准压力下，与空气有易燃范围的气体。

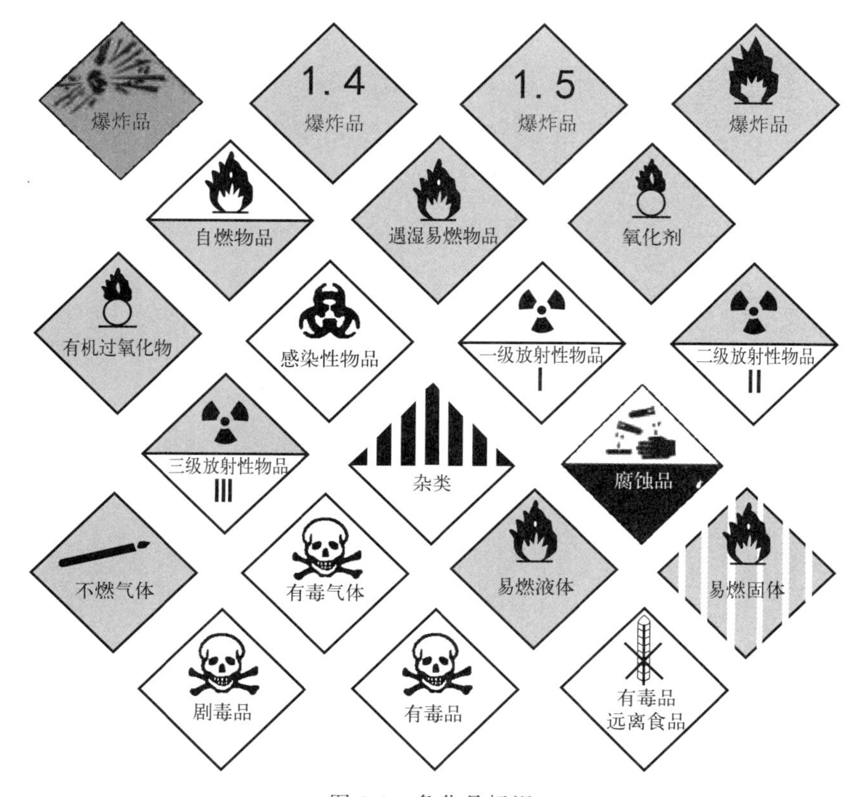

图 3-1 危化品标识

3. 易燃气溶胶

易燃气溶胶分类、警示标签和警示性说明见 GB 20578。

气溶胶是指气溶胶喷雾罐，系任何不可重新灌装的容器，该容器由金属、玻璃或塑料制成，内装强制压缩、液化或溶解的气体，包含或不包含液体、膏剂或粉末，配有释放装置，可使所装物质喷射出来，形成在气体中悬浮的固态或液态微粒或形成泡沫、膏剂或粉末或处于液态或气态。

4. 氧化性气体

氧化性气体分类、警示标签和警示性说明见 GB 20579。

氧化性气体是一般通过提供氧气，比空气更能导致或促使其他物质燃烧的任何气体。

5. 压力下气体

压力下气体分类、警示标签和警示性说明见 GB 20580。

压力下气体是指高压气体在压力等于或大于 200kPa（表压）下装入贮器的气体，或是液化气体或冷冻液化气体。

压力下气体包括压缩气体、液化气体、溶解液体、冷冻液化气体。

6. 易燃液体

易燃液体分类、警示标签和警示性说明见 GB 20581。

易燃液体是指闪点不高于 93℃的液体。

7. 易燃固体

易燃固体分类、警示标签和警示性说明见 GB 20582。

易燃固体是容易燃烧或通过摩擦可能引燃或助燃的固体。

易于燃烧的固体为粉状、颗粒状或糊状物质，它们在与燃烧着的火柴等火源短暂接触即可点燃和火焰迅速蔓延的情况下，都非常危险。

8. 自反应物质或混合物

自反应物质分类、警示标签和警示性说明见 GB 20583。

① 自反应物质或混合物是即使没有氧（空气）也容易发生激烈放热分解的热不稳定液态或固态物质或者混合物。本定义不包括根据统一分类制度分类为爆炸物、有机过氧化物或氧化物质的物质和混合物。

② 自反应物质或混合物如果在实验室试验中其组分容易起爆、迅速爆燃或在封闭条件下加热时显示剧烈效应，应视为具有爆炸性质。

9. 自燃液体

自燃液体分类、警示标签和警示性说明见 GB 20585。

自燃液体是即使数量小也能在与空气接触后 5min 之内引燃的液体。

10. 自燃固体

自燃固体分类、警示标签和警示性说明见 GB 20586。

自燃固体是即使数量小也能在与空气接触后 5min 之内引燃的固体。

11. 自热物质和混合物

自热物质分类、警示标签和警示性说明见 GB 20584。

自热物质是发火液体或固体以外，与空气反应不需要能源供应就能够自己发热的固体或液体物质或混合物；这类物质或混合物与发火液体或固体不同，因为这类物质只有数量很大（公斤级）并经过长时间（几小时或几天）才会燃烧。

值得注意的是物质或混合物的自热导致自发燃烧是由于物质或混合物与氧气（空气中的氧气）发生反应并且所产生的热没有足够迅速地传导到外界而引起的。当热产生的速度超过热损耗的速度而达到自燃温度时，自燃便会发生。

12. 遇水放出易燃气体的物质或混合物

遇水放出易燃气体的物质分类、警示标签和警示性说明见 GB 20587。

遇水放出易燃气体的物质或混合物是通过与水作用，容易具有自燃性或放出危险数量的易燃气体的固态或液态物质或混合物。

13. 氧化性液体

氧化性液体分类、警示标签和警示性说明见 GB 20589。

氧化性液体是本身未必燃烧，但通常因放出氧气可能引起或促使其他物质燃烧的液体。

14. 氧化性固体

氧化性固体分类、警示标签和警示性说明见 GB 20590。

氧化性固体是本身未必燃烧，但通常因放出氧气可能引起或促使其他物质燃烧的固体。

15. 有机过氧化物

有机过氧化物分类、警示标签和警示性说明见 GB 20591。

① 有机过氧化物是含有二价—O—O—结构的液态或固态有机物质，可以看作是一个或两个氢原子被有机基替代的过氧化氢衍生物。该术语也包括有机过氧化物配方（混合物）。有机过氧化物是热不稳定物质或混合物，容易放热自加速分解。它们可能具有下列一种或几种性质：a. 易于爆炸分解；b. 迅速燃烧；c. 对撞击或摩擦敏感；d. 与其他物质发生危险反应。

② 如果有机过氧化物在实验室试验中，在封闭条件下加热时组分容易爆炸、迅速爆燃或表现出剧烈效应，则可认为它具有爆炸性质。

16. 金属腐蚀剂

金属腐蚀物分类、警示标签和警示性说明见 GB 20588。

腐蚀金属的物质或混合物是通过化学作用显著损坏或毁坏金属的物质或混合物。

危险化学品的标识见图 3-1。

第二节　危险化学品的特性

一、危险化学品的固有危险性

1. 燃烧性

爆炸品、压缩气体和液化气体中的可燃性气体、易燃液体、易燃固体、自燃物品、遇湿易燃物品、有机过氧化物等，在条件具备时均可能发生燃烧。

2. 爆炸性

爆炸品、压缩气体和液化气体、易燃液体、易燃固体、自燃物品、遇湿易燃物品、氧化剂和有机过氧化物等危险化学品均可能由于其化学活性或易燃性引发爆炸事故。

3. 毒害性

许多危险化学品可通过一种或多种途径进入人体和动物体内，当其在人体累积到一定量时，便会扰乱或破坏肌体的正常生理功能，引起暂时性或持久性的病理改变，甚至危及生命。

4. 腐蚀性

强酸、强碱等物质能对人体组织、金属等物品造成损坏，接触人的皮肤、眼睛或肺部、食道等时，会引起表皮组织坏死而造成灼伤。内部器官被灼伤后可引起炎症，甚至会造成死亡。

5. 放射性

放射性危险化学品通过放出的射线可阻碍和伤害人体细胞活动机能并导致细胞死亡。

二、危险化学品的过程危险性

危险化学品的过程危险性可通过化工单元操作的危险性来体现，主要包括加热、冷却、加压操作、负压操作、冷冻、物料输送、熔融、干燥、蒸发与蒸馏等。

1. 加热

加热是促进化学反应和物料蒸发、蒸馏等操作的必要手段。加热的方法一般有直接受火式加热（烟道气加热）、蒸汽或热水加热，载体加热以及电加热等。

① 温度过高会使化学反应速率加快，若是放热反应，则放热量增加，一旦散热不及时，温度失控，发生冲料，就会引起中毒、燃烧和爆炸事故。

② 升温速率过快不仅容易使反应超温，而且还会损坏设备。例如，升温过快会使带有衬里的设备及各种加热炉、反应炉等设备损坏。

③ 当加热温度接近或超过物料的自燃点时，应采用惰性气体保护；若加热温度接近物料分解温度，此生产工艺称为危险工艺，必须设法改进工艺条件，如负压或加压操作。

2. 冷却

在化工生产中，把物料冷却至大气温度以上时，可以用空气或循环水作为冷却介质；冷却温度在15℃以上，可以用地下水；冷却温度在0～15℃之间，可以用冷冻盐水。还可以借某种沸点较低介质的蒸发从需冷却的物料中取得热量来实现冷却，常用的介质有氮、氨等。此时，物料被冷却的温度可达－15℃左右。

① 冷却操作时，冷却介质不能中断，否则会造成积热，系统温度、压力骤增，引起爆炸。开车时，应先通冷却介质；停车时，应先停物料，后停冷却系统。

② 有些凝固点较高的物料，遇冷易变得黏稠或凝固，在冷却时要注意控制温度，防止物料卡住搅拌器或堵塞设备及管道。

3. 加压操作

凡操作压力超过大气压的都属于加压操作。加压操作所使用的设备要符合压力容器的要求，加压系统不得泄漏，否则在压力下物料以高速喷出，产生静电，极易发生火灾爆炸。所用的各种仪表及安全设施（如爆破泄压片、紧急排放管等）都必须齐全好用。

4. 负压操作

负压操作即低于大气压下的操作。负压系统的设备也和压力设备一样，必须符合强度要求，以防在负压下把设备抽瘪。

负压系统必须有良好的密封，否则一旦空气进入设备内部，形成爆炸性混合物，易引起爆炸。当需要恢复常压时，应待温度降低后，缓缓放进空气，以防自燃或爆炸。

5. 冷冻

在工业生产过程中，气体的液化、某些组分的低温分离及某些物品的输送、贮存等，常需将物料温度降到比水或周围空气更低的温度，这种操作称为冷冻或制冷，一般说来，冷冻程度与冷冻操作技术有关，凡冷冻范围在－100℃以内的称冷冻，而－100～－200℃或更低的温度，则称深度冷冻或简称深冷。

① 某些制冷剂易燃且有毒，如氨，应防止制冷剂泄漏。

② 对于制冷系统的压缩机、冷凝器、蒸发器以及管路，应注意耐压等级和气密性，防止泄漏。

6. 物料输送

在工业生产过程中，经常需要将各种原材料、中间体、产品以及副产品和废弃物，由前一个工序输往后一个工序，由一个车间输往另一个车间，或输往储运地点，这些输送过程就是物料输送。

① 气流输送系统除本身会产生故障之外，最大的问题是系统的堵塞和由静电引起的粉尘爆炸。

② 粉料气流输送系统应保持良好的严密性。其管道材料应选择导电性材料并有良好的接地，如采用绝缘材料管道，则管外应采取接地措施。输送速度不应超过该物料允许的流速，粉料不要堆积管内，要及时清理管壁。

③ 用各种泵类输送易燃可燃液体时，流速过快会产生静电积累，其管内流速不应超过安全速度。

④ 输送有爆炸性或燃烧性的物料时，要采用氮、二氧化碳等气体代替空气，以防造成燃烧或爆炸。

⑤ 输送可燃气体物料的管道应经常保持正压，防止空气进入，并根据实际需要安装止回阀、水封和阻火器等安全装置。

7. 熔融

在化工生产中经常需将某些固体物料（如苛性钠、苛性钾、萘、磺酸等）熔融之后进行化学反应。碱熔过程中的碱屑或碱液飞溅到皮肤上或眼睛里会造成灼伤。

碱融物和磺酸盐中若含有无机盐等杂质，应尽量除掉，否则这些无机盐因不熔融会造成局部过热、烧焦，致使熔融物喷出，容易造成烧伤。

熔融过程一般在150～350℃下进行，为防止局部过热，必须不间断地搅拌。

8. 干燥

干燥是利用热能将固体物料中的水分（或溶剂）除去的单元操作。干燥的热源有热空气、过热蒸汽、烟道气和明火等。

干燥过程中要严格控制温度，防止局部过热，以免造成物料分解爆炸。在过程中散发出来的易燃易爆气体或粉尘，不应与明火和高温表面接触，防止燃爆。在气流干燥中应有防静电措施，在滚筒干燥中应适当调整刮刀与筒壁的间隙，以防止火花。

9. 蒸发

蒸发是借加热作用使溶液中所含溶剂不断汽化，以提高溶液中溶质的浓度，或使溶质析出的物理过程。蒸发按其操作压力不同可分为常压、加压和减压蒸发。

凡蒸发的溶液皆具有一定的特性。如溶质在浓缩过程中可能有结晶、沉淀和污垢生成，这些都能导致传热效率的降低，并产生局部过热，促使物料分解、燃烧和爆炸，因此要控制蒸发温度，为防止热敏性物质的分解，可采用真空蒸发的方法，降低蒸发温度，或采用高效蒸发器，增加蒸发面积，减少停留时间。

10. 蒸馏

蒸馏是借液体混合物各组分挥发度的不同，使其分离为纯组分的操作。蒸馏操作可分为间歇蒸馏和连续蒸馏；按压力分为常压、减压和加压（高压）蒸馏。

在安全技术上，对不同的物料应选择正确的蒸馏方法和设备。在处理难于挥发的物料时（常压下沸点在150℃以上）应采用真空蒸馏，这样可以降低蒸馏温度，防止物料在高温下分解、变质或聚合。在处理中等挥发性物料（沸点为100℃左右）时，采用常压蒸馏。对沸点低于30℃的物料，则应采用加压蒸馏。

第三节　危险化学品的管理

一、危险化学品的登记注册

危险化学品登记注册，就是化学品的生产、使用和进出口企业到当地“危险化学品登记注册办公室”进行申报，明确其职责和义务，制定化学品危险预防和控制措施，领取登记注册证书。同时，有关部门对申报企业的生产、经营和管理条件进行审查，指导并规范其危险化学品的安全管理工作。

危险化学品登记注册制度是国家强化危险化学品安全管理工作，预防和控制化学品危害的基础工作。

1. 危险化学品登记注册的范围和主要内容

根据《危险化学品登记注册实施细则》的规定，危险化学品登记注册的申报单位是危险化学品的生产单位、使用单位和进口单位。

登记注册的危险化学品是指《危险货物分类和品名编号》（GB 6944—2012）和《危险货物品名表》（GB 12268—2012）中规定的爆炸品中的化学品，易燃液体、易燃固体、自燃物品和遇湿易燃物品，氧化剂和有机过氧化物，有毒品，腐蚀品，以及其他有资料表明属危险化学品的物品。国家规定，每一家企业所生产、进口和使用的每一种危险化学品都应进行登记注册。没有取得危险化学品登记注册证书，没有提供化学品安全技术说明书和化学品安全标签的危险化学品，不得进入市场销售。

危险化学品登记注册主要包括产品标识、理化特性、燃爆特性、消防措施、稳定性、反应活性、健康危害、急救措施、操作处置、防护措施、泄漏应急处理和企业基本情况。

2. 实施危险化学品登记注册的机构设置及分工职责

危险化学品的登记注册机构设国家和省（市）两级。国家设“化学品登记注册管理委员会”和“国家化学品登记注册中心”。各省（市）由经贸委负责组织，成立“危险化学品登记注册管理办公室”。在危险化学品登记注册工作中，有关机构和申报单位的职责分别介绍如下。

（1）各省（市）危险化学品登记注册发证办公室　是辖区危险化学品登记注册工作的执行和监督检查机构。其主要职责是：负责辖区危险化学品登记注册的组织管理和监督检查工作；指导生产单位编制化学品安全技术说明书和安全标签；审核辖区内企业申报的危险化学品登记注册材料，并对企业的现场进行检查、检测。对合格单位进行危险化学品登记注册，颁发登记注册证书；建立辖区化学品登记管理数据库；承担本辖区化学事故应急救援代理业务；组织本辖区危险化学品管理人员、登记注册人员和作业人员的培训工作。

（2）危险化学品生产单位　其主要职责是：生产的化学品应有质量标准；对所生产的化学品进行危险性鉴别与分类；对已确定的危险化学品按规定程序进行登记注册，领取登记注册证书；生产单位出厂的危险化学品应有化学品安全技术说明书，产品包装应加贴化学品安全标签，并提供应急服务电话号码，保证危险化学品在流通和使用中发生事故时，用户能随时得到应急技术支持；对员工进行化学品安全培训，在作业场所采用颜色、标牌、标签和标识等形式公开危险化学品的危害和防护措施、应急措施。

（3）化学品进口单位　其主要职责是：所进口的化学品应有规范的中文标识和危险性表述，并按规定填报“初次进口化学品安全登记申请表”，到指定机构进行登记注册；向危险化学品用户提供规范的中文化学品安全技术说明书，危险化学品包装上加贴规范的中文化学品安全标签；必须在化学品安全技术说明书和安全标签上提供中国境内的应急服务电话，保证用户能在紧急情况下及时得到应急技术支持。

（4）危险化学品使用单位　其主要职责为：应制订严格的危险化学品管理制度和危害控制程序；购入的危险化学品包装上应有化学品安全标签，并应及时向供应商索取化学品安全技术说明书；对从事危险化学品作业的人员进行安全培训，在使用场所公开危险化学品的危害性质、防范措施；填报危险化学品登记台账，并报省危险化学品登记注册发证办公室，对其中的危险化学品登记备案。

3. 危险化学品登记注册的程序

（1）生产单位登记注册程序

① 到省（市）危险化学品登记注册发证办公室领取化学品安全登记申请表、化学品危险性分类工作单。

② 生产单位对本单位的生产原料、中间体、半成品和产品中的化学品进行普查，对所生产的化学品进行危险性鉴别与分类。

③ 按生产单位申请危险化学品登记注册时应具备的条件进行自查，建立健全危险化学品管理制度和危害控制程序。

④ 生产单位编写属于危险化学品的每一种产品的化学品安全技术说明书和化学品安全标签，连同化学品安全登记申请表一并用文本文档和电子文档上报省（市）危险化学品登记注册发证办公室。

⑤ 省（市）危险化学品登记注册发证办公室对生产单位上报的材料进行审查，配合

主管部门对重点企业、重点化学品进行现场检查，对符合要求的企业进行危险化学品登记。

⑥ 省（市）危险化学品登记注册办公室将符合要求企业的登记材料上报国家化学品登记注册中心进行注册，并向企业颁发危险化学品登记注册证书。

⑦ 必须申明的是当企业生产的危险化学品涉及商业秘密的，企业可按照国家相关的法规申请保护，不填写化学名称，但应列出该种危险化学品的主要危害及防护和应急救援等措施。

（2）化学品进口单位的登记注册程序

① 化学品进口单位到省（市）危险化学品登记注册发证办公室申报欲进口化学品名单，领取初次进口化学品安全登记申请表。

② 化学品进口单位将填写好的申请表和中文危险化学品安全技术说明书和安全标签，以及中国境内的应急服务电话号码报省（市）危险化学品登记注册发证办公室。

③ 省（市）危险化学品登记注册发证办公室将登记资料报到国家化学品登记注册中心进行注册，向进口单位颁发危险化学品登记注册证书。

（3）危险化学品使用单位登记注册程序

① 制定所使用危险化学品的管理制度和危害控制程序。

② 所购入的危险化学品应有安全标签，并及时向供应商索取化学品安全技术说明书。

③ 对使用危险化学品的作业人员进行安全培训，在作业场所公开危险化学品的危害性、防护方法和应急措施。

④ 填报化学品登记台账，报省（市）危险化学品登记注册办公室审核、登记注册。

二、危险化学品的安全标签

认识安全技术标签和安全技术说明书

正确识别和区分危险化学品是安全使用化学品预防化学品事故发生的重要措施之一。工业发达国家经过多年实践，建立了危险化学品安全标签制度，要求化学品供应商必须为用户提供危险化学品安全标签。为了加快同国际化学品安全管理接轨，提高我国化学品安全管理水平，1994 年国家技术监督局颁布的国家标准《危险化学品标签编写导则》（GB/T 15258—94）对制作和使用安全标签进行了规范，我国由此开始推行危险化学品安全标签。图 3-2 为危险化学品安全标签样例。

危险化学品安全标签（如图 3-2、图 3-3）是针对危险化学品而设计、用于提示接触危险化学品人员的一种标识。它用简单、明了、易于理解的文字、图形符号和编码的组合形式表示该危险化学品所具有的危险性、安全使用的注意事项和防护的基本要求。根据使用场合的不同，危险化学品安全标签又分供应商安全标签、作业场所安全标签和实验室安全标签。

危险化学品的供应商安全标签是指危险化学品在流通过程中由供应商提供的附在化学品包装上的安全标签。作业场所安全标签又称工作场所“安全周知卡”，是用于作业场所，提示该场所使用的化学品特性的一种标识。实验室用化学品由于用量少、包装小，而且一部分是自备自用的化学品，因此实验室安全标签比较简单。供应商安全标签是应用最广的一种安全标签。

Sulfuric acid

硫酸 92.5%或98.0%

H_2SO_4

可腐蚀金属，引起严重的皮肤灼伤和眼睛损伤，对水生物有害，可致癌。

【预防措施】

●在得到专门指导后操作。在未了解所有安全措施之前，切勿操作。●穿耐酸防护服，戴橡胶耐酸手套及防护眼镜，禁止一切接触。●接触其烟雾时，要佩戴防毒面具，避免吸入酸雾。●操作后彻底清洁皮肤，污染的衣物单独存放，清洗备用。保持良好的卫生习惯。●避免释放到环境中。●保持容器密闭。●密闭操作，注意通风。

【事故响应】

●吸入：迅速将患者转移至空气新鲜处，休息，保持呼吸道通畅， 如呼吸困难，给氧；如有呼吸系统症状的，立即进行人工呼吸，就医。

●皮肤接触：立即脱掉所有被污染的衣服，用大量流动清水冲洗至少15分钟，淋浴，就医。污染的衣服须洗净方可重新使用。

●眼睛接触：立即提起眼睑，用大量流动清水或生理盐水彻底冲洗15分钟，就医。

●食入：用水漱口，不要催吐，给饮牛奶或蛋清，就医。

●硫酸泄漏：通过围堰收集起来。

●发生火灾：使用干粉、二氧化碳、砂土灭火。避免水流冲击，以免遇水会放出大量热量发生喷溅而灼伤。

【安全储存】

●硫酸贮罐设置明显的安全标志，保持阴凉、干燥、通风。●不与易燃或可燃物、禁配物混储。

【废弃处置】

●泄漏物及时收容或用吸收剂覆盖，按相关法规收集处置。禁止直接排入环境

【个人防护用品】

请参阅化学品安全技术说明书

生产企业： 电话：

地址： 邮编：

化学事故咨询电话： UN NO. 1830 CN NO. 81007

图 3-2 危险化学品安全标签样例

（1）供应商安全标签 国家标准《化学品安全标签编写规定》（GB 15258—2009）对危险化学品供应商标签进行了规范。危险化学品安全标签应包括化学品名称、分子式、编号、危险性标志、提示词、危险性说明、安全措施、灭火方法、生产厂家地址、电话、应急电话等有关内容。

① 名称：用中文和英文分别标明危险化学品的通用名称，对于混合物还应标出其主要的危险组分、浓度及规格。名称要求醒目清晰。

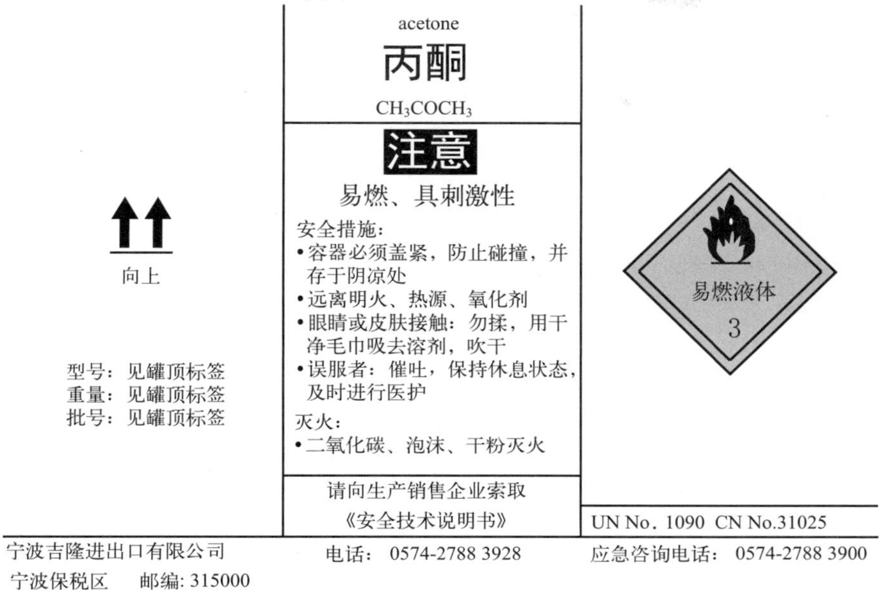

acetone

丙酮

CH_3COCH_3

注意

易燃、具刺激性

安全措施：
- 容器必须盖紧，防止碰撞，并存于阴凉处
- 远离明火、热源、氧化剂
- 眼睛或皮肤接触：勿揉，用干净毛巾吸去溶剂，吹干
- 误服者：催吐，保持休息状态，及时进行医护

灭火：
- 二氧化碳、泡沫、干粉灭火

请向生产销售企业索取

《安全技术说明书》

向上

型号：见罐顶标签

重量：见罐顶标签

批号：见罐顶标签

易燃液体

3

UN No．1090 CN No.31025

宁波吉隆进出口有限公司

宁波保税区 邮编: 315000

电话：0574-2788 3928

应急咨询电话：0574-2788 3900

图 3-3 危险化学品简化标签样例

② 分子式：用元素符号表示危险化学品的分子结构式。

③ 编号：选用联合国危险货物运输编号和中国危险货物编号，分别用 UN No 和 CN No 表示。

④ 危险性标志：表示各类化学品的危险性，每种化学品最多可选用三个标志。第一和第二标志与该物质的主要危险性和次要危险性相一致，第三个为刺激性与致敏性。标志图形符号在国家标准《化学品安全标签编写规定》中有明确规定。

⑤ 提示词：根据化学品的危险程度，分别用“危险!”“警告!”“注意!”三个词进行提示。当某种化学品具有一种以上的危险性时，用危险性最大的提示词。提示词要求醒目、清晰。“危险!”表示剧毒品、爆炸品、易燃气体、低闪点液体、自燃化学品、遇湿易燃化学品、氧化剂、有机过氧化物、腐蚀品。“警告!”表示中等毒性化学品、中闪点液体、易燃固体。“注意!”表示低毒化学品、不燃气体、高闪点液体。

⑥ 危险性说明：简要概述燃烧爆炸危险特性、毒性和对人体健康的危害。说明要与危险标志相一致。

⑦ 安全措施：表述在其处置、搬运、储存和使用作业中所必须注意的事项和发生意外时简单有效的救护措施等。内容要求简明、扼要、重点突出。

⑧ 应急处置：表述危险化学品在储存、运输和使用中发生意外着火和泄漏时，应采取的控制方法。另外还应包括生产厂名称、地址、邮编和电话。企业在编写和制作化学品安全标签时，可根据产品包装要求，综合设计标签。

供应商安全标签应粘贴、挂拴（印刷）在每一个危险化学品包装的明显位置。以便在化学品运输和使用的每一个阶段，均能在包装上看到化学品的识别标志。标签应由生产厂（公司）在货物出厂前粘贴、挂拴（印刷）。出厂后若要改换包装则由改换包装单位重新粘贴、挂拴（印刷）标签。标签的粘贴、挂拴（印刷）应牢固、结实以便在运输、贮存期间不会脱落。盛装危险化学品的包装，在经过处理之后，确认其危险性完全消除之后，方可撕下标签，否则不能撕下相应的标签。

（2）作业场所安全标签　作业场所安全标签是第170号国际公约要求的内容之一，各发达国家也都制订有相应的标准和规范，对此提出了要求，并有专门的法规监督执行，目前，作业场所安全标签基本上得到较好的普遍应用。为全面系统实施第170号国际公约，制订配套的作业场所安全标签的国家法规及标准，明确要求作业场所必须标识化学品的危害、防护和应急措施，并规范其内容和形式，这对控制化学品的危害是十分重要且非常迫切的。

安全周知卡

1）作业场所安全标签的种类　作业场所安全标签是针对作业场所的危险化学品所作的标识。根据作业场所的不同特点，作业场所标签可分为两类。一般作业场所标签：每种化学品对应一个标签；特定区域标签：如仓库、储存间、实验室等场所根据场所的特点编制。标签的内容，视现场情况可进行简化。

2）作业场所安全标签的表示　作业场所化学品安全标签用文字、图形、数字的组合形式对化学品进行标识，并表示危险性级别、急救措施和防护要求。表示危险性和其级别的彩色菱形是标签的核心。

3）作业场所安全标签的内容

① 作业场所化学品安全标签包括名称、危险性级别等12项内容。

② 标识主要包括化学名称、危险性类别等方面的信息。

③ 化学品危险性分级。从健康危害、燃烧危险性、活性反应危害三个方面表述化学品的危险性，每个危险性分为0～4五级。危险性用蓝、红、黄三个小菱形表示，危险性级别用0、1、2、3、4黑色数码表示并填入各自的菱形图案中。危险化学品危险性分级判据如表3-1所示。图3-4为作业场所安全标签危险性分级图示。

表3-1　危险化学品危险性分级判据

级别	健康危害（蓝色）	燃烧危险（红色）	反应活性（黄色）
4	剧毒 短期接触后可能引起死亡或严重伤害的化学品	极易燃 常温常压下，可迅速汽化，并能在空气中迅速扩散而燃烧	极不稳定 常温常压下，自身能迅速发生爆轰、爆炸性分解或爆炸性反应，包括常温常压下对局部受热和机械撞击敏感的化学品
3	高毒 短期接触后能引起严重的暂时性或永久性伤害和有致癌性化学品	高度易燃 常温常压下，能迅速燃烧的化学品	很不稳定 在强引发源或在引发前需加热的条件下，能发生爆轰、爆炸性分解或反应的化学品
2	中等毒性 短期接触或高浓度接触可引起暂时性的伤害和长期接触可导致较为严重伤害的化学品	易燃 在引燃时需要适当加热或接触较高温度时才能燃烧的化学品	不稳定 在加热或加压条件下可发生剧烈的化学变化的化学品

续表

级别	健康危害（蓝色）	燃烧危险（红色）	反应活性（黄色）
1	低毒 短期接触可引起刺激，但不造成永久伤害和长期接触能造成不良影响的化学品	可燃 引燃前需要预加热的化学品	不稳定 在加热或加压条件下可发生剧烈的化学变化的化学品
0	无毒 长期接触基本上不造成危害的化学品	不燃 接触815℃的高温5min之内不能燃烧的化学品	稳定 常温常压下甚至着火条件下也稳定的化学品

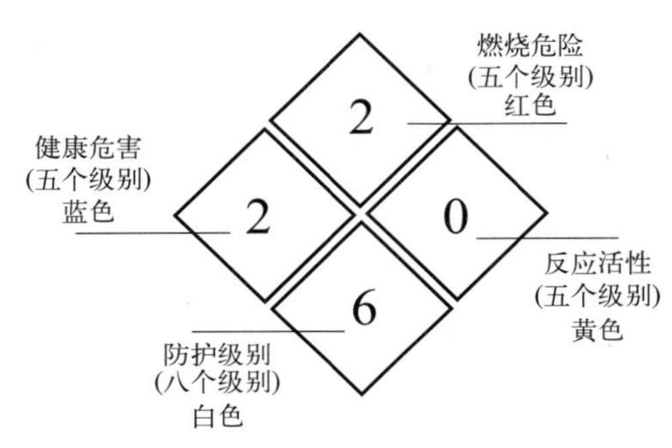

图 3-4　作业场所安全标签危险性分级图示

④ 防护措施分级。根据作业场所的特点和化学品危险性大小，提出八种防护方案。防护措施分别用白色小菱形和13个示意图形表示，白色小菱形和其他表示危险性的三个小菱形构成一个彩色大菱形，防护级别分别用八个黑色数码表示，并填入菱形图案中，示意图形置标签的下方。防护级别具体分级原则如表3-2所示。

表 3-2　防护级别具体分级原则

级别	防护措施	适用范围
8	全封闭防毒服、特殊防护手套、自给式呼吸器	环境中氧浓度低于18%，所接触毒物为剧毒及毒物浓度较高的场所；强刺激、强腐蚀性的场所
7	防护服，特殊防护手套，自给式呼吸器	环境中氧浓度低于18%，所接触毒物为高等毒物或具有窒息性气体的场所
6	防护服，特殊防护手套，半面罩防毒面具，防护眼镜	环境中氧浓度高于18%，所接触毒物为中等毒物及浓度较高且其刺激性和腐蚀性均较弱的场所
5	防护服，特殊防护手套，防尘口罩	环境中氧浓度高于18%，所接触粉尘具低毒性且浓度较低的场所
4	防护服，特殊防护手套，半面罩防护面具	所接触的物质刺激性强、腐蚀性强但具有低毒性的场所
3	防护服，特殊防护手套，半面罩防毒面具	所接触的物质具有低毒性及刺激性、腐蚀性均较弱的场所

续表

级别	防护措施	适用范围
2	防护服，特殊防护手套，防护眼镜	所接触的物质刺激性较弱的场所
1	防护服，一般防护手套	所接触的物质微毒、微腐蚀性、无刺激性的场所

⑤ 危险性概述简要叙述燃爆、健康方面的危害。

⑥ 特性主要指理化特性和燃爆特性。包括最高容许浓度、外观与性状、熔点、沸点、蒸气密度、嗅阈、闪点、引燃温度、爆炸极限方面的信息。

⑦ 接触后症状简述接触危险化学品后出现的典型临床表现。

⑧ 应急急救信息提供作业岗位主要危险化学品的皮肤接触、眼睛接触、吸入、食入的急救方法和消防、泄漏处理措施等方面的信息。

4）化学品危险级别的确定　主要是根据其固有特性，兼顾火灾、泄漏等特殊情况下的行为。

① 级别确定。

a. 健康危害主要考虑其急性毒性，兼顾其慢性影响，其划分依据为 LD_{50}、LC_{50} 和特殊危险性，如致癌、致畸和致突变性。

b. 燃烧危险性主要以闪点、爆炸极限、燃烧速度、自燃危险性大小为划分判据。

c. 活性反应危害主要考虑能量释放的速度和数量。

d. 防护措施是根据现场可能出现的情形和化学品的危险性级别，合理组配各种防护手段，确定出防护级别。

e. 特殊情况。若某一化学品的危险性级别很难代表这一作业场所的危险性，如仓库、储存间和实验室等集中了大量不同种类的化学品，在这种情况下，需要综合判定这一特定区域的危险性级别。

② 编写和使用要求。标签的正文应采用简捷、明了、通俗、易懂的文字表述，在不同的作业场所可根据情况编制出繁、简不同的标签或标识，只要能起到对从事化学品的作业人员的警示作用即可，但相同的文字和图形符号必须表示相同的含义。作业场所安全标签应保持与化学品安全技术说明书信息协调一致，平时要不断补充信息资料，若发现新的危险性，在半年内必须作出相应的更新。

印刷作业场所安全标签的印制应清晰、醒目，所用材料应耐用并防水。

作业场所安全标签必须在生产、操作处置、储存、使用等场所进行张贴；其张贴形式可根据作业场所而定，可张贴在墙上，也可拴挂在装置或容器上或单独立牌。

三、危险化学品的安全技术说明书

1. 安全技术说明书的定义

化学品安全技术说明书在国际上称作化学品安全信息卡，简称 CSDS 或 MSDS。化学品安全技术说明书是提供危险化学品有关安全卫生基础数据，详细描述化学品燃爆、毒性和环境方面的危害、安全防护与危害控制、急救措施、安全储运、泄漏应急处理、法律法规等方面信息的综合性技术文件。安全技术说明书是《作业场所安全使用化学品公约》（第170号国际公约）和《工作场所安全使用化学品规定》所要求的有关危险化学品安全管理的基本文件，是化学品生产企业与经营单位、用户之间传递化学品安全信息的重要途径。为保持世界各国安全技术说明书的一致性，国际标准化组织参考世界发达国家如美国、加拿大、日本及欧共体诸国的内容设置与书写方式，制定了标准ISO11014-1。

2. 安全技术说明书的作用

安全技术说明书将化学品的有关危害及时向广大用户提供，使其在使用时自主防护，起到了减少职业危害和预防化学品事故的作用。化学品安全技术说明书的主要作用体现在：一是作业人员安全使用化学品的指导性文件；二是企业开展职工安全培训教育的可靠教材；三是企业进行危害控制和预防措施设计的技术依据；四是为危险化学品安全生产、使用、贮存和处置提供服务。

3. 安全技术说明书的内容

国际标准《化学品安全信息卡》（ISO11014）规定的内容有16大项，70多小项。化学品安全技术说明书的16项内容分别为：化学产品及标识；成分、组分信息；危险性概述；急救措施；燃爆特性及消防措施；泄漏应急处理；操作处置和储存；防护措施；理化特性；稳定性和反应活性；毒理学信息；环境资料；废弃；运输信息；法规信息；其他信息。

① 化学产品及标识主要标明化学品名称、生产企业名称、地址、电话、应急电话等方面的信息。

② 成分、组分信息主要说明该化学品是纯品还是混合物，并标出相应的名称、分子式、分子量、规格、CAS号（美国化学文摘检索服务号）。如是混合物还应给出组分的百分比，尤其要给出危害性组分的浓度或浓度范围。

③ 危险性概述简要说明最主要危害，包括有关危险性的类别、健康危害、环境危害方面的信息。

④ 急救措施是指现场人员意外受到化学品伤害时，所采取的自救和互救的简要处理方法。如眼睛接触、皮肤接触、吸入和食入的急救措施。

⑤ 燃爆特性及消防措施是指化学品燃烧爆炸方面的特性和适宜的灭火介质以及消防人员个体防护等方面的信息。一般包括燃烧性、闪点、引燃温度、爆炸极限、危险特性、灭火方法、灭火注意事项等。

⑥ 泄漏应急处理是指化学品泄漏后现场可采用的简单有效的应急措施和注意事项。包括应急行动、应急人员防护、环保须知、消除方法等。

⑦ 操作处置和储存是指关于操作处置和安全储存方面的信息资料。包括操作注意事项、储存注意事项（如操作者的个体防护、库房与操作中的防火防爆措施、避免接触的物品）等内容。

⑧ 防护措施是指化学品在生产、操作处置、搬运等作业过程中，为保护作业人员免受化学品伤害而采取的保护方法和手段。包括最高容许浓度、工程控制、呼吸系统防护、眼睛防护、身体防护及其他防护要求。

⑨ 理化特性主要描述化学品外观及理化状态等方面的信息。包括外观与特性、沸点、熔点、饱和蒸气压、燃烧热、相对密度、临界压力、临界温度、溶解性、水/辛醇分配系数等数据。

⑩ 稳定性和反应活性主要叙述化学品的稳定性和反应活性方面的信息。包括：稳定性、禁配物、应避免接触的条件、聚合危害、燃烧（分解）产物。

⑪ 毒理学信息主要提供化学品的毒性，可能对人体造成的危害和进入人体途径的资料。应包括急性影响、亚急性和慢性影响以及导致癌变、畸形和对生殖系统的影响信息。

⑫ 环境资料主要提供化学品可能造成的环境影响。如化学品在环境中的转化、迁移、降解、生物累积性和生态毒性等。

⑬ 废弃主要提供对无使用价值的化学品或被化学品残余物污染的包装进行安全处置的方法的信息。包括废弃处置方法和废弃注意事项。

⑭ 运输信息主要是指化学品包装、运输的要求及运输的分类和编号。如联合国危险货物运输编号、包装类别、包装标志、包装方法和运输要求。

⑮ 法规信息主要是提供对化学品管理方面的法规条款和标准。

⑯ 其他信息主要提供其他对健康和安全有重要意义的信息。如参考文献、说明书编写日期、填表部门、填表人、审核批准单位。

化学品安全技术说明书规定的十六大项内容在编写时不能随意删除或合并，其顺序不可变更。对有些特殊化学品，应增设相关项目，以说明其特殊性，填写的数据应准确可靠。

4. 安全技术说明书编写要求

化学品安全技术说明书的内容，从该化学品的登记之日起，每五年应更新一次，平时要不断补充信息资料，若发现新的危险特性，在有关信息发布后的半年内，编制单位必须对说明书的内容进行修订。

安全技术说明书应采用“一物一书”的方式编写，同类物、同系物的说明书不能互相代替；混合物要填写主要有害成分和含量，数据应是实测值，不能用推算值，要综合表述其主、次危害性以及急救、防护措施。

《工作场所安全使用化学品规定》对企业的职责做了明确规定。生产企业必须按照国家标准填写危险化学品安全技术说明书。在填写安全技术说明书时，若涉及商业秘密，经化学品登记部门批准后，可不填写有关内容，但必须列出该种危险化学品的主要危害特性。

使用单位应向接触危险化学品的作业人员提供化学品安全培训，并将危险化学品的有关安全卫生资料向职工公开，教育职工了解安全技术说明书，掌握必要的应急处理方法和自救措施。作为危险化学品使用的用户，有权向供应商索取最新版本的化学品安全技术说明书。

经营单位经营的危险化学品必须具有安全技术说明书；进口危险化学品时，应有符合规定要求的中文安全技术说明书，并随商品提供给用户；出口危险化学品时，应向外方提供安全技术说明书。

运输单位应要求托运方提供安全技术说明书。

案例分析

案例一： 1999年8月7日，某厂加氢裂化车间硫化氢管道泄漏，9点15分，一职工巡检时被熏倒。班长发现后，立即佩戴防毒面具去施救。在救人过程中，因所戴防毒面具不能防硫化氢，故也被熏倒，造成两人死亡。

案例二： 2000年1月21日，某厂催化装置精制工段酸性水系统停车，对各有关管线进行排液处理。按规定，应先将酸性水泵向汽提塔进料管线上的阀门关上，再将酸性水泵的出口阀和出口排凝阀打开排液。但是，操作人员未关酸性水泵向汽提塔进料管线上的阀门，就打开水泵出口阀和排凝阀排液，排放过程中又无人监护。在进料管线内酸性水排放完后，汽提塔内压力为0.23MPa、浓度为68%的硫化氢气体经过进料管线从酸性水泵的排凝阀处排出，迅速弥漫整个泵房。此时约10点5分，2名女工正在泵房内打扫卫生，立即被硫化氢气体熏倒，中毒窒息。10点10分左右被人发现，立即进行抢救，抢救中又有7人不同程度地中毒，2名女工抢救无效死亡，其余7人送医院观察治疗，幸好无险。事故的直接原因是当班操作工在脱水排凝时未将酸性水由汽提塔管线上的阀门排入泵房。这是一起性质严重的违章操作事故。

案例三： 2012年12月10日早7时30分左右，某公司2名女工在厂区进行例行污水取样检测时发生中毒事故。事故发生后，2名女工第一时间被送往医院抢救，1名女工经抢救无效死亡。

查阅硫化氢安全技术说明书，了解硫化氢的危险性；分析上述事故发生的原因，并分析应为作业人员配备哪些个体防护用品，制定安全作业措施。

思考与讨论

1. 学习之前对危险化学品的理解有哪些？
2. 思考学习后是否明确了学习危险化学品的意义。
3. 思考如何将危险化学品的相关知识运用到实践中。
4. 通过学习，对照学习目标，自己收获了哪些知识点，提升了哪些技能？
5. 在学习过程中遇到哪些困难，借助了哪些学习资源解决遇到的问题（例如：参考教材、文献资料、视频、动画、微课、标准、规范、课件等）？
6. 在学习过程中，采用了哪些学习方法强化知识、提升技能（例如：小组讨论、自主探究、案例研究、观点阐述、学习总结、习题强化等）？
7. 在小组学习中能否提出小组共同思考与解决的问题，这些问题是否在小组讨论中得到解决？
8. 学习过程中遇到哪些困难需要教师指导完成？
9. 还希望了解或掌握哪些方面的知识，希望通过哪些途径来获取这些资源？

第四章

防火防爆技术

学习目标

1. 知识目标

① 掌握燃烧的定义及类型。

② 掌握燃烧的必要与充分条件。

③ 掌握爆炸及爆炸极限的定义。

④ 掌握爆炸极限的影响因素。

⑤ 掌握防火防爆的预防措施。

⑥ 掌握各类灭火剂、灭火器的适用范围。

⑦ 掌握自动报警与灭火系统的工作原理。

2. 能力目标

① 能采用安全措施防火防爆。

② 能通过工艺技术手段防止火灾爆炸的发生。

③ 能依据火灾类型正确选择灭火剂。

④ 能通过火灾自动报警装置科学报警与灭火。

3. 素质目标

① 具备通过信息化手段获取和整合资源的能力。

② 具备发现问题、分析问题和解决问题的能力。

③ 具备严谨求实、一丝不苟的实训态度。

4. 思政目标

① 对我国科学技术的发展与进步充满信心。

② 了解我国灭火技术的发展，树立民族自豪感。

第一节 燃烧

一、燃烧的定义

燃烧俗称“着火”，是可燃物与助燃物（氧化剂）作用发生的一种剧烈的发光、发热的化学反应。它生成与原来的物质完全不同的新物质，通常伴有火焰、发光或发烟现象。燃烧不一定要有氧气参与，比如金属钠（Na）和氯气（Cl_2）反应生成氯化钠（NaCl），该反应没有氧气参与，但它是剧烈的发光发热的化学反应，同样属于燃烧范畴。但需要注意，核燃料“燃烧”、轻核的聚变和重核的裂变都是发光、发热的“核反应”，而不是化学反应，不属于燃烧范畴。

二、燃烧的条件

1. 燃烧的必要条件

（1）可燃物　一般情况下，凡是能在空气、氧气或其他氧化剂中发生燃烧反应的物质都称为可燃物，否则称不燃物。可燃物既可以是单质，如碳、硫、磷、氢、钠等，也可以是化合物或混合物，如乙醇、甲烷、木材、煤炭、棉花、纸、汽油等。

可燃物按其组成可分为无机可燃物和有机可燃物两大类。从数量上讲，绝大部分可燃物为有机物，少部分为无机物。

无机可燃物主要包括化学元素周期表中Ⅰ～Ⅲ主族的部分金属单质（如钠、钾、镁、钙、铝等）和Ⅳ～Ⅵ主族的部分非金属单质（如碳、磷、硫等）以及一氧化碳、氢气和非金属氢化物等。不论是金属还是非金属，完全燃烧时都变成相应的氧化物，而且这些氧化物均为不燃物。

有机氧化物种类繁多，其中大部分含有碳（C）、氢（H）、氧（O）元素，有的还含有少量氮（N）、磷（P）、硫（S）等。这些元素在可燃物中都不是以游离状态存在，而是彼此化合为有机化合物。碳是有机可燃物的主要成分，它基本上决定了可燃物发热量的大小。氢是有机可燃物中含量仅次于碳的成分。有的有机可燃物中还含有少量硫、磷，它们也能燃烧并放出热量，其燃烧产物（SO_2、P_2O_3 等）会污染环境，对人有害。有机可燃物中的氧、氮不能燃烧，它们的存在会使可燃物中的可燃元素含量（碳、氢等）相对减少。

可燃物按其常温状态，可分为易燃固体，可燃液体及可燃气体三大类。不同状态的同一种物质燃烧性能是不同的。一般来讲气体比较容易燃烧，其次是液体，再者是固体。同一种状态但组成不同的物质其燃烧能力也不同。

（2）氧化剂　凡是能和可燃物发生反应并引起燃烧的物质，称为氧化剂（传统说法叫“助燃剂”，严格地说这样叫不甚合理，因为它们不是“帮助”燃烧而是“参与”燃烧）。

氧化剂的种类很多。氧气是一种最常见的氧化剂，它存在于空气中（体积分数约为

21%），故一般可燃物质在空气中均能燃烧。

其他常见的氧化剂有卤族元素：氟、氯、溴、碘。此外还有一些化合物，如硝酸盐、氯酸盐、重铬酸盐、高锰酸盐及过氧化物等，它们的分子中含氧较多，当受到光、热或摩擦、撞击等作用时，都能发生分解放出氧气，能使可燃物氧化燃烧，因此它们也属于氧化剂。

（3）点火源　点火源是指具有一定能量，能够引起可燃物质燃烧的能源。有时也称着火源或火源。点火源的种类很多，主要包括以下几类。

① 明火。包括生产用火（如用于气焊的乙炔火焰，电焊火花，加热炉，锅炉中油、煤的燃烧火焰等）和非生产用火（如烟头火、油灯火、炉灶火等）。

② 电火花。如电器设备正常运行中产生的火花、电路故障时产生的火花、静电放电火花及雷电等。

③ 冲击与摩擦火花。如砂轮、铁器摩擦产生的火花等。

④ 其他。如高温表面、聚集的日光等。

已经燃烧的物质，可能成为它附近可燃物的点火源。

还有一种点火源，没有明显的外部特征，而是自可燃物内部发热，由于热量不能及时失散引起温度升高导致燃烧。这种情况可视为“内部点火源”。这类点火源造成的燃烧现象通常叫自燃。

“点火源”这一燃烧条件的实质是提供一个初始能量，在这能量激发下，使可燃物与氧化剂发生剧烈的氧化反应，引起燃烧。所以这一燃烧的必要条件可表达为“初始能量”。

2. 燃烧的充分条件

可燃物、氧化剂和点火源是构成燃烧的三个要素，缺一不可。这是指“质”的方面的条件——必要条件。例如，一个小火花可能引燃乙醚和引爆达一定浓度的可燃气与空气的混合气，却不能引燃煤块和木材，一根火柴足以点燃一张纸却不能点燃一块木头，这说明点火源必须有一定的温度和热量。再如点燃的蜡烛用玻璃罩罩住后，空气不再进入，一会儿蜡烛就会熄灭，这说明燃烧必须具有一定的助燃物。再如氢气在空气中的浓度小于4.1%时就不能点燃，大于75%同样不能点燃。这说明可燃物需要一定的量，浓度不能太低，也不能太高。另外，燃烧反应还受温度、压力、组成等因素的影响。因此，还要有“量”的方面的条件——充分条件。在某些情况下，如可燃物的数量不够，氧化剂不足，或点火源的能量不够大，燃烧也不能发生。因此，燃烧条件应做进一步明确的叙述。

（1）具备一定数量的可燃物　在一定条件下，可燃物若不具备足够的数量，就不会发生燃烧。例如在同样温度（20℃）下，用明火瞬间接触汽油和煤油时，汽油会立刻燃烧起来，煤油则不会。这是因为汽油的蒸气量已经达到了燃烧所需浓度（数量），而煤油蒸气量没有达到燃烧所需浓度。虽有足够的空气（氧气）和着火源的作用，也不会发生燃烧。

（2）有足够数量的氧化剂　要使可燃物质燃烧，或使可燃物质不间断地燃烧，必须供给足够数量的空气（氧气），否则燃烧不能持续进行。实验证明，氧气在空气中的浓度降低到14%～18%时，一般的可燃物质就不能燃烧。

（3）点火源要达到一定的能量　要使可燃物发生燃烧，点火源必须具有足以将可燃物加热到能发生燃烧的温度（燃点或自燃点）。对不同的可燃物来说，这个温度不同，所需的最低点火能也不同。如一根火柴可点燃一张纸而不能点燃一块木头；又如电、气焊火花可以将达到一定浓度的可燃气与空气的混合气体引燃爆炸，但却不能将木块、煤块引燃。

总之，要使可燃物发生燃烧，不仅要同时具有三个基本条件，而且每一条件都必须具有一定的“量”，并彼此相互作用，否则就不能发生燃烧。

一切防火与灭火措施的基本原理就是根据物质的特性和生产条件，阻止燃烧三要素同时存在、互相结合、互相作用。

三、燃烧的类型

根据燃烧的起因和剧烈程度不同，燃烧可分为闪燃、点燃（也称强制着火）、自燃、阴燃和爆燃等几种类型，每种类型的燃烧各有其特点。在化工生产中，科学、具体分析每一类燃烧发生的特殊条件和原因，是研究行之有效的防火和灭火措施的前提。

1. 闪燃与闪点

闪燃是可燃性液体的特征之一。各种液体的表面都有一定量的蒸汽存在，蒸汽的浓度取决于该液体的温度。温度越高，蒸汽浓度越大，蒸汽与空气混合会形成可燃性的混合气体。

闪燃是液体表面产生足够的可燃性蒸汽，遇着火源或炽热物体靠近而发生一闪即灭（延续时间少于 5s）的燃烧现象。在闪点的温度下，蒸汽不多，闪燃后会熄灭。但闪燃常常是着火的先兆，当温度高于闪点时，随时都有着火的危险。

闪点是在规定的试验条件下，液体发生闪燃的最低温度。闪点这个概念主要适用于可燃性液体，是评定液体火灾危险性的主要根据。液体的闪点越低，火灾危险性越大。如乙醚的闪点－45℃，汽油的闪点为－58～10℃，它们是低闪点液体，煤油的闪点为 30～70℃，是高闪点液体，说明乙醚比煤油的火灾危险性大，并且还表明乙醚具有低温火灾危险性，汽油比煤油的火灾危险性大。

闪点测定

除了可燃性液体外，某些固体，如石蜡、樟脑、萘等，也能在室温下挥发或缓慢蒸发，因此也有闪点。表 4-1 为部分常见可燃液体的闪点。

表 4-1 部分常见可燃液体的闪点

液体名称	闪点/℃	液体名称	闪点/℃	液体名称	闪点/℃
汽油	－58～10	石油醚	－50	二氧化碳	－45
乙醚	－45	乙醛	－38	原油	－35
丙酮	－17	辛烷	－16	苯	－11
甲苯	4	甲醇	9	乙醇	13
醋酸丁酯	13	石脑油	25	丁醇	29
氯苯	29	煤油	30～70	重油	80～130

在化工安全生产中，要根据闪点的高低，确定可燃液体的生产、储存、加工和运输的火灾危险性，采取相应的防火防爆措施。如以油代煤（燃料油广泛用于加热炉燃料，船舶

锅炉燃料，冶金炉和其他工业炉燃料)，若选用的油料闪点较高，预热温度较高时也无火险，若所选的油料闪点较低，预热温度就不能高于或接近闪点，否则会发生火险。如在高闪点液体中掺入低闪点液体，就会导致爆炸。如宁夏柴油（55℃，国标）中掺入汽油，造成锅炉爆炸、多人死伤；煤油炉中违规操作加注溶剂汽油，引起爆燃。

2. 点燃和燃点

点燃又称强制着火，即可燃物质和空气共存条件下，达到某一温度时与明火直接接触引起的燃烧。物质点燃后，先是局部温度增高，再向周围蔓延，但在火源移去后仍能保持继续燃烧。

燃点，是在规定的试验条件下，可燃物质能被点燃的最低温度，也叫着火点。

燃点是评价固体和高闪点液体火灾危险性的主要依据。可燃物的燃点越低，火灾危险性越大。在化工防火和灭火工作中，要把温度控制在燃点温度以下，使燃烧不能进行。

3. 自燃和自燃点

自燃是指可燃物在空气中没有外来点火源，靠自热或外热积蓄自发而发生的燃烧现象，通常由缓慢氧化放热、散热受阻引起。

自燃包括本身自燃和受热自燃。可燃物质在无外部热源影响下，由于其内部的物理作用（如吸附、辐射等)、化学作用（如氧化、分制、聚合等）或生物作用（如发酵、细菌腐败等）而发热，热量积聚达到自燃点而自行燃烧的现象称为本身燃烧（也称自热自燃)。比如煤堆、干草堆、赛璐珞（即硝酸纤维素塑料)、堆积的油纸油布、黄磷等的自燃都属于本身自燃现象。在一般情况下，能引起本身自燃的物质常见的有植物产品、油脂类、煤及其他化学物质，如磷、磷化氢是自燃点低的物质。实际情况中，由本身自燃引起的火灾较多。

本身自燃与受热自燃的共性是都不接触明火的情况下“自动”发生的燃烧，区别在于热的来源不同，一个是源于物质本身的热效应，大都由内向外导致的自燃，一个是源于外部热源，由外向内导致的自燃。常见自燃现象有堆积植物的自燃、煤的自燃、涂油物（油纸、油布）的自燃、发动机自燃、化学物质及化学混合物的自燃等。

物质自燃点越低，火灾危险性越大，物质自燃发生温度受压力、组分、催化剂、化学结构等的影响，如压力越高，发生自燃的温度越低，火灾危险性越大。化工生产中，可燃气体被压缩时，就常发生爆炸，原因之一可能是自燃温度降低了；汽油中加入的四乙基铅，就是一种钝性催化剂，能提高物质的自燃温度，提高稳定性。

本身自燃的现象说明，这种物质潜伏着的火灾危险性比其他物质要大。在实际生产中，将可燃物与烟囱、取暖设备、电热器等热源隔离或保持安全间距；可燃物烘烤、熬炼时，严格控制温度在自燃点之下；维修时润滑机器轴承和易摩擦部分，就是防止摩擦生热自燃等。

4. 阴燃

没有火焰和可见光的缓慢燃烧现象称为阴燃。阴燃是固体燃烧的一种形式，是无可见光的缓慢燃烧，通常产生烟和温度上升等现象，它与有焰燃烧的区别是无火焰，与无焰燃烧的区别是能热分解出可燃气，因此在一定条件下阴燃可以转换成有焰燃烧。很多固体物质，如树叶、纸张、锯末、纤维织物、纤维素板、胶乳橡胶以及某些多孔热固性塑料等，都有可能发生阴燃，特别是当它们堆积起来的时候。

由于阴燃的特殊性（无火焰、无火光），火灾不易被发现，隐患更大，更要加强防范。如未熄灭的烟头随手乱扔或扔进塑料垃圾袋内阴燃起火，遇风蔓延扩大成火灾的事例并不少见。因此，化工厂“严禁烟火”的标语随处可见，人人皆知。

5. 爆燃

爆燃是指伴随爆炸的燃烧波，以亚音速传播。爆燃是气体爆炸的一种，是气体充满局部空间时瞬间发生的爆炸，能引起火灾并迅速进入猛烈燃烧阶段，有时也不引起火灾，通常都是因液化石油气、煤气和天然气泄漏后遇引火源而造成的，例如化工生产中常用的锅炉在启动、运行、停运中，炉膛中积存的可燃混合物瞬间同时燃烧，从而使炉膛烟气侧压力突然增加而导致爆燃，严重时，爆燃产生的压力可超过设计结构的允许值而造成水冷壁、刚性梁及炉顶、炉墙破坏。

四、燃烧的特点

1. 扩散燃烧

扩散燃烧是指混合扩散因素起着控制作用的燃烧。扩散混合的速度和进程控制着扩散燃烧的速度和进程，为此，加速和完善扩散混合是改善扩散燃烧的关键，是加速燃烧过程中、后期燃烧进程的关键所在，从而也是提高空气利用率、热量利用率和热效率的有效手段。

扩散燃烧阶段的燃烧情况非常复杂，它既存在预混合燃烧的形式，又存在单油滴的扩散燃烧形式，是一种气、液双相混合的燃烧过程。

2. 蒸发燃烧

可燃性液体，如汽油、乙醇等，蒸发产生的蒸气被点燃起火，放出热量进一步加热液体表面，从而促使液体持续蒸发，使燃烧继续下去。萘、硫黄等在常温下虽为固体，但在受热后会升华产生蒸气或熔融后产生蒸气，同样是蒸发燃烧。

3. 分解燃烧

分解燃烧是指在燃烧过程中可燃物首先遇热分解，分解产物和氧反应产生燃烧，如木材、煤等固体可燃物的燃烧。

4. 表面燃烧

表面燃烧在空气和固体表面接触部位进行。例如，木材燃烧，最后分解不出可燃气体，只剩下固体炭，燃烧在空气和固体炭表面接触部分进行，它能产生红热的表面，不产生火焰。

5. 预混燃烧

预混燃烧是指可燃气体与氧在燃烧前混合，并形成一定浓度的可燃混合气体，被火源点燃所引起的燃烧，也叫动力燃烧。如气体爆炸。

第二节　爆炸

一、爆炸的定义

爆炸是某一物质系统在发生迅速物理变化或化学反应时，系统本身的能量借助于气体的急剧膨胀而转化为对周围介质做机械功，通常同时伴随有强烈放热、发光和声响的效应。所以一旦失控，发生爆炸事故，就会产生巨大的破坏作用，爆炸发生破坏作用的根本原因是构成爆炸的体系内存有高压气体或在爆炸瞬间生成的高温高压气体。爆炸体系和它周围的介质之间发生急剧的压力突变是爆炸的最重要特征，这种压力差的急剧变化是产生爆炸破坏作用的直接原因。

爆炸不一定要有热量或光的产生，例如一种熵炸药TATP（三聚过氧丙酮炸药），其爆炸只有压力变化和气体生成，而不会有热量或光的产生。

空气和可燃性气体的混合气体爆炸、空气和煤屑或面粉的混合物爆炸等，都由化学反应引起，而且都是氧化反应。但爆炸并不都与氧气有关。如氯气与氢气混合气体的爆炸，且爆炸并不都是化学反应，如蒸汽锅炉爆炸、汽车轮胎爆炸则是物理变化。

可燃性气体在空气中达到一定浓度时，遇明火都会发生爆炸。

二、爆炸的条件

爆炸必须具备的三个条件如下。

（1）爆炸性物质　能与氧气（空气）反应的物质，很多生产场所都会产生某些可燃性物质。煤矿井下约有三分之二的场所存在爆炸性物质；化学工业中，约有80%以上的生产车间区域存在爆炸性物质。主要包括气体、液体和固体（气体：氢气、乙炔、甲烷等；液体：乙醇、汽油；固体：粉尘、纤维等）。

（2）空气或氧气

（3）点燃源　包括明火、电气火花、机械火花、静电火花、高温、化学反应、光能等。由于在生产过程中大量使用电气仪表，各种摩擦的电火花、机械磨损火花、静电火花、高温等不可避免，尤其当仪表、电气发生故障时。

客观上很多工业现场满足爆炸条件。当爆炸性物质与氧气的混合浓度处于爆炸极限范围内时，若存在爆炸源，将会发生爆炸。因此防爆就显得尤为重要。

三、爆炸的类型

1. 按照爆炸的性质分类

按照爆炸的性质不同，爆炸可分为物理性爆炸、化学性爆炸和核爆炸。

（1）物理性爆炸　物理性爆炸是由物理变化（温度、体积和压力等因素）而引起的，在爆炸的前后，爆炸物质的性质及化学成分均不改变。

锅炉的爆炸是典型的物理性爆炸，其原因是过热的水迅速蒸发出大量蒸汽，使蒸汽压力不断提高，当压力超过锅炉的极限强度时，就会发生爆炸。又如，氧气钢瓶受热升温，引起气体压力增高，当压力超过钢瓶的极限强度时即发生爆炸。发生物理性爆炸时，气体或蒸汽等介质潜藏的能量在瞬间释放出来，会造成巨大的破坏和伤害。上述这些物理性爆炸是蒸汽和气体膨胀力作用的瞬时表现，它们的破坏性取决于蒸汽或气体的压力。

（2）化学性爆炸　化学性爆炸是由化学变化造成的。化学性爆炸的物质不论是可燃物质与空气的混合物，还是爆炸性物质（如炸药），都是一种相对不稳定的系统，在外界一定强度的能量作用下，能产生剧烈的放热反应，产生高温高压和冲击波，从而引起强烈的破坏作用。爆炸性物品的爆炸与气体混合物的爆炸有下列异同。

首先，是反应速度。爆炸性物品的爆炸反应一般在 10^{-6}～10^{-5}s 间完成，爆炸传播速度（简称爆速）一般在 2000～9000m/s 之间。由于反应速度极快，瞬间释放出的能量来不及散失而高度集中，所以有极大的破坏作用。气体混合物爆炸时的反应速度比爆炸物品的爆炸速度要慢得多，数百分之一至数十秒内完成，所以爆炸功率要小得多。

其次，是反应放出的热量。爆炸时反应热一般为 2900～6300kJ/kg，可产生 2400～3400℃的高温。气态产物依靠反应热被加热到数千摄氏度，压力可达数万个兆帕，能量最后转化为机械功，使周围介质受到压缩或破坏。气体混合物爆炸后，也有大量热量产生，但温度很少超过 1000℃。

最后，是反应生成的气体产物。1kg 炸药爆炸时能产生 700～1000L 气体，由于反应热的作用，气体急剧膨胀，但又处于压缩状态，数万个兆帕压力形成强大的冲击波使周围介质受到严重破坏。气体混合物爆炸虽然也放出气体产物，但是相对来说气体量要少，而且因爆炸速度较慢，压力很少超过 2MPa。

（3）核爆炸　由物质的原子核在发生“裂变”或“聚变”的链反应瞬间放出巨大能量而产生的爆炸，如原子弹的核裂变爆炸、氢弹的核聚变爆炸就属于核爆炸。

2. 根据爆炸时的化学变化分类

按照爆炸时的化学变化不同，爆炸可分为简单分解爆炸、复杂分解爆炸、爆炸性混合物的爆炸和分解爆炸性气体的爆炸。

（1）简单分解爆炸　这类爆炸没有燃烧现象，爆炸时所需要的能量由爆炸物本身分解产生。属于这类物质的有叠氮化铅、雷汞、雷银、三氯化氮、三碘化氮、三硫化二氮、乙炔银、乙炔铜等。这类物质是非常危险的，受轻微震动就会发生爆炸。

（2）复杂分解爆炸　这类爆炸伴有燃烧现象，燃烧所需要的氧由爆炸物自身分解供给。所有炸药如三硝基甲苯、三硝基苯酚、硝化甘油、黑色火药等均属于此类。这类爆炸物与简单分解爆炸物相比，危险性稍小。

（3）爆炸性混合物的爆炸　可燃气体、蒸气或粉尘与空气（或氧）混合后，形成爆炸性混合物，这类爆炸的爆炸破坏力虽然比前两类小，但实际危险要比前两类大，这是由于石油化工生产形成爆炸性混合物的机会多，而且往往不易察觉。因此，石油化工生产的防火防爆是安全工作中一项十分重要的内容。爆炸性混合物的爆炸需要有一定的条件，即可燃物与空气或氧达到一定的混合浓度，并具有一定的激发能量。此激发能量来自明火、电火花、静电放电或其他能源。

爆炸性混合物与火源接触，便有自由基生成，成为链反应的作用中心，点火后，热以及连锁载体都向外传播，促使邻近一层的混合物起化学反应，然后这一层又成为热和连锁载体源泉而引起另一层混合物的反应。在距离火源 0.5～1m 处，火焰速度只有每秒若干米或者更小一些，但以后即逐渐加速，到数百米（爆炸）以至数千米（爆轰）每秒，若火焰扩散的路程上有障碍物，则由于气体温度的上升及由此而引起的压力急剧增加，可造成极大的破坏作用。

爆炸混合物可分为以下四类：

① 气体混合物：如甲烷、氢、乙炔、一氧化碳、烯烃等可燃气体与空气或氧形成的混合物。

② 蒸气混合物：如汽油、苯、乙醚、甲醇等可燃液体的蒸气与空气或氧形成的混合物。

③ 粉尘混合物：如铝粉尘、硫黄粉尘、煤粉尘、有机粉尘等与空气或氧气形成的混合物。

④ 遇水爆炸的固体物质：如钾、钠、碳化钙、三异丁基铝等与水接触，产生的可燃气体与空气或氧气混合形成的爆炸性混合物。

粉尘爆炸

（4）分解爆炸性气体的爆炸　分解爆炸性气体分解时产生相当数量的热量，当物质的分解热为 80kJ/mol 以上时，在激发能源的作用下，火焰就能迅速传播开来，其爆炸是相当激烈的。在一定压力下容易引起该种物质的分解爆炸，当压力降到某个数值时，火焰便不能传播，这个压力称为分解爆炸的临界压力。如乙炔分解爆炸的临界压力为 0.137MPa，在此压力下储存装瓶是安全的，但是若有强大的点火能源，即使在常压下也具有爆炸危险。

3. 按照爆炸反应的相分类

按照爆炸反应的相的不同，爆炸可分为气相爆炸、液相爆炸和固相爆炸。

（1）气相爆炸　包括可燃性气体和助燃性气体混合物的爆炸；气体的分解爆炸；液体被喷成雾状物引起的爆炸；飞扬悬浮于空气中的可燃粉尘引起的爆炸等。

（2）液相爆炸　包括聚合爆炸、蒸发爆炸以及由不同液体混合所引起的爆炸。例如，硝酸和油脂，液氧和煤粉等混合时引起的爆炸；熔融的矿渣与水接触或钢水包与水接触时，由于过热发生快速蒸发引起的蒸汽爆炸等。

（3）固相爆炸　包括爆炸性化合物及其他爆炸性物质的爆炸（如乙炔铜的爆炸）；导线因电流过载，由于过热，金属迅速气化而引起的爆炸等。

4. 按照爆炸的瞬时爆炸速度分类

（1）轻爆　物质爆炸时的燃烧速度为数米每秒，爆炸时无多大破坏力，声响也不太大。如无烟火药在空气中的快速燃烧，可燃气体混合物在接近爆炸浓度上限或下限时的爆炸即属于此类。

（2）爆炸　物质爆炸时的燃烧速度为十几米至数百米每秒，爆炸时能在爆炸点引起压力激增，有较大的破坏力，有震耳的声响。可燃性气体混合物在多数情况下的爆炸，以及火药遇火源引起的爆炸等即属于此类。

（3）爆轰　爆轰时能在爆炸点突然引起极高压力，并产生超音速的“冲击波”。由于在极短时间内产生的燃烧产物急速膨胀，像活塞一样挤压其周围气体，反应所产生的能量有一部分传给被压缩的气体层，于是形成的冲击波由它本身的能量所支持，迅速传播并能远离爆轰的发源地而独立存在，同时可引起该处的其他爆炸性气体混合物或炸药发生爆炸，从而发生一种“殉爆”现象。

四、爆炸极限

1. 爆炸极限的定义

可燃物质与空气（氧气或氧化剂）均匀混合形成爆炸性混合物，并不是在任何浓度下，遇到火源都能爆炸，而必须是在一定的浓度范围内遇火源才能发生爆炸。这个遇火源能发生爆炸的可燃物浓度范围，称为可燃物的爆炸浓度极限，简称爆炸极限（包括爆炸下限和爆炸上限，可能发生爆炸的最低浓度称爆炸下限，可能发生爆炸的最高浓度称爆炸上限）。

爆炸极限一般用可燃物在空气中的体积分数表示（%），也可以用可燃物的质量浓度表示（g/m^3 或 mg/L）。如一氧化碳与空气的混合物的爆炸极限为12.5%～80%；木粉的爆炸下限为 $40g/m^3$，煤粉的爆炸下限为 $35g/m^3$，可燃粉尘的爆炸上限，因为浓度太高，大多数场合都难以达到，一般很少涉及。

不同可燃物的爆炸极限是不同的，如甲烷的爆炸极限是5.0%～15%，氢气的爆炸极限是4.0%～75.6%，如果氢气在空气中的体积浓度在4.0%～75.6%之间时，遇火源就会爆炸，而当氢气浓度小于4.0%或大于75.6%时，即使遇到火源，也不会爆炸。可燃性混合物处于爆炸下限和爆炸上限时，爆炸所产生的压力不大，温度不高，爆炸威力也小。

可燃性混合物的爆炸极限范围越宽，其爆炸危险性越大，这是因为爆炸极限越宽则出现爆炸条件的机会越多，爆炸下限越低，少量可燃物（如可燃气体稍有泄漏）就会形成爆炸条件；爆炸上限越高，则少量空气渗入容器，就能与容器内的可燃物混合形成爆炸条件。

生产过程中，应根据各可燃物所具有爆炸极限的不同特点，采取严防“跑、冒、滴、漏”和严格限制外部空气渗入容器与管道内等安全措施。如可燃性混合物的浓度高于爆炸上限时，虽然不会着火和爆炸，但当它从容器里或管道里逸出，重新接触空气时能燃烧，因此，仍有发生着火的危险。

2. 爆炸极限的意义

爆炸极限是一个很重要的概念，在防火防爆工作中有很大的实际意义。

① 它可以用来评定可燃气体（蒸气、粉尘）燃爆危险性的大小，作为可燃气体分级和确定其火灾危险性类别的依据。《建筑设计防火规范（2018年版）》（GB 50016—2014）把爆炸下限小于10%的可燃气体划为极易燃气体，其火灾危险性列为甲类。

② 它可以作为设计的依据。例如确定建筑物的耐火等级、设计厂房通风系统等，都需要知道该场所存在的可燃气体（蒸气、粉尘）的爆炸极限数值。

③ 它可以作为制定安全生产操作规程的依据。在生产、使用和储存可燃气体（蒸气、

粉尘）的场所，为避免发生火灾和爆炸事故，应严格将可燃气体（蒸气、粉尘）的浓度控制在爆炸下限以下，为保证这一点，在制定安全生产操作规程时，应根据可燃气体（蒸气、粉尘）的燃爆危险性和其他理化性质，采取相应的防范措施，如通风、置换、惰性气体稀释、检测报警等。

3. 爆炸极限的影响因素

爆炸极限通常是在常温常压等标准条件下测定出来的数据，它不是固定的物理常数。同一种可燃物质的爆炸极限也不是固定不变的，受诸多因素的影响，如可燃气体的爆炸极限受温度、压力、氧含量、惰性气体含量、火源强度、光源、容器的直径等影响；可燃粉尘的爆炸极限受分散度、湿度、温度和惰性粉尘等影响。

（1）初始温度　爆炸性气体混合物的初始温度越高，爆炸极限范围越大，即爆炸下限降低，上限增高。因为系统温度升高，其分子内能增加，使更多的气体分子处于激发态，原来不燃的混合气体成为可燃、可爆系统，所以温度升高使爆炸危险性增大。

（2）初始压力和临界压力　一般来说，增加混合气体的初始压力，通常会使上限显著提高，爆炸下限的变化不明显，而且不规则，爆炸范围扩大（在已知的气体中，只有CO的爆炸范围是随压力增加而变窄的）。同时增加压力还能降低混合气体的自燃点，使得混合气在较低的着火温度下能够发生燃烧。这是因为，处在高压下的气体分子比较密集，浓度较大，这样分子间传热和发生化学反应比较容易，反应速率加快，而散热损失却显著减少。反之，混合气体在减压的情况下，爆炸范围会随之减小。但当压力降到某一数值，上限与下限重合，此时的最低压力称为爆炸的临界压力。低于临界压力，混合气或系统无燃烧爆炸的危险。

在一些化工生产中，对爆炸危险性大的物料生产、储运往往采用在密闭容器内进行减压（负压）操作，目的就是确保在临界压力以下的条件进行，如环氧乙烷的生产和储运。

（3）含氧量　混合气中增加氧含量，一般情况下对下限影响不大，因为可燃气在下限浓度时氧是过量的，在上限浓度时含氧量不足，所以增加氧含量使上限显著增高，爆炸范围扩大，增加了发生火灾爆炸的危险性，若减少氧含量，则会起到相反的效果。例如甲烷在空气中的爆炸范围为5.3%～14%，而在纯氧中的爆炸范围则放大到5.0%～61%。甲烷的爆炸极限氧含量为12%，若低于极限氧含量，可燃气就不能燃烧爆炸了。

（4）惰性气体及杂质含量　混合气体中增加惰性气体含量（如氨、水蒸气、二氧化碳、氩等），会使爆炸上限显著降低，爆炸范围缩小。惰性气体增到一定浓度时，可使爆炸范围为零，混合物不再燃烧。惰性气体含量对上限的影响较对下限的影响更为显著的原因，是因为在爆炸上限时，混合气中缺氧使可燃气不能完全燃烧，若增加惰性气体含量，会使氧含量更加不足，燃烧更不完全，由此导致爆炸上限急剧下降。因此在爆炸性混合气体中加入惰性气体保护和稀释，抑制了燃烧进行，起到防火和灭火的作用。

（5）能源与最小点火能量　点火源的能量、热表面的面积、火源与混合气体的接触时间等，对爆炸极限均有影响。一般来说，能量强度越高，加热面积越大，作用时间越长，点火的位置越靠近混合气体中心，则爆炸极限范围越大。不同点火源具有不同的点火温度和点火能量。如明火能量比一般火花能量大，所对应的爆炸极限范围就大；而电火花虽然高，如果不是连续的，点火能量就小，所对应的爆炸极限范围也小。

如甲烷在电压100V、电流强度1A的电火花作用下，无论何种浓度都不会引起爆炸；但当电流强度增加至2A时，其爆炸极限为5.9%～13.6%；3A时为5.85%～14.8%。对于一定浓度的爆炸性混合物，都有一个引起该混合物爆炸的最低能量。浓度不同，引爆的最低能量也不同。对于给定的爆炸性物质，各种浓度下引爆的最低能量中的最小值，称为最小引爆能量，或最小引燃能量。

所以最小点火能量也是一个衡量可燃气、蒸气、粉尘燃烧爆炸危险性的重要参数。对于释放能量很小的撞击摩擦火花、静电火花，其能量是否大于最小点火能量，是判定其能否作为火源引发火灾爆炸事故的重要条件。

（6）容器　充装容器的材质、尺寸等，对物质爆炸极限均有影响。实验证明，容器直径越小，爆炸极限范围越小。这是因为随着管径的减小，因壁面的冷却效应而产生的热损失就逐步加大，参与燃烧的活化分子就少，导致燃烧温度与火焰传播速度就相应降低，当管径（或火焰通道）小到一定程度时，火焰即不能通过。这间距称最大灭火间距，亦称之为临界直径，小于临界直径时就无爆炸危险。例如，甲烷的临界直径为0.4～0.5mm。

容器材料也有很大的影响，例如氢和氟在玻璃器皿中混合，甚至放在液态空气温度下于黑暗中也会发生爆炸，而在银制器皿中，一般温度下才能发生反应。

（7）燃气的结构及化学性质　可燃气体的分子结构及其反应能力，影响其爆炸极限。对于烃类化合物而言，具有C—C型单键相连的烃类化合物，由于碳键牢固，分子不易受到破坏，其反应能力就较差，因而爆炸极限范围小；而对于具有C≡C型三键相连的烃类化合物，由于其碳键脆弱，分子很容易被破坏，化学反应能力较强，因而爆炸极限范围较大；对于具有C═C型双键相连的烃类化合物，其爆炸极限范围位于单键与三键之间。对于同一烃类化合物，随碳原子个数的增加，爆炸极限的范围随之变小。

（8）燃气的湿度　当可燃气体中有水存在时，燃气爆炸能力降低，爆炸强度减弱，爆炸极限范围减小。在一定的气体浓度下，随着含水量的上升，爆炸下限浓度略有上升，而爆炸上限浓度显著下降。当含水量达到一定值时，上限浓度与下限浓度曲线汇于一点，当气体混合物中含水量超过该点值时，无论何种燃气浓度也不会发生爆炸。因为混合气中水含量增大，水分子（或水滴）浓度升高，与自由基或自由原子发生三元碰撞的概率也就增大，使其失去反应活性，导致爆炸反应能力下降，甚至完全失去反应能力。

（9）燃气与空气混合的均匀程度　在燃气与空气充分混合均匀的条件下，若某一点的燃气浓度达到爆炸极限，整个混合空间的燃气浓度都达到爆炸极限，燃烧或爆炸反应在整个混合气体空间同时进行，其反应不会中断，因此爆炸极限范围大；但当混合不均匀时，就会产生在混合气体内某些点的燃气浓度达到或超过爆炸极限，而另外一些点的燃气浓度达不到爆炸极限，燃烧或爆炸反应就会中断，因此，爆炸极限范围就变小。

（10）光对爆炸极限的影响　在黑暗中氢与氯的反应十分缓慢，但在强光照射下则发生链反应导致爆炸；又如甲烷与氧的混合气体在黑暗中长时间内不发生反应，但在日光照射下，便会引起激烈的反应，如果两种气体的比例适当则会发生爆炸。

另外，表面活性物质对某些介质也有影响，如在球形器皿内于530℃时，氢与氧完全不反应，但是向器皿中插入石英、玻璃、铜或铁棒时，则发生爆炸。

第三节 防火防爆技术

一、火灾的发展过程

火灾危害民众安全，破坏自然，毁坏财物，影响地区经济发展与社会稳定，在经济和社会活动中产生的一种复杂有害的社会现象。发生火灾有着多种因素，在可燃物、助燃物、火源三种条件齐备时，就会产生燃烧。产生明火的原因也多种多样，缓慢氧化产生的自燃、被聚焦的日光、高温物体的热辐射或撞击摩擦产生的火花、自然界的雷击和闪电等都可以成为让“火魔”肆虐的平台。火灾的发生过程一般来说可以分为以下几个阶段。

1. 初起阶段

初起阶段的火灾范围较小，可燃物刚达到临界温度燃烧，不会产生高热量辐射及高强度的气体对流，烟气量不大，燃烧所产生的有害气体尚未达到弥散，被困人员有一定时间逃生，对建筑物还未达到破坏性。这时，消防扑救方法正确，人员充沛，可以把火灾控制在局部，甚至完全消灭。

2. 发展阶段

当火灾没有得到及时控制，继续持续燃烧，称之为火灾的发展阶段。火灾的控制与失控也与当时火场燃烧物的种类、气候条件、扑救环境及扑救人员装备和方式有着直接的关系。这时的火灾持续燃烧速度加快，温度不断升高，气体对流增强，燃烧产生炙热烟气迅速弥散。这些热传播的方式会加剧火势蔓延，火场范围扩大，火势也难以控制。

3. 猛烈阶段

火灾发展到这一阶段最危险，也最具破坏性。温度、气体对流强度、燃烧速度均达到峰值，并伴有可燃性物质不完全燃烧或因高温分解而释放大量助燃物质和刺激性烟气，燃烧随时会产生突发性变化。如有燃爆性气体时，会产生瞬时爆燃，不仅扩大火势，对扑救人员、受困人员均会形成最大安全威胁，同时对建筑物也会形成毁灭性破坏。

4. 熄灭阶段

因可燃物质燃烧将尽、消防扑救手段等因素使火场温度下降，气体对流减弱，这时火灾呈下降熄灭阶段。但这一阶段也因地理位置、火场环境等因素不同，持续时间也不一样，有时会持续很长时间，有时也会因建筑物本体坍塌，重新产生有氧对流而出现“死灰复燃”现象。

二、火灾的分类

依据可燃物的类型和燃烧特性，根据国家标准《火灾分类》（GB/T 4968—2008）的规定，将火灾分为 A、B、C、D、E、F 六大类。

A 类火灾：固体物质火灾。固体物质一般具有有机物性质，在燃烧时能产生灼热的余烬。如木材、棉、毛、麻、纸张等。

B类火灾：液体火灾或可熔化的固体物质火灾。如汽油、煤油、原油、甲醇、乙醇、沥青、石蜡火灾等。

C类火灾：气体火灾。如煤气、天然气、甲烷、乙烷、丙烷、氢等引起的火灾。

D类火灾：金属火灾。如钾、钠、镁、钛、锆、锂、铝镁合金火灾等。

E类火灾：带电火灾。如各种电器火灾等。

F类火灾：烹饪物火灾。如各种动植物油脂火灾。

三、火灾的等级

《生产安全事故报告和调查处理条例》是为了规范生产安全事故的报告和调查处理，落实生产安全事故责任追究制度，防治和减少生产安全事故而制定的。

2007年3月28日国务院第172次常务会议通过，2007年4月9日国务院令第493号公布，自2007年6月1日起施行。

根据生产安全事故（以下简称事故）造成的人员伤亡或者直接经济损失，事故一般分为以下等级：

特别重大事故：造成30人以上死亡，或者100人以上重伤（包括急性工业中毒，下同），或者1亿元以上直接经济损失的事故；

重大事故：造成10人以上30人以下死亡，或者50人以上100人以下重伤，或者5000万元以上1亿元以下直接经济损失的事故；

较大事故：造成3人以上10人以下死亡，或者10人以上50人以下重伤，或者1000万元以上5000万元以下直接经济损失的事故；

一般事故：造成3人以下死亡，或者10人以下重伤，或者1000万元以下直接经济损失的事故。

四、火灾的危害

火，给人类带来文明进步、光明和温暖。但是失去控制的火，就会给人类造成灾难。火灾是各种自然与社会灾害中发生概率最高的一种灾害，给人类的生活乃至生命安全构成了严重威胁。据联合国世界火灾统计中心提供的资料，目前全世界每年发生的火灾次数高达6.5～7.5万次。可以说从远古到现代，从蛮荒到文明，无论过去、现在和将来，人类的生存与发展都离不开同火灾作斗争。火对人类具有利与害的两重性，人类自从掌握了用火的技术以来，火在为人类服务的同时，却又屡屡危害成灾。火灾的危害十分严重，具体表现在以下几个方面。

1. 危害生命安全

建筑物火灾会对人的生命安全构成严重威胁。一场大火，有时会吞噬几十人甚至几百人的生命。建筑物火灾对生命的威胁主要来自以下几个方面：首先是建筑物采用的许多可燃性材料，在起火燃烧时产生高温高热，对人的肌体造成严重伤害，甚至致人休克、死亡。据统计因燃烧热造成人员死亡的人数约占整个火灾死亡人数的1/4。其次，建筑内可燃材料燃烧过程中释放出的一氧化碳等有毒烟气，人吸入后会产生呼吸困难、头痛、恶心、神经系统紊乱等症状，威胁生命安全。在所有火灾遇难人数中，约有 3/4 的人是吸入有毒有害烟气后直接导致死亡。最后，建筑物经燃烧，达到甚至超过了承重构件的耐火极限，导致建筑整体或部分构件坍塌，造成人员伤亡。

2. 造成经济损失

火灾造成的经济损失主要以建筑火灾为主，体现在以下几个方面：第一，火灾烧毁建筑物内财物，破坏设施设备，甚至会因火势蔓延使整幢建筑物化为废墟。一些精密仪器、棉纺织物等物还会因受火灾烟气的侵蚀造成永久性破坏，无法再次使用。第二，扑救建筑火灾所用的水、干粉、泡沫等灭火剂，不仅本身是一种资源损耗，而且将使建筑物内的财物遭受水浸、污染等损失。第三，建筑火灾发生后，因建筑修复重建、人员善后安置、生产经营停业等，会造成巨大的间接经济损失。

3. 破坏文明成果

一些历史保护建筑、文化遗址一旦发生火灾，除了会造成人员伤亡和财产损失外，大量文物、典籍、古建筑等诸多的稀世瑰宝面临烧毁的威胁，这将对人类文明成果造成无法挽回的损失。

4. 破坏生态环境

火灾不仅会毁坏财物、造成人员伤亡，而且还会破坏生态环境。森林火灾的发生，会使大量动物和植物灭绝，环境恶化，气候异常，干旱少雨，风暴增多，水土流失，导致生态平衡被破坏，引发饥荒和疾病的流行，严重威胁人类的生存和发展。

五、防火防爆的基本原则

1. 火灾与爆炸的区别和关系

① 火灾和爆炸的发展明显不同。火灾过程分初起阶段、发展阶段、猛烈阶段和熄灭阶段，在起火后火场火势逐渐蔓延扩大，随着时间的延续，损失数量迅速增长。而爆炸的突发性强，破坏作用大，爆炸过程在瞬间完成，人员伤亡及物质财产损失也在瞬间造成。因此，对爆炸事故更应强调以“防”为主。

② 两者可能同时发生，也可相互引发、转化。首先，爆炸抛出的易燃物可能引起火灾。如油罐爆炸后，由于油品外泄往往引起火灾。其次，火灾中的明火及高温可能引起周围易燃物爆炸，如炸药库失火，会引起炸药爆炸。一些在常温下不会爆炸的物质，如醋酸，在火场高温下有变成爆炸物的可能。

因此，发生火灾时，要谨防火灾转化为爆炸；发生爆炸时，也要谨防引发火灾的可能，要考虑以上复杂情况，及时采取措施防火防爆。

2. 预防火灾爆炸的基本原则

防火防爆的根本目的是使人员伤亡、财产损失降到最低。由火灾和爆炸发生的基本条件和关系可知，采取预防措施是控制火灾和爆炸的根本办法。

预防燃烧爆炸的基本原则是：采取措施，避免或消除条件之一，或避免条件同时存在、相互作用，预防事故发生；事故一旦发生，则限制或缩小灾害范围、及时撤至安全地方、灭火息爆。

制定防火防爆措施时，可以从以下四个方面去考虑。

① 预防性措施。这是最基本、最理想、最重要的措施。可以把预防性措施分为两大类：消除导致火灾和爆炸的物质条件（即可燃物与氧化剂的结合）；消除导致火灾和爆炸的能量条件（即点火或引爆能源）。从根本上杜绝发火（引爆）的可能性。

② 限制性措施。指一旦发生火灾爆炸事故，限制其蔓延扩大及减少其损失的措施，如安装阻火、泄压设备，设防火墙、防爆墙等。

③ 消防措施。按法规和规范的要求，配备必要的消防措施，在不慎起火时，能及时将火扑灭在着火初期，避免发生大火灾或引发爆炸。从广义上讲，这也是防火防爆措施的一部分。

④ 疏散性措施。预先采取必要的措施，如建筑物、飞机、车辆上等集体场所设置安全门或疏散楼梯、疏散通道等。当一旦发生较大火灾时，能迅速将人员或重要物资撤到安全区，以减少损失。在实际生产中，为了便于管理、防盗等原因，将门窗加固、堵死等行为都是违反防火要求的，是造成损失的原因之一。

具体预防措施一般有以下五个方面：①控制和消除火源；②对火灾爆炸危险物质的处理；③工艺参数的安全控制；④实现自动控制与安全保险装置；⑤限制火灾爆炸蔓延的措施。

六、防火防爆的安全措施

1. 控制和消除火源

化工企业中常见引起火灾的着火源有：明火、化学反应热、自燃；热辐射、高温表面、日光照射；摩擦和撞击、绝热压缩；静电放电、雷击、电气设备和线路的过热和火花等。严格控制这类火源的使用，对防止火灾和爆炸事故的发生具有极其重要的意义。表 4-2 为几种常见点火源的温度。

表 4-2　几种常见点火源的温度

火源名称	火源温度/℃	火源名称	火源温度/℃
火柴火焰	500～650	打火机火焰	1000
烟头中心	700～800	焊割火花	2000～3000
烟头表面	200～300	石灰遇水发热	600～700
烟囱飞灰	600	汽车排气管火星	600～800
机械火星	1200	煤炉火	1000

（1）明火　明火是引起火灾最常见的原因，主要是指生产过程中的加热用火、维修焊接用火及其他火源，一般从以下几方面加以控制。

① 加热用火的控制。加热易燃物料时，要尽量避免采用明火，而采用蒸气或其他载热体加热，明火加热设备的布置，应当远离可能泄漏易燃液体或蒸气的工艺设备和储罐区，应布置在其上风向或侧风区。如果存在一个以上的明火设备，应当集中布置在装置的边缘，并设置一定的安全距离。

② 维修焊接用火的控制。焊接切割时，飞散的火花及金属熔融温度高达200℃左右。高空作业时飞散距离可达20m，此类用火除停工、检修外，往往被用来处理生产过程中临时堵漏，所以这类作业多为临时性的，容易成为起火原因。使用时必须注意在输送、盛装易燃物料的设备与管道上，或在可燃可爆区域将系统和环境进行彻底清洗或清理；动火现场应当配备必要的消防器材，并将可燃物品清理干净；气焊作业时，应将乙炔发生器放置在安全地点，以防止爆炸伤人或将易燃物引燃；电焊线残破应及时更换或修理，不得利用易燃易爆生产设备有关金属构件作为电焊的地线，以防止在电路不良的地方产生高温和电火花。

③ 其他明火。用明火熬炼沥青、石蜡等固体可燃物时，应选择在安全的地点进行；要禁止在有火灾爆炸危险的场所吸烟；要防止汽车、拖拉机等机动车排气管喷火，可在排气管上安装火星熄灭器，对电瓶车应严禁进入可燃可爆区。

（2）摩擦与冲击　机器中轴承等转动的摩擦、铁器的相互撞击或铁器工具打击混凝土地面等都可能发生火花。因此，对轴承要保持润滑并经常清除附着的可燃污垢；危险场所应用铜制工具替代铁器；在搬运装有可燃气体或易燃液体的金属容器时，不要抛掷、拖拉和震动，要防止相互撞击，以免产生不必要的火花；在易燃易爆车间，地面要采用不发火的材质（如菱苦土、橡胶等）铺成，不准穿带钉子的鞋进入，特别是危险的防爆工房内。

（3）光源和热射线　紫外线有促进化学反应的作用。红外线虽然看不到，但长时间局部加热也会使可燃物起火。太阳光、灯光、激光等通过凸透镜、圆形烧瓶发生聚焦作用，其焦点可称为火源。如硝化纤维在日光下暴晒，自燃点降低能自行起火。所以于阳光暴晒有火灾爆炸危险的物品，应采取避光措施，为避免热辐射，可喷水降温、将门窗玻璃涂上白漆或采用磨砂玻璃。

（4）高温表面　要防止易燃物品与高温设备、管道表面接触。高温物体的表面要有保温隔热的措施，可燃物料的排放口应远离高温表面，禁止在高温表面烘烤衣物，还要注意经常清理高温表面的油污，以防自燃。

（5）电气火花　电气火花分高压电的火花放电、短时间的弧光放电和接点上的微弱火花。电火花引起的火灾爆炸事故发生率很高，所以对电气设备及其配件要认真选择防爆类型及仔细安装，特别注意对电动机、电缆、电线沟、电气照明、电器线路的使用、维护和检修。

（6）静电火花　在一定条件下，两种不同物质接触、摩擦就可能产生静电，比如生产中的挤压、切割、搅拌、流动以及生活中的站立、脱衣服等都会产生静电。静电能量以火花形式放出，则可能引起火灾爆炸事故。据试验，液化石油气喷出时，产生的静电电压可达9000V，其放电火花足以引起燃烧，在同一设备条件下，5min装满一个50m^{3}的油罐车，流速为2.6m/s，产生静电压为2300V；7min装满时，流速为1.7m/s，产生静电压降至500V。人体从铺有PVC薄膜的软椅上突然起立时电压可达18kV。消除静电的方法有两种：一是抑制静电的产生；二是迅速把静电排除。

2. 对火灾爆炸危险物质的处理

对火灾爆炸危险性比较大的物料，首先应考虑通过工艺改进，用火灾爆炸危险性较小的物料代替危险性比较大的物料。如果不具备上述条件，则应该根据物料的燃烧爆炸性能采取相应的措施，如密闭或通风、惰性介质保护、降低物料蒸气浓度以及其他能提高安全性的措施。

（1）用难燃或不燃溶剂代替可燃溶剂　在萃取、吸收等化工单元操作中，采用的多为易燃有机溶剂。用燃烧性能较差的溶剂代替易燃溶剂，会显著改善操作的安全性。选择燃烧危险性较小的液体溶剂，沸点和蒸气压数据是重要依据。对于沸点高于110℃的液体溶剂，常温（约20℃）时蒸气压较低，其蒸气不足以达到爆炸浓度。

（2）根据燃烧性物质的特性采取措施

① 遇空气或遇水燃烧的物质，应该隔绝空气或采取防水、防潮措施。

② 性质相抵触会引起爆炸的物质不能混存、混用；遇酸、碱有分解爆炸危险的物质应该防止与酸碱接触；对机械作用比较敏感的物质要轻拿轻放。

③ 燃烧性液体或气体，应该根据它们的相对密度考虑适宜的排污方法和防火防爆措施。性质互相抵触的不同废水排入同一下水道，容易发生化学反应，导致事故的发生。如硫化物废液与酸性废水排入同一下水道，会产生硫化氢，造成中毒或爆炸事故。对于输送易燃液体的管道沟，如果管理不善，易燃液体外溢造成大量易燃液体的积存，一旦触发火灾，后果严重。

④ 对于自燃性物质，在加工或储存时应该采取通风、散热、降温等措施。多数气体、蒸气或粉尘的自燃点都在400℃以上，在很多场合要有明火或火花才能起火，只要消除任何形式的明火，就基本达到了防火的目的。有些气体、蒸气或固体易燃物的自燃点很低，只有采取充分的降温措施，才能有效地避免自燃。

⑤ 有些液体如乙醚，受阳光作用能生成危险的过氧化物，对于这些液体，应采取避光措施，盛放于金属桶或深色玻璃瓶中。

⑥ 有些物质能够提高易燃液体的自燃点，如在汽油中添加四乙基铅，就是通过抑制自由基反应，不致过早开始燃烧，使点燃适当延迟，预防震爆。而另外一些物质，如铈、钒、铁、钴、镍的氧化物，则可以降低易燃液体的自燃点。对于这些物质应严格区分对待。

⑦ 有些物质易产生静电，应采取相应措施防静电。

（3）密闭和通风措施

① 密闭措施。为了防止易燃气体、蒸气或可燃粉尘泄漏与空气形成爆炸性混合物，应该设法使设备密闭，特别是带压设备。以防设备或管道密封不良，正压操作时可燃物泄漏使附近空气达到爆炸下限，负压操作时空气压入而达到可燃物的爆炸上限。

为了保证设备的密闭性，应在保证安装和检修方便的情况下，尽量少用法兰连接；输送危险物料的管道应采用无缝管；盛装腐蚀性液体物料的容器底部尽可能不装开关和阀门，腐蚀液体应从顶部抽吸排出；在负压下操作，要特别注意设备清理，打开排空阀时，不要让大量空气吸入。

加压或减压设备，在投产或定期检验时，应检查其密闭性和耐压程度，所有压缩机，泵、导管、阀门、法兰、接头等容易漏油、漏气的机件和部位应该经常检查，如有损坏应立即更换，以防渗漏。同时操作压力必须加以限制，压力过高，轻则密闭性遭破坏，渗漏加剧；重则设备破裂，造成事故。

氧化剂（如高锰酸钾）、氯酸钾、铬酸钠、硝酸铵、漂白粉等粉尘加工的传动装置，密闭性能必须良好，要定期清洗传动装置，及时更换润滑剂，防止粉尘渗进变速箱与润滑油相混，由于涡轮、蜗杆摩擦生热而引发爆炸。

② 通风措施。即使设备密封很严，完全依靠设备密闭，消除可燃物在厂房内的存在是不可能的。往往借助于通风来降低车间内空气中可燃物的浓度。

对于有火灾爆炸危险的厂房的通风，由于空气中含有易燃气体，所以不能循环使用，排风设备和送风设备应有独立分开的通风机室；排风管道应直接通往室外安全处，排风管道不宜穿过防火墙或非燃烧材料的楼板等防火分隔物，以免发生火灾时，火势顺管道通过防火分隔物，排除或输送温度超过 80℃的空气，燃烧性气体或粉尘的设备，应选用不产生火花的除尘器；含有爆炸性粉尘的空气，在进入排风机前需进行净化，防止粉尘进入排风机。

通风可分为机械通风和自然通风；按换气方式也可分为排风和送风。

3. 工艺参数的安全控制

化工工艺参数主要是指温度、压力、控制投料速度、配比、顺序及原材料的纯度和副反应等。工艺参数失控，不但破坏了平稳的生产过程，而且易导致火灾爆炸事故，因此严格控制工艺参数在安全限度以内，是实现安全生产的基本保证。

（1）温度控制　温度是化工生产的主要控制参数之一。各种化学反应都有其最宜适的温度范围，正确控制反应温度不但可以保证产品的质量，降低能耗，而且也是防火防爆所必需的。

温度控制不当会带来诸多危害，如果超温，反应物有可能分解，造成压力升高，甚至导致爆炸；或因温度过高而产生副反应，生成危险的副产物或过反应物。升温过快、过高或冷却设施发生故障，可能会引起剧烈反应，乃至冲料或爆炸。温度过低会造成反应速率减慢或停滞，温度一旦恢复正常，往往会因为未反应物料过多而使反应加剧，有可能引起爆炸；温度过低还会使某些物料冻结，造成管道堵塞或破裂，致使易燃物料泄漏引发火灾或爆炸。严格控制温度，一般从三个方面采取措施。

① 有效除去反应热。化学反应一般都伴随着热效应，放出或吸收一定热量。例如基本有机合成中的各种氧化反应、氯化反应、水合和聚合反应等均是放热反应；而各种裂解反应、脱氢反应、脱水反应等则是吸热反应。为使反应在一定温度下进行，必须在反应系统中加入或移去一定的热量，以防因过热而发生危险。具体方法有以下几种。

a. 夹套冷却、内蛇管冷却或两者兼用。

b. 稀释剂回流冷却。

c. 惰性气体循环冷却。

d. 采用一些特殊结构的反应器或在工艺上采取一些措施。合成甲醇是强放热反应，反应器内装配热交换器，混合合成气分两路，其中一路控制流量以控制反应温度。

e. 加入其他介质。如通入水蒸气带走部分反应热。如乙醇氧化制取乙醛就是采用乙醇蒸气、空气和水蒸气的混合气体，将其送入氧化炉，在催化剂作用下生成乙醛，利用水蒸气的吸热作用将多余的反应热带走，还要随时解决传热面结垢、结焦问题。

② 防止搅拌中断。搅拌可以加速热量的传递。有的生产过程如果搅拌中断，可能会造成散热不良或局部反应过于剧烈而发生危险。例如，苯与浓硫酸进行磺化反应时，物料加入后由于迟开搅拌，造成物料分层。搅拌开动后，反应剧烈，冷却系统不能及时地将大量的反应热移去，导致热量积累，温度升高，未反应完的苯很快受热汽化，造成设备、管线超压爆裂。所以，加料前必须开动搅拌，防止物料积存，生产过程中，若由于停电、搅拌机械发生故障等造成搅拌中断时，加料应立即停止，并且应当采取有效的降温措施。对因搅拌中断可能引起事故的反应装置，应当采取防止搅拌中断的措施，例如，采用双路供电。

③ 正确选择传热介质。传热介质，即热载体，常用的有水、水蒸气、烃类化合物、熔盐、汞和熔融金属、烟道气等。

应尽量避免使用性质与反应物料相抵触的物质作冷却介质。例如，环氧乙烷很容易与水剧烈反应，甚至极微量的水分渗入液态环氧乙烷中，也会引发自聚放热产生爆炸。又如，金属钠遇水剧烈反应而爆炸。所以在加工过程中，这些物料的冷却介质不得用水，一般采用液体石蜡。

防止传热面结垢。在化学工业中，设备传热面结垢是普遍现象。传热面结垢不仅会影响传热效率，更危险的是在结垢处易形成局部过热点，造成物料分解而引发爆炸。结垢的原因有，由于水质不好而结成水垢；物料黏结在传热面上；因物料聚合、缩合、凝聚、炭化而引起结垢，极具危险性。换热器内传热流体宜采用较高流速，这样既可以提高传热效率，又可以减少污垢在传热表面的沉积。

④ 传热介质使用安全。传热介质在使用过程中处于高温状态，安全问题十分重要。高温传热介质，如联苯混合物（73. 5%联苯醚和 26.5%联苯）在使用过程中要防止低沸点液体（如水或其他液体）进入，低沸点液体进入高温系统，会立即汽化超压而引起爆炸。传热介质运行系统不得有死角，以免容器试压时积存水或其他低沸点液体。传热介质运行系统在水压试验后，一定要有可靠的脱水措施，在运行前应进行干燥吹扫处理。

（2）压力控制　和温度一样，许多化工生产需要在一定压力下才能进行，压力直接影响沸腾、化学反应、蒸馏、挤压成型、真空及空气流动等物理和化学过程。

加压操作普遍使用在化工生产中，如塔、罐等大部分都是压力容器。压力控制不好就可能引起生产安全、产品质量和产量等一系列问题。密封容器的压力过高就会引起爆炸。因此，将压力控制在安全范围内就显得极其重要。

（3）投料控制

① 投料速度控制。对于放热反应，投料速度不能超过设备的传热能力，否则，物料温度将会急剧升高，引起物料的分解、突沸，造成事故。加料时如果温度过低，往往造成物料的积累、过量，当温度一旦恢复到正常值时，反应加剧，加之热量不能及时导出，温

度和压力都会超过正常指标，导致事故。

如某农药厂“保棉丰”反应釜，按工艺要求，在不低于 75℃ 的温度下，4h 内加完 100kg 双氧水。但由于投料温度为 70℃，开始反应速率缓慢，加之投入冷的双氧水使温度降至 52℃，因此将投料速度加快，在 1h20min 投入双氧水 80kg，造成双氧水与原油剧烈反应，反应热来不及导出而温度骤升，仅在 6s 内温度就升至 200℃ 以上，使釜内物料汽化引起爆炸。投料速度过快，除影响反应速度外，还可能造成尾气吸收不完全，引起毒性或可燃性气体外逸，引起中毒事故。当反应温度不正常时，首先要判明原因，不能随意采用补加反应物的办法提高反应温度，更不能采用先增加投料量而后补热的办法。

② 投料配比控制。反应物料的配比要严格控制，影响配比的因素都要准确分析和计量。例如，反应物料的浓度、含量、流量、重量等。对连续化程度较高、危险性较大的生产，在开、停车初期时要特别注意投料的配比。例如，在环氧乙烷生产中，乙烯和氧混合进行反应，其配比临近爆炸极限，为保证安全，应经常分析气体含量，严格控制配比，并尽量减少开停车次数。催化剂对化学反应的速率影响很大，如果配料失误，多加催化剂，就可能发生危险。

③ 投料顺序控制。在涉及危险品的生产中，必须按照一定的顺序进行投料。例如，氯化氢的合成，应先向合成塔通入氢气，然后通入氯气；生产三氯化磷，应先投磷，后投氯，否则可能发生爆炸。又如，用 2,4-二氯酚和对硝基氯苯加碱生产除草醚，3 种原料必须同时加入反应罐，在 190℃ 下进行缩合反应。假若忘加对硝基氯苯，只加 2,4-二氯酚和碱，结果生成二氧酚钠盐，在 240℃ 下能分解爆炸。如果只加对硝基氯苯与碱反应，则能生成对硝基氯酚钠盐，在 200℃ 下也会分解爆炸。为了防止误操作，造成颠倒程序投料，可将进料阀门进行联锁动作。

④ 投料量控制。化工反应设备或储罐都有一定的安全容积，带有搅拌器的反应设备要考虑搅拌开动时的液面升高；储罐、气瓶要考虑温度升高后液面或压力的升高。若投料过多，超过安全容积系数，往往会引起溢料或超压。投料量过少，也可能发生事故，如可能使温度计接触不到液面，导致温度出现假象，由于判断错误而发生事故；也可能使加热设备的加热面与物料的气相接触，使易于分解的物料分解，从而引起爆炸。

⑤ 过反应的控制。许多过反应的生成物是不稳定的，容易造成事故，所以在反应过程中要防止过反应的发生。如三氯化磷合成是把氯气通入黄磷中，产物三氯化磷沸点为 75℃，很容易从反应釜中移出。但如果反应过头，则生成固体五氯化磷，100℃ 时才升华。五氯化磷比三氯化磷的反应活性高得多，由于黄磷的过氧化而发生爆炸的事故时有发生。对于这类反应，往往保留部分未反应物，使过反应不至于发生。

在某些化工过程中，要防止物料与空气中的氧反应生成不稳定的过氧化物。有些物料，如异丙醚、四氢呋喃等，如果在蒸馏时有过氧化物存在，极易发生爆炸。

（4）原料纯度控制　反应物料中危险杂质的增加可能会导致副反应或过反应，引发燃烧或爆炸事故。对于化工原料和产品，纯度和成分是质量要求的重要指标，对生产和管理安全也有着重要影响。比如，乙炔和氯化氢合成氯乙烯，氯化氢中游离氯不允许超过 0.005%，因为过量的游离氯与乙炔反应生成四氯乙烷会立即起火爆炸。又如在乙炔生产中，电石中含磷量不得超过 0.08%。因为磷在电石中主要是以磷化钙的形式存在，磷化钙遇水生成磷化氢，遇空气燃烧，导致乙炔和空气混合物的爆炸。

反应原料气中，如果其中含有的有害气体不清除干净，在物料循环过程中会不断积累，最终会导致燃烧或爆炸等事故的发生。清除有害气体，可以采用吸收的方法，也可以在工艺上采取措施，使之无法积累。例如高压法合成甲醇，在甲醇分离器之后的气体管道上设置放空管，通过控制放空量以保证系统中有用气体的比例。有时有害杂质来自未清除干净的设备。

反应原料中的少量有害成分，在生产的初始阶段可能无明显影响，但在物料循环使用过程中，有害成分越积越多，以致影响生产正常进行，造成严重问题。所以在生产过程中，需定期排放有害成分。

有时在物料的储存和处理中加入一定量的稳定剂，以防止某些杂质引起事故。如氰化氢在常温下呈液态，储存时水分含量必须低于1%，置于低温密闭容器中。如果有水存在，可生成氨，作为催化剂引起聚合反应，聚合热使蒸气压力上升，导致爆炸事故的发生。为了提高氰化氢的稳定性，常加入浓度为0.001%～0.5%的硫酸、磷酸或甲酸等酸性物质作为稳定剂或将其吸附在活性炭上加以保存。

（5）溢料和泄漏的控制　溢料主要是指化学反应过程中由于加料、加热速率较快产生液沫引起的物料溢出，以及在配料等操作过程中，由于泡沫夹带而引起的可燃物料溢出，容易发生事故。在连续封闭的生产过程中，溢料又容易引起冲浆、液泛等操作事故。

为了减少泡沫，防止出现溢料现象，首先应该稳定加料量，平稳操作；其次在工艺上可采取真空消泡的措施，通过调节合理的真空差来消除泡沫，如在橡胶生产脱除挥发物的操作中可通过调节脱挥塔塔顶与塔釜的真空度差来减少脱气过程的泡沫，以防止冲浆；另外在工艺允许的情况下加下消泡剂消减泡沫；最后在配料操作中可通过调节配料温度和配料槽的搅拌强度，减少泡沫和溢料。

化工生产中还存在着物料的跑、冒、滴、漏的现象，容易引起火灾爆炸事故。造成跑、冒、滴、漏现象的原因一般有以下3种情况：①操作不精心或误操作，例如，收料过程中的槽满跑料，分离器液面控制不稳，开错排污阀等；②设备管线和机泵的结合面不严密；③设备管线被腐蚀，未及时检修更换。

为了防止误操作，对比较重要的各种管线应涂以不同颜色以示区别，对重要的阀门要采取挂牌、加锁等措施。不同管道上的阀门应相隔一定的间距，以免启闭错误，为了确保安全生产，杜绝跑、冒、滴、漏，必须加强操作人员和维修人员的责任心和技术培训，稳定工艺操作，提高检修质量，保证设备完好率，降低泄漏率。

4. 自动控制与安全保险装置

（1）自动控制　自动控制系统按其功能分为以下四类。

① 自动检测系统。对机械、设备或过程进行自动连续检测，把检测对象的参数如温度、压力、流量、液位、物料成分等信号，由自动装置转换为数字，并显示或记录出来的系统。

② 自动调节系统。通过自动装置的作用，使工艺参数保持在设定值的系统。

③ 自动操纵系统。对机械、设备或过程的启动、停止及交换、接通等，由自动装置进行操纵的系统。

④ 自动信号、联锁和保护系统。机械、设备或过程出现不正常情况时，会发出警报并自动采取措施的系统。

对于自动检测系统和自动操纵系统，主要是使用仪表和操纵机构，调节则需要人工判断操作，通常称为“仪表控制”。对于自动调节系统，则包括判断和操作，还包括通过参数与给定值的比较和运算而发出的自动调节作用，称为“自动控制”。

程序控制就是采用自动化工具，按工艺要求，以一定的时间间隔对执行机构做周期性自动切换的控制系统。它主要是由程序控制器，按一定时间间隔发出信号，使执行机构操作。

（2）安全保护装置

① 信号报警装置。在化学工业生产中，配置信号报警装置，在情况失常时发出警告，以便及时采取措施消除隐患。报警装置与测量仪表连接，用声、光或颜色示警。例如在消化反应中，硝化器的冷却水为负压，为了防止器壁泄漏造成事故，在冷却水排出口装有带铃的导电性测量仪，若冷却水中混有酸，电导率提高，则会响铃报警。

随着化学工业的发展，警报信号系统的自动化程度不断提高。例如反应塔温度上升的自动报警系统可分为两级，急剧升温检测系统以及与进出口流量相对应的温差检测系统。

信号报警装置只能提醒操作者注意已发生的不正常情况或故障，消除危险或不正常状态。

② 保险装置。保险装置则在危险状态下能自动排除故障，消除危险或不正常状态。例如，带压设备上安装安全阀、爆破片等装置。

③ 安全联锁装置。联锁就是利用机械或电气控制依次接通各个仪器和设备，使之彼此发生联系，达到安全运行的目的。

安全联锁装置是对操作顺序有特定安全要求，防止误操作的一种安全装置，有机械联锁和电气联锁，例如硫酸与水的混合操作，必须先把水加入设备，再注入硫酸，否则将会发生喷溅和灼伤事故。把注水阀门和注酸阀门依次联锁起来，就可以达到此目的。某些需要经常打开孔盖的带压反应容器，在开盖之前必须卸压。频繁操作容易疏忽出现差错，如果把卸掉罐内压力和打开孔盖联锁起来，就可以安全无误。

常见的安全联锁装置有以下几种情况：a. 同时或依次放两种液体或气体时；b. 在反应终止需要惰性气体保护时；c. 打开设备前预先解除压力或需要降温时；d. 打开两个或多个部件、设备、机器由于操作错误容易引起事故时；e. 当工艺控制参数达到某极限值，开启处理装置时；f. 某危险区域或部位禁止人员入内时。

5. 限制火灾爆炸蔓延的措施

多数火灾爆炸事故，伤害和损失的很大一部分不是在事故的初期阶段，而是在事故的蔓延和扩散中造成的。在化工生产中，火灾爆炸事故一旦发生，就必须采取局限化措施，限制事故的蔓延和扩散，把损失降低到最低限度。

火灾爆炸的局限化措施，在建厂初期设计阶段就应该考虑到。对于工艺装置的布局、建筑结构以及防火区域的划分，不仅要有利于工艺要求和运行管理，而且要有利于预防火灾和爆炸，把事故局限在有限的范围内。

（1）分区隔离、露天布置、远距离操作

① 分区隔离。在总体设计时，应慎重考虑危险车间的布置位置，保持一定的安全间

距，对个别危险性大的设备，可采用隔离操作和防护屏的方法使操作人员与生产设备隔离。在同一车间的各个工段，应视其生产性质和危险程度予以隔离，各种原料、成品、半成品的储藏，也应按其性质、储量不同而进行隔离。

② 露天布置。为了便于有害气体的逸散，减少因设备泄漏而造成易燃气体在厂房内积聚的危险性，宜将此类设备和装置布置在露天或半露天场所，同时还应考虑气象条件对设备、工艺参数、操作人员健康的影响，并应有合理的夜间照明、雨天防滑、夏天防晒、冬季防冻等措施。如石化企业的大多数设备都是露天安装的。

③ 远距离操作。在化工生产中，大多数的连续生产过程，主要是根据反应进行情况和程度来调节各种阀门，而某些阀门操作人员难以接近，开闭又较费力，或要求迅速启闭，对热辐射高的设备及危险性大的反应装置进行操作，这些情况都应进行远距离操作。远距离操作主要有机械传动、气压传动、液压传动和电动操纵等。

（2）防火与防爆安全装置

① 阻火装置。阻火设备包括阻火器、安全液封、水封井、单向阀、阻火闸门和火星熄灭器等，其作用是防止外部火焰蹿入有燃烧爆炸危险的设备、容器和管道，或阻止火焰在设备和管道间蔓延和扩散。

a. 阻火器。阻火器的原理是火焰在管道中蔓延的速度随管径的减小而降低，同时热损失随管径的减小而增大，致使火熄灭。作用是防止外部火焰蹿入存有易燃易爆气体的设备、管道内或阻止火焰在设备、管道间蔓延。

阻火器的结构和工作原理

在易燃易爆物料生产设备与输送管道之间，或易燃液体及可燃气体容器、管道的排气管上，多采用阻火器阻火。阻火器有金属网、砾石、波纹金属片等形式。

b. 安全液封。安全液封的阻火原理是液体封在进出口之间，一旦液封的一侧着火，火焰都将在液封处被熄灭，从而阻止火焰蔓延。一般安装在气体管道与生产设备或气柜之间，常用水作为阻火介质。常用的安全液封有敞开式和封闭式两种。

敞开式安全液封的结构原理如图 4-1 所示。安全液封中有两根管子，一根是进气管，另一根是安全管。安全管比进气管短，液封的深度浅，在正常工作时，可燃气体从进气管进入，从出气管排出，安全管内的液柱高度与容器内的压力平衡（略大于容器内的压力）。当发生火焰倒燃时，容器内气体压力升高，容器内的液体将被排出，由于进气管插入的液面较深，安全管的下管口首先离开水面，火焰被液体阻隔而不会进入进气管。

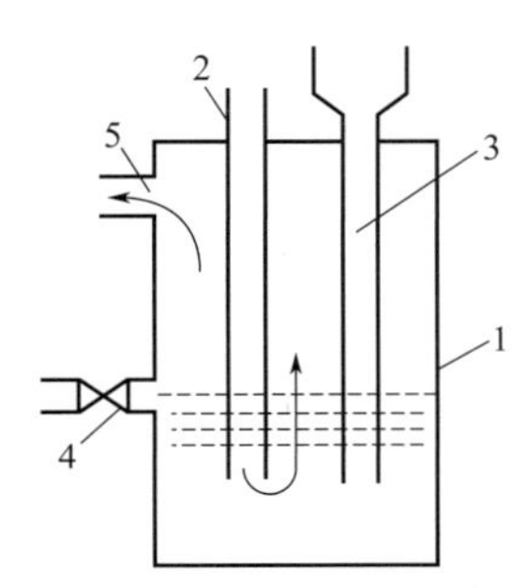

图 4-1　敞开式安全液封结构示意图

1—罐体；2—进气管；3—安全管；4—水位阀门；5—出气管

封闭式安全液封的结构如图 4-2 所示。正常工作时，可燃气体由进气管进入，通过逆止阀、分水板、分气板和分水管从出气管流出。发生火焰倒燃时，容器内压力升高，压迫水面使逆止阀关闭，进气管暂时停止供气。同时倒燃的火焰将容器顶部的防爆膜冲破，燃烧后的烟气散发到大气中，火焰便不会进入进气管侧。

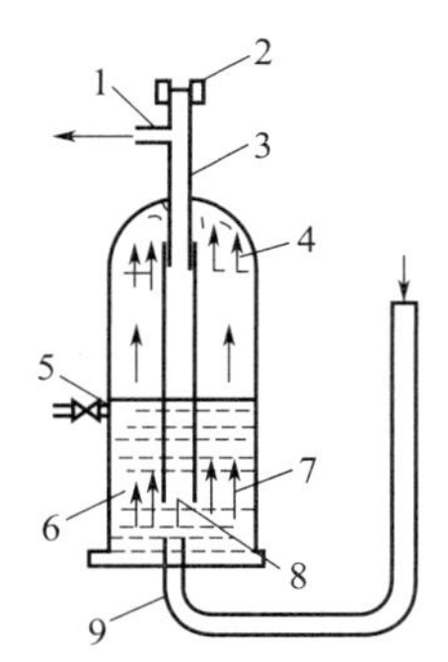

图 4-2　封闭式安全液封结构示意图

1—出气管；2—防爆管；3—分水管；4—分水板；
5—水位阀；6—罐体；7—分气板，8,9—进气管逆止阀

敞开式和封闭式安全液封通常适用于操作压力低的场合，一般不会超过 0.05MPa。安全液封的使用安全要求如下。使用安全液封时，应随时注意水位不得低于水位阀门所标定的位置。但是水位也不应过高，否则除了可燃气体通过困难外，水还可能随可燃气体一起进入出气管。每次发生火焰倒燃后，应随时检查水位并补足。安全液封应保持垂直位置。定期检查插入液封中的管道是否有破裂或腐蚀穿孔现象，防止水封失效。冬季使用安全液封时，在工作完毕后应把水全部排出、洗净，以免冻结。如发现冻结现象，只能用热水或蒸汽加热解冻，严禁用明火烘烤。为了防冻，可在水中加少量食盐以降低冰点。使用封闭式安全液封时，由于可燃气体中可能带有黏性杂质，使用一段时间后容易黏附在阀瓣和阀座等处，所以需要经常检查逆止阀的气密性。

c. 水封井。水封井是安全液封的一种，使用在散发可燃气体和易燃液体蒸气或油污的污水管网上，可防止燃烧、爆炸沿污水管网蔓延扩展。水封井的结构如图 4-3 所示。水封井的水封液柱高度不宜小于 250mm。

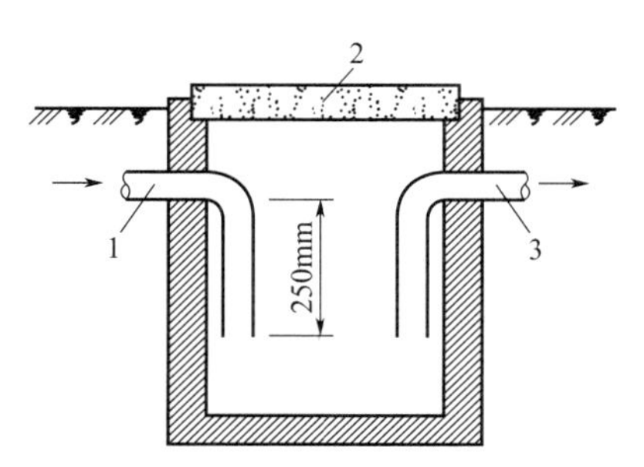

图 4-3　水封井结构示意图

1—污水进口管；2—井盖；3—污水出口管

当生产污水能产生引起爆炸或火灾的气体时，其管道系统中必须设置水封井，水封井位置应设在产生上述污水的排出口处及其干管上每隔适当距离处。水封深度应采用250mm。井上宜设通风设施，井底应设沉泥槽。水封井以及同一管道系统中的其他检查井，均不应设在车行道和行人众多的地段，并应适当远离产生明火的场地。

如果管道很长，可每隔 250m 设 1 个水封井。水封井应加盖，但为防止加盖导致气体积聚而产生事故，可采用图 4-4 的结构形式。

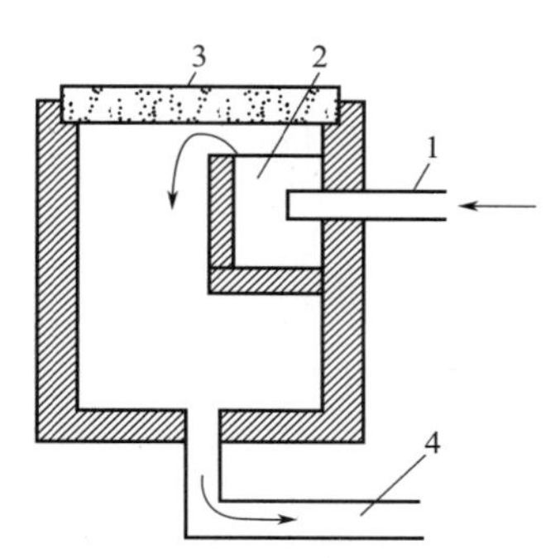

图 4-4　增修溢水槽示意图

1—污水进口管；2—增修的溢水槽；3—阴井盖；4—污水出口管

d. 单向阀。单向阀亦称逆止阀、止回阀，生产中常用于只允许流体向一定的方向流动，在流体压力下降返回生产流程时，自动关闭阻止。常用于防止高压物料窜入低压系统，也可用作防止回火的安全装置，单向阀的用途很广，液化石油气钢瓶上的减压阀就是起着单向阀的作用。生产中常用的单向阀有升降式、摇板式、球式等，如图 4-5～图 4-7 所示。

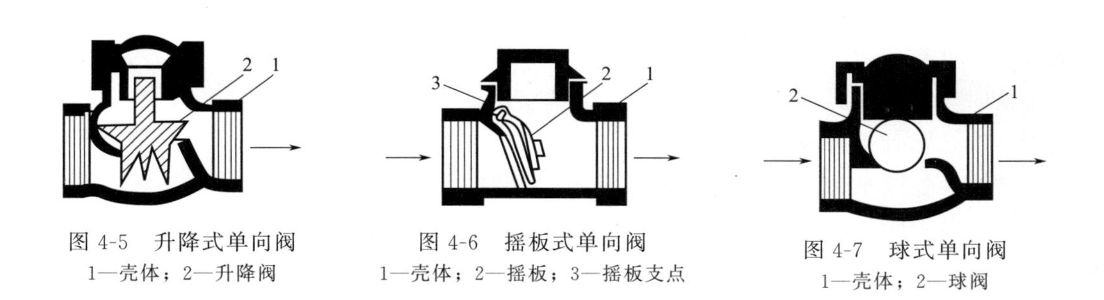

图 4-5　升降式单向阀

1—壳体；2—升降阀

图 4-6　摇板式单向阀

1—壳体；2—摇板；3—摇板支点

图 4-7　球式单向阀

1—壳体；2—球阀

装置中的辅助管线与可燃气体、液体设备、管道连接的生产系统，均可采用单向阀来防止发生窜料危险。

e. 阻火闸门。阻火闸门是为了阻止火焰沿通风管道蔓延而设置的阻火装置。在正常情况下，阻火闸门受制于环状或条状的易熔元件的控制，处于开启状态，一旦着火，温度升高，易熔元件熔化，闸门在自身重力作用下，自动关闭阻断火的蔓延。图 4-8 所示为跌落式自动阻火闸门。易熔合金元件通常用低熔点合金（铋、铅、锡、铬、汞等金属）或有机材料制成。也有的阻火闸门是手动的，即在遇火警时由人迅速关闭。

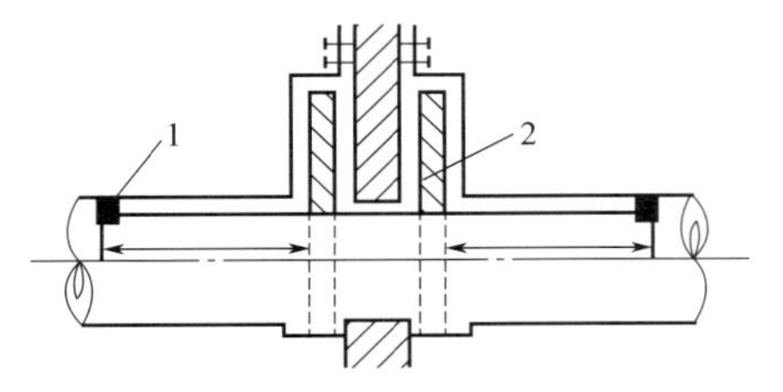

图 4-8　跌落式自动阻火闸门
1—易熔合金元件；2—阻火闸门

f. 火星熄灭器。也叫防火帽，一般安装在产生火花（星）设备的排空系统上（如机动车、内燃机排气管路），以防飞出的火星引燃周围的易燃物料。火星熄灭器是国家重点防火单位和一切运输车辆在易燃易爆区域必配的安全防火重要产品，适用于易燃易爆重点防火单位及仓库货场、油田、林区、煤矿、石油化工液化气厂、造纸厂、飞机场等禁火区域。该装置在安装时，需注意一定要和排气管口径吻合，否则车辆以及内燃机在运动的过程中，火星熄灭器很容易脱落。火星熄灭器的种类很多，结构各不相同，大致可分为以下几种形式。

降压减速：使带有火星的烟气由小容积进入大容积，造成压力降低，气流减慢。

改变方向：设置障碍改变气流方向，使火星沉降，如旋风分离器。

网孔过滤：设置网格、叶轮等，阻挡较大的火星或将火星分散开，以加速火星的熄灭。

冷却：用喷水或蒸汽熄灭火星，如锅炉烟囱。

② 防爆泄压装置。防爆泄压设施包括安全阀、爆破片、防爆门和放空管等。

a. 安全阀。安全阀的功用：一是泄压，即受压设备内部压力超过正常压力时，安全阀自动开启，把容器内的介质迅速排放出去，以降低压力，防止设备超压爆炸，当压力降低至正常值时，自行关闭；二是报警，即当设备超压，安全阀开启向外排放介质时，产生气体动力声响，起到报警作用。

b. 爆破片。爆破片也称防爆片、防爆膜，爆破片通常设置在密闭压力容器或管道系统上，当设备内物料发生异常，反应超过规定压力时，爆破片便自动破裂，从而防止设备爆炸。其特点是放出物料多，泄压快，构造简单，可在设备耐压试验压力下破裂，适用于物料黏度高或腐蚀性强的设备以及不允许有任何泄漏的场所。爆破片可与安全阀组合安装。

c. 防爆门。防爆门和防爆球阀主要用于加热炉上。为了防止炉膛和烟道风压过高，引起爆炸和再次燃烧，并引起炉墙和烟道开裂、倒塌、尾部受热而烧坏，目前常用的方法就是在锅炉墙装设防爆门，防爆门主要利用自身的重量或强度，当它大于或和炉膛正常压力作用在其上的总压力相平衡时，防爆门处于关闭状态。当炉膛压力发生变化，使作用在防爆门上的总压力超过防爆门本身的重量或强度时，防爆门就会被冲开或冲破，炉膛内就会有一部分烟气泄出，而达到泄压目的。

防爆门一般设置在燃油、燃气和燃烧煤粉的燃烧室外壁上，以防燃烧室发生爆燃或爆炸时设备遭到破坏，防爆门应设置在人员不常经过的地方，高度最好不低于 2m。

d. 放空管。放空管用来紧急排泄有超温、超压、爆聚和分解爆炸的物料。有的化学反应设备除设置紧急放空管（包括火炬）外还宜设置安全阀、爆破片或事故储槽，有时只设置其中一种。在某些极其危险的化工生产设备上，为防止可能出现的超温、超压、爆炸等恶性事故的发生，宜设置自动或就地手控紧急放空管等。

由于紧急放空管和安全阀的放空口高出建筑物顶，有较高的气柱，容易遭受雷击。因此，放空口应在防雷保护范围内。为防静电，放空管应有良好的接地设施。

第四节　灭火技术

一、消防方针

我国《中华人民共和国消防法》（简称《消防法》）在总则中规定“消防工作贯彻预防为主、防消结合的方针，按照政府统一领导、部门依法监管、单位全面负责、公民积极参与的原则，实行消防安全责任制，建立健全社会化的消防工作网络”。

“预防为主、防消结合”的方针，科学准确地说明了“防”和“消”的关系，正确地反映了同火灾作斗争的基本规律。“预防为主”，一是要做好宣传教育，使大家重视消防工作。二是普及消防知识，提高防火和扑灭初期火灾的能力。三是确立一套科学的规章制度，保证措施落实。

“防消结合”是指在做好火灾预防的同时，要做好各项灭火准备，及时扑灭发生的火灾。首先要有思想准备，发生火灾时做到心中有数，科学指挥，快速扑灭。其次要有物资准备，也就是我们常见的灭火器、消防栓、火灾自动报警系统等一系列的消防设施。

“政府”“部门”“单位”“公民”四者都是消防工作的主体，政府统一领导、部门依法监管、单位全面负责、公民积极参与，任何一方都非常重要，不可偏废，这是《消防法》确定的消防工作的原则。

二、灭火的基本方法

1. 冷却灭火

对一般可燃物来说，能够持续燃烧的条件之一就是它们在火焰或热的作用下达到了各自的着火温度。因此，对一般可燃物火灾，将可燃物冷却到其燃点或闪点以下，燃烧反应就会中止。水的灭火机理主要是冷却作用。

2. 窒息灭火

各种可燃物的燃烧都必须在其最低氧气浓度以上进行，否则燃烧不能持续进行。因此，通过降低燃烧物周围的氧气浓度可以起到灭火的作用。通常使用的二氧化碳、氮气、水蒸气等的灭火机理主要是窒息作用。

3. 隔离灭火

把可燃物与引火源或氧气隔离开来，燃烧反应就会自动中止。火灾中，关闭有关阀门，切断流向着火区的可燃气体和液体的通道；打开有关阀门，使已经发生燃烧的容器或受到火势威胁的容器中的液体可燃物通过管道导至安全区域，都是隔离灭火的措施。

4. 化学抑制灭火

化学抑制灭火就是使用灭火剂与链式反应的中间体自由基反应，从而使燃烧的链式反应中断使燃烧不能持续进行。常用的干粉灭火剂、卤代烷灭火剂的主要灭火机理就是化学抑制作用。

三、灭火剂

1. 水系灭火剂

① 强化水：水中加入碱金属盐或有机金属盐，提高A类火灾中抗复燃性能。

② 乳化水：在水中加入含有憎水基因的乳化剂，主要用于扑救闪点较高的油品火灾。

③ 润湿水：加入少量表面活性剂，降低水的表面张力，提高水的润湿能力，主要用于木材、橡胶、煤粉堆等火灾。

④ 抗冻水：加入抗冻剂，如氯化钙、碳酸钙、甘油等，使水的冰点降低，主要用于寒冷地区。

⑤ 流动改进水：加入减阻剂，有效减少水在输送过程中的阻力，提高水袋末端的水枪或喷嘴的压力，提高输水距离和射程。

⑥ 黏性水：加入增稠剂，提高水的黏度，增加水在燃烧物表面上的附着力，防止灭火水的流失，节水。

⑦ 冷水灭火剂：美国环球冷焰公司开发的具有光化学作用的灭火剂。它可让水的吸热能力大幅提高，用于A、B、D类火灾。

2. 干粉灭火剂

（1）定义　干粉灭火剂是含有碳酸氢铵、碳酸氢钾、磷酸二氢铵、硫酸钾和添加剂等物质的固体粉末，使用中一般用干燥的二氧化碳或氮气作动力。

（2）灭火机理　①化学抑制作用；②隔离作用；③冷却作用。

（3）适用范围　各种可燃、易燃液体火灾，气体火灾和一般带电设备火灾，磷酸铵盐类干粉灭火剂还可用于扑救木材、纸张等A类固体可燃物火灾。灭火速度快，但易复燃。

3. 泡沫灭火剂

（1）定义　泡沫灭火剂是能够与水预溶，并可以通过机械方法或化学反应产生灭火泡沫的灭火剂，可分为三个级别：低倍数泡沫灭火剂（发泡倍数在20倍以下）、中倍数泡沫灭火剂（发泡倍数在20～200倍之间）、高倍数泡沫灭火剂（发泡倍数在200～1000倍之间）。

（2）灭火机理　①隔离作用；②冷却作用。

（3）适用范围　蛋白泡沫灭火剂和氟蛋白泡沫灭火剂广泛应用于石油储罐、大面积油类火灾、可燃液体生产加工装置等场所和部位的火灾扑救，抗溶性泡沫灭火剂主要应用于扑救甲醇、乙醇、丙醇、乙酸乙酯等一般水溶性可燃液体火灾和一般固体物质火灾的扑救。泡沫灭火剂不适用于扑救气体、金属、带电设备以及遇水能发生燃烧爆炸物质的火灾。

4. 气体灭火剂

气体灭火剂包括卤代烷灭火剂、惰性气体灭火剂。

惰性气体灭火剂包括：二氧化碳灭火剂、氮气灭火剂。

（1）灭火机理　稀释作用，能有效降低可燃物与氧气的浓度和接触，降低燃烧反应的速度，抑制燃烧。

（2）适用范围　①可燃固体物质阴燃火；②气体火灾；③电气设备火灾；④精密仪器设备、图书档案、通信设备火灾。不适用于人员密集场所的火灾扑救。

四、灭火器

灭火器的选择与应用

火对人类有着巨大的贡献。古人发明用火，是第一次能源的发现，从此结束了茹毛饮血的野蛮生活，掌握了吃熟食的技能。它是关系到人类生存、发展、繁衍的大事。

“消防”即预防和扑灭火灾的意思。火灾与消防是一个非常古老的命题。在各类灾害中，火灾是一种不受时间、空间限制，发生频率很高的灾害。这种灾害随着人类用火的历史而加剧，于是防范和治理火灾的消防工作（古称“火政”）也就应运而生，与人类结下了不解之缘，并将永远伴随着人类社会的发展而日臻完善。

使用火是人类文明的象征，人类使用火已有200多万年的历史。火可以造福人类，也可以给人类带来灾难。火的发明，对人类的文明和社会的进步起到了巨大的推动作用，而在使用火的过程中，若失去对火的控制将会给人类造成巨大的损失。因此防火、灭火是人们时刻不能掉以轻心的大事，要防患于未然。

中国最早有文字记录的火灾是在甲骨文中：公元前1339至公元前1281年商代武丁时期，奴隶夜间放火焚烧奴隶主的三座粮食仓库。古代人对火灾有着极其虔诚的恐惧。汉高祖的陵寝发生火灾，汉武帝穿了五天白色的冠服，表示“我错了”。我国最早的消防员职业诞生于黄帝时期，我们英明神武的祖先早就发现了规范用火的重要性，还专门设置了管理用火安全的官员称为火政，到了周改称司煊、司耀，所以消防员可是有着四千多年历史的古老职业。

世界第一支灭火器诞生在1834年，伦敦，一场大火几乎完全烧毁了英国议会大厦所在地，古老的威斯敏斯特宫。在众多的观火者当中，有一位却不是无所事事赶来看火景的人，他就是乔治·威廉·曼比。曼比出生在诺福克，青年从军，官至上尉，任雅茅斯兵营的长官，这一闲职使他能够有时间致力于强烈吸引着他的拯救人类生命的事业。早先，他热衷于船难救助，他发明过裤形救生圈，也是第一个提出用灯塔闪射识别信号的人。以后，曼比从海洋救助转向火灾救生事业。发生火灾的时候，他正在进行防火服的实验。他最卓越的首创性贡献是他发明了手提式压缩气体灭火器，这种灭火器是一个长约60cm，直径约20cm，容量约为18L的铜制圆筒，和今天的灭火器基本上相同。他把灭火器放在他专门设计特制的手推车里，他希望有配备这种灭火器的巡逻队，在起火地点立刻扑灭初起的小火，从而减少爆发重大火灾的次数。

灭火器具是一种平时往往被人冷落，急需时大显身手的消防必备之物。尤其是在高楼大厦林立，室内用大量木材、塑料、织物装潢的今日，一旦有了火情，没有适当的灭火器具，便可能酿成大祸。

古时的灭火器具很简单，无非是钩、斧、锹、桶之类。到19世纪中叶，法国医生加利埃发明了手提式化学灭火器。将碳酸氢钠和水混合放在筒内，另用一玻璃瓶盛着硫酸装在桶口内。使用时，由撞针击破瓶子，使化学物质混合，产生二氧化碳，把水压出桶外。

1905年，俄国的劳伦特教授在圣彼得堡发明一种泡沫灭火剂，把硫酸铝与碳酸氢钠溶液混合并加入稳定剂，喷出后生成含有二氧化碳的泡沫，浮在燃烧的油、漆或汽油上，能有效地隔绝氧气，窒熄火焰。

1909年，纽约的戴维森取得一项专利，利用二氧化碳从灭火器内压出四氯化碳，这种液体会立即变成不可燃的较重气体以闷熄火焰。此后又出现了干粉灭火器、液态二氧化碳灭火器等多种小型式灭火器。

如今进入智慧消防时代，随着科学技术的发展，智慧城市建设的推进，消防安全也走起了“智慧”路线，建立逐级预警、多方联动、群防群治的消防工作治理体系。随着社会经济的飞速发展，高层建筑的不断涌现，社会上人们对火灾自动报警控制系列产品的需求不断增多，对其功能的要求也越来越高，计算机技术和控制检测技术的高速发展，也促进了火灾自动报警控制系统的更新发展，特别是近年来兴起的许多新技术、新方法，诸如液晶显示技术、高灵敏度吸气式探测技术、分布智能技术等使火灾自动报警技术跃上了一个新台阶。

智慧消防提供从传感器、物联网、基站等硬件产品到网络部署实施、云端预警系统、24小时呼叫中心等一整套的解决方案。运用物联网、云计算、大数据等技术进行融合分析、预知预警、辅助决策，实现大数据环境下“动态数据可用、工作流程可溯、风险隐患可控、调度指挥可视、管理形势可判”，实现对消防隐患的实时、可视、高效、智能、闭环管理，大力提高消防工作水平和管理工作效率，让重点单位自身成为消防安全保障的主体，是推进消防社会化的最有效手段！

灭火器的种类很多，按其移动方式可分为手提式和推车式；按驱动灭火剂的动力来源可分为储气瓶式、储压式、化学反应式；按所充装的灭火剂则又可分为泡沫、干粉、卤代烷、二氧化碳、清水灭火器等。

1. 干粉灭火器

（1）原理　干粉灭火器内充装的是干粉灭火剂。干粉灭火剂是用于灭火的干燥且易于流动的微细粉末，由具有灭火效能的无机盐和少量的添加剂经干燥、粉碎、混合而成的微细固体粉末组成。利用压缩的二氧化碳吹出干粉（主要含有碳酸氢钠）来灭火。

（2）适用范围　干粉灭火器可扑灭一般火灾，还可扑灭油、气等燃烧引起的失火。干粉灭火器是利用二氧化碳气体或氮气气体作动力，将筒内的干粉喷出灭火。干粉是一种干燥的、易于流动的微细固体粉末，由能灭火的基料和防潮剂、流动促进剂、抗结块剂等添加剂组成。主要用于扑救石油、有机溶剂等易燃液体、可燃气体和电气设备的初期火灾。

2. 泡沫灭火器

（1）原理 泡沫灭火器内有两个容器，分别盛放两种液体，它们是硫酸铝和碳酸氢钠溶液，两种溶液互不接触，不发生任何化学反应（平时千万不能碰倒泡沫灭火器）。当需要泡沫灭火器时，把灭火器倒立，两种溶液混合在一起，就会产生大量的二氧化碳气体。

除了两种反应物外，灭火器中还加入了一些发泡剂。打开开关，泡沫从灭火器中喷出，覆盖在燃烧物品上，使燃着的物质与空气隔离，并降低温度，达到灭火的目的。

（2）适用范围 可用来扑灭A类火灾，如木材、棉布等固体物质燃烧引起的失火；最适宜扑救B类火灾，如汽油、柴油等液体火灾；不能扑救水溶性可燃、易燃液体的火灾（如：醇、酯、醚、酮等物质）和E类（带电）火灾。

3. 二氧化碳灭火器

（1）原理 灭火器瓶体内贮存液态二氧化碳，工作时，当压下瓶阀的压把时，内部的二氧化碳灭火剂便由虹吸管经过瓶阀至喷筒喷出，使燃烧区氧的浓度迅速下降，当二氧化碳达到足够浓度时火焰会窒息而熄灭，同时由于液态二氧化碳会迅速汽化，在很短的时间内吸收大量的热量，因此对燃烧物起到一定的冷却作用，也有助于灭火。

（2）适用场合 适用于扑救易燃液体及气体的初起火灾，也可扑救带电设备的火灾。常应用于实验室、计算机房、变配电所，以及对精密电子仪器、贵重设备或物品维护要求较高的场所。

4. 清水灭火器

清水灭火器中的灭火剂为清水。水在常温下具有较低的黏度、较高的热稳定性、较大的密度和较高的表面张力，是一种古老而又使用范围广泛的天然灭火剂，易于获取和储存。

它主要依靠冷却和窒息作用进行灭火。因为每千克水自常温加热至沸点并完全蒸发汽化，可以吸收2593.4kJ的热量。因此，它利用自身吸收显热和潜热的能力发挥冷却灭火作用，是其他灭火剂所无法比拟的。此外，水被汽化后形成的水蒸气为惰性气体，且体积将膨胀1700倍左右。

在灭火时，由水汽化产生的水蒸气将占据燃烧区域的空间、稀释燃烧物周围的氧含量，阻碍新鲜空气进入燃烧区，使燃烧区内的氧浓度大大降低，从而达到窒息灭火的目的。当水呈喷淋雾状时，形成的水滴和雾滴的比表面积将显著增加，增强了水与火之间的热交换作用，从而强化了其冷却和窒息作用。

另外，对一些易溶于水的可燃、易燃液体还可起稀释作用；采用强射流产生的水雾可使可燃、易燃液体产生乳化作用，使液体表面迅速冷却、可燃蒸气产生速度下降而达到灭火的目的。

五、灭火系统

灭火系统通常有两大类，一类是自动的灭火系统，如自动喷水灭火系统、泡沫灭火系统、干粉灭火系统和气体灭火系统等，另一类是需要人工操作的灭火系统，如消火栓系统、灭火器等。

1. 自动灭火系统

一般包括自动喷水灭火系统、泡沫灭火系统、气体灭火系统、干粉灭火系统等。

（1）自动喷水灭火系统　按用途、工作原理和组成部件等的不同，又分为湿式自动喷水灭火系统、干式自动喷水灭火系统、预作用自动喷水灭火系统、雨淋喷水灭火系统、水喷雾灭火系统、细水雾灭火系统等。

① 湿式自动喷水灭火系统。湿式自动喷水灭火系统是自动喷水灭火系统的基本类型和典型代表。主要由活水喷头、报警阀、管道、报警系统和水泵组成。

工作原理：平时管道中充满水，处于等待状态，当火灾发生时，在高温作用下，喷头的热敏元件破裂或熔化，使活水喷头打开，水被喷到着火部位达到灭火效果，与此同时，中控报警系统发出声光报警信号，通知所有人员撤离现场。并启动消防水架，使系统保持持续喷水灭火的能力。

湿式自动喷水灭火系统一般用于常温场所，在低温场所，如北方无加热场所，水在零度以下结冰，管中充水的湿式自动喷水灭火系统就不适用了，这时就要用干式自动喷水灭火系统。

② 干式自动喷水灭火系统。系统由闭式喷头、管道系统、充气设备、干式报警阀、报警装置和供水设施等组成。

工作原理：平时管网中不充水，充满压缩空气或氮气，因此不怕冻结，不怕温度高；系统应设有快速排气装置和充气装置。干式报警阀的入口侧与水源相连，管道内充以压力水，干式报警阀出口侧的管道内充以压缩空气，启动前，报警阀处于关闭状态，发生火灾时，闭式喷头热敏感元件动作，喷头开启，有压力作用，干式报警阀被自动打开，压力水进入供水管道，将剩余的压缩空气从已打开的喷头处推出，然后喷水灭火。同时，水流冲击水力警铃和压力开关，并启动水泵加压供水。

与湿式自动喷水灭火系统区别在于喷头动作后有一个排气过程，这将影响灭火的速度和效果。

③ 预作用自动喷水灭火系统。预作用自动喷水灭火系统将火灾自动报警技术和自动喷水灭火系统有机结合起来，在干式自动喷水灭火系统上附加一套报警装置，火灾发生时，感烟、感光报警装置首先发出信号，控制器将报警信号转为声光显示的同时开启雨淋阀，使水进入管路，并在很短的时间内完成充水过程，使系统转为湿式自动喷水灭火系统。

预作用自动喷水灭火系统适用于对自动喷水灭火系统安全要求较高的建筑物中。一般用于保护贵重物品场所，它杜绝了由于洒水喷头意外破裂造成的水渍损失。

④ 雨淋喷水灭火系统。该系统是指由开式喷头、管道系统、雨淋阀、火灾探测器、

报警控制装置、控制组件和供水设备等组成的消防系统。平时，雨淋阀后的管网充满水或压缩空气，其中的压力与进水管中水压相同，此时，雨淋阀由于传动系统中的水压作用而紧紧关闭着。该系统具有出水量大、灭火及时的优点。适用于火灾蔓延快、危险性大的建筑或部位。

在企业工艺装置区内，距地面 40m 以上，受热后可能产生爆炸的设备，当机动消防设备不能对其进行保护时，可设置固定式、半固定雨淋喷水灭火系统。在以下区域也适宜设置雨淋喷水灭火系统：液化石油气储配站的灌瓶间、实瓶间，乙炔站的灌装气瓶间以及泡沫塑料的预发、成型、切片、压花部位等。当建筑物发生火灾时，火灾探测器感受到火灾因素，便立即向控制器送出火灾信号，控制器将此信号作声光显示并相应输出控制信号，由自动控制装置打开集中控制阀门，自动地释放掉传动管网中有压力的水，使传动系统中的水压骤然降低，整个保护区域所有喷头喷水灭火。

⑤ 水喷雾灭火系统。该系统是指由水源、供水设备、管道、雨淋阀组、过滤器和水雾喷头等组成的系统。其灭火机理是当水以细小的雾状水滴喷射到正在燃烧的物质表面时，产生表面冷却、窒息、乳化和稀释的综合效应，实现灭火。水喷雾灭火系统具有适用范围广的优点，不仅可以提高扑灭固体火灾的灭火效率，同时由于水雾具有不会造成液体火飞溅、电气绝缘性好的特点，在扑灭可燃液体火灾、电气火灾中均得到广泛的应用。

⑥ 细水雾灭火系统。中、高压单流体细水雾灭火系统是利用压力水流过专用细水雾喷头后形成的细小雾滴进行灭火或防护冷却的一种固定式灭火系统，细水雾雾滴平均直径小于 200pm，比表面积和密度较高，遇火焰高温后迅速汽化，体积可膨胀 1700 倍以上，使保护区的氧浓度大为降低，具有很强的汽化降温作用和隔氧窒息作用，同时吸收大量热量，起到隔绝氧气和降温的作用，达到迅速灭火的目的。

(2) 气体灭火系统　气体灭火系统和自动报警系统是相连的。当自动报警系统收到二级报警（同时收到感烟探测器和感温探测器信号就叫二级报警）的时候，就会发一个信号给控制灭火系统的控制盘。控制盘收到信号后，就会发指令启动气体钢瓶顶部的电磁阀，电磁阀动作来开启钢瓶顶部的阀门，使钢瓶内的气体释放出来。

二氧化碳灭火系统是目前应用非常广泛的一种现代化气体消防设备。二氧化碳灭火剂具有无毒、不污损设备、绝缘性能好等优点，是目前国内外市场上颇受欢迎的气体灭火产品，也是替代卤代烷的较理想型产品。

二氧化碳灭火系统是常温储存系统，主要由自动报警控制器、储存装置、阀驱动装置、选择阀、单向阀、压力记号器、称重装置、框架、喷头、管网等部件组成。其灭火方式可分为全淹没保护方式和局部保护方式。通过窒息和冷却作用，减少空气中的氧气含量，降低燃烧物的温度，实现灭火。

全淹没保护方式指在一定的时间内，向防护区内喷射一定浓度的灭火剂，并使其均匀充满整个防护区的灭火方式。对事先无法预计火灾产生部位的封闭防护区应采用全淹没保护方式进行火灾防护。一般在启动灭火系统时，控制系统会启动灭火程序，经过 30s 启动灭火装置进行灭火，并且会提前启动气体保护区内外的声光报警器，提示人员需要在 30s 之内撤离。所以当声光报警器发出声光报警时，必须立即撤离气体保护区。如果气体保护区内确定并没有火灾发生时（控制系统误动作），可以立即按保护区外面（移动基站/房的按钮都在保护区内）的紧急停止按钮撤销灭火程序。

局部保护方式是直接面向保护对象以设计喷射强度喷射灭火剂，并持续一定时间的灭火方式。对事先可以预计火灾产生部位的无封闭围护的局部场所应采用局部保护方式进行火灾防护。气体灭火系统主要用在不适宜设置水灭火系统等其他灭火系统的环境中，如计算机房、图书馆、档案馆、珍品库、配电房、UPS室、电池室、电讯中心和一般的柴油发电机房等重要场所的消防保护。

适宜扑救下列火灾：①灭火前可切断气源的气体火灾；②液体火灾或石蜡、沥青等可熔化的固体火灾；③固体表面火灾及棉毛、织物、纸张等部分固体深位火灾；④电气火灾。注：除电缆隧道（夹层、井）及自备发电机房外。

不适宜扑救下列火灾：①硝化纤维、硝酸钠等氧化剂或含氧化剂的化学制品火灾；②钾、铁、钠等活泼金属火灾；③氢化钾、氢化钠等金属氢化物火灾；④有机过氧化氢、联氨等能自行分解的化学物质火灾；⑤可燃固体物质的深位火灾；⑥强氧化剂、能自燃的物质的火灾，如白磷等。

（3）泡沫灭火系统　泡沫灭火系统是通过机械作用将泡沫灭火剂、水与空气充分混合并产生泡沫实施灭火的灭火系统，具有安全可靠、经济实用、灭火效率高、无毒性等优点。随着泡沫灭火技术的发展，泡沫灭火系统的应用领域更加广泛。

泡沫灭火系统的灭火机理主要体现在以下几个方面。

① 隔氧窒息作用。在燃烧物表面形成泡沫覆盖层，使燃烧物表面与空气隔绝，同时泡沫受热蒸发产生的水蒸气可以降低燃烧物附近氧气的浓度，起到窒息灭火作用。

② 辐射热阻隔作用。泡沫层能阻止燃烧区的热量作用于燃烧物质的表面，因此可防止可燃物本身和附近可燃物质的蒸发。

③ 吸热冷却作用。泡沫析出的水可对燃烧物表面进行冷却。

水溶性液体火灾必须选用抗溶性泡沫液。扑救水溶性液体火灾应采用液上喷射或半液下喷射泡沫，不能采用液下喷射泡沫。对于非水溶性液体火灾，当采用液上喷射泡沫灭火时，选用蛋白、氟蛋白、成膜氟蛋白或水成膜泡沫液均可；当采用液下喷射泡沫灭火时，必须选用氟蛋白、成膜氟蛋白或水成膜泡沫液。

泡沫灭火系统一般由泡沫液储罐、泡沫消防泵、泡沫比例混合器（装置）、泡沫产生装置、火灾探测与启动控制装置、控制阀门及管道等系统组件组成。

泡沫灭火系统按喷射方式划分，可分为液上、液下和半液下喷射系统。泡沫灭火系统按系统结构划分，可分为固定式、半固定式和移动式系统。泡沫灭火系统按发泡倍数划分，可分为低倍数、中倍数和高倍数泡沫灭火系统。泡沫灭火系统按系统形式划分全淹没系统、局部应用系统、移动系统、泡沫一水喷淋系统和泡沫喷雾系统

泡沫灭火系统主要适用于提炼、加工和生产甲、乙、丙类液体的炼油厂、化工厂、油田、油库，为铁路油槽车装卸油品的鹤管栈桥，码头，飞机库，机场及燃油锅炉房，大型汽车库等。在火灾危险性大的甲、乙、丙类液体储罐区和其他危险场所，灭火优越性非常明显。泡沫灭火系统的选用，应符合《泡沫灭火系统技术标准》的相关规定。

（4）干粉灭火系统　干粉灭火系统是由干粉供应源通过输送管道连接到固定的喷嘴上，通过喷嘴喷放干粉的灭火系统。干粉灭火系统是传统的四大固定灭火系统之一，应用

广泛。

干粉灭火系统灭火剂的类型虽然不同，但其灭火机理无非是化学抑制、隔离、冷却与窒息。干粉灭火剂是由灭火基料（如小苏打、磷酸铵盐等）和适量的流动助剂（硬脂酸镁、云母粉、滑石粉等）以及防潮剂（硅油）在一定工艺条件下研磨、混配制成的固体粉末灭火剂。

① 普通干粉灭火剂。这类灭火剂可扑救B类、C类、E类火灾，因而又称为BC干粉灭火剂。属于这类的干粉灭火剂有：以碳酸氢钠为基料的钠盐干粉灭火剂（小苏打干粉）；以碳酸氢钾为基料的紫钾干粉灭火剂；以氯化钾为基料的超级钾盐干粉灭火剂；以硫酸钾为基料的钾盐干粉灭火剂；以碳酸氢钠和钾盐为基料的混合型干粉灭火剂；以尿素和碳酸氢钠（碳酸氢钾）的反应物为基料的氨基干粉灭火剂（毛耐克斯 Monnex 干粉）。

② 多用途干粉灭火剂。这类灭火剂可扑救A类、B类、C类、E类火灾，因而又称为ABC干粉灭火剂。属于这类的干粉灭火剂有：

以磷酸盐为基料的干粉灭火剂；以磷酸铵和硫酸铵混合物为基料的干粉灭火剂；以聚磷酸铵为基料的干粉灭火剂。

③ 专用干粉灭火剂。这类灭火剂可扑救D类火灾，因而又称为D类专用干粉灭火剂。属于这类的干粉灭火剂如下。

a. 石墨类：在石墨内添加流动促进剂。

b. 氯化钠类：氯化钠广泛用于制作D类专用干粉灭火剂，选择不同的添加剂用于不同的灭火对象。

c. 碳酸氢钠类：碳酸氢钠是制作BC干粉灭火剂的主要原料，添加某些结壳物料也可制作D类专用干粉灭火剂。

④ 注意事项。

a. BC类与ABC类干粉不能兼容。

b. BC类干粉与蛋白泡沫或者化学泡沫不兼容，因为干粉对蛋白泡沫和一般合成泡沫有较大的破坏作用。

c. 对于一些扩散性很强的气体，如氢气、乙炔气体，干粉喷射后难以稀释整个空间的气体，对于精密仪器、仪表会留下残渣，用干粉灭火不适宜。

⑤ 灭火机理。干粉在动力气体（氮气、二氧化碳）的推动下射向火焰进行灭火。干粉在灭火过程中，粉雾与火焰接触、混合，发生一系列物理和化学作用，其灭火机理介绍如下。

a. 化学抑制作用。燃烧过程是一个链反应过程，OH·和H·中的“·”是维持燃烧链反应的关键自由基，它们具有很高的能量，非常活泼，而使用寿命却很短，一经生成，立即引发下一步反应，生成更多的自由基，使燃烧过程得以延续且不断扩大。干粉灭火剂的灭火组分是燃烧的非活性物质，当把干粉灭火剂加入燃烧区与火焰混合后，干粉粉末与火焰中的自由基接触时，捕获OH·和H·，自由基被瞬时吸附在粉末表面。当大量的粉末以雾状形式喷向火焰时，火焰中的自由基被大量吸附和转化，使自由基数量急剧减少，致使燃烧反应链中断，最终使火焰熄灭。

b. 隔离作用。干粉灭火系统喷出的固体粉末覆盖在燃烧物表面，构成阻碍燃烧的隔离层。特别是当粉末覆盖达到一定厚度时，还可以起到防止复燃的作用。

c.冷却与窒息作用。干粉灭火剂在动力气体的推动下喷向燃烧区进行灭火时，干粉灭火剂的基料在火焰高温作用下将会发生一系列分解反应，钠盐和钾盐干粉在燃烧区吸收部分热量，并放出水蒸气和二氧化碳气体，起到冷却和稀释可燃气体的作用。磷酸盐等化合物还具有导致炭化的作用，它附着于着火固体表面可炭化，炭化物是热的不良导体，可使燃烧过程变得缓慢，使火焰的温度降低。

干粉灭火系统在组成上与气体灭火系统类似。干粉灭火系统由干粉灭火设备和自动控制两大部分组成。前者由干粉储存容器、驱动气体瓶组、启动气体瓶组、减压阀、管道及喷嘴组成；后者由火灾探测器、信号反馈装置、报警控制器等组成。

2. 非自动灭火系统——消火栓系统

（1）室内消火栓　室内消火栓给水系统是建筑物应用最广泛的一种消防设施。它既可供火灾现场人员使用消火栓箱内的消防水喉、水枪扑救初起火灾，又可供消防救援人员扑救建筑物的大火。室内消火栓实际上是室内消防给水管网向火场供水的带有专用接口的阀门，其进水端与消防管道相连，出水端与水带相连。

室内消火栓给水系统由消防给水、管网、室内消火栓及系统附件等组成，其中，消防给水包括市政管网、室外消防给水管网、室外消火栓、消防水池、消防水泵、消防水箱、稳压泵、水泵接合器等，该设施的主要任务是为系统储存并提供灭火用水。消防给水管网包括进水管、水平干管、消防竖管等，其任务是向室内消火栓设备输送灭火用水。室内消火栓设备包括水带、水枪、水喉等，是供消防救援人员灭火使用的主要工具。系统附件包括各种阀门、屋顶消火栓等。报警控制设备用于启动消防水泵。

室内消火栓给水系统的工作原理与系统采用的给水方式有关，通常针对建筑消防给水系统采用的是临时高压消防给水系统。

在临时高压消防给水系统中，系统设有消防水泵和高位消防水箱。当火灾发生后，现场人员可以打开消火栓箱，将水带与消火栓栓口连接，打开消火栓的阀门，消火栓即可投入使用。按下消火栓箱内的按钮向消防控制中心报警，同时设在高位水箱出水管上的流量开关和设在消防水泵出水干管上的压力开关或报警阀压力开关等开关信号应能直接启动消防水泵。在供水初期，由于消火栓泵的启动需要一定的时间，其初期供水由高位消防水箱来供给。对于消火栓泵的启动，还可由消防现场、消防控制中心控制，消火栓泵一旦启动便不得自动停泵，其停泵只能由现场手动控制。

① 应设室内消火栓系统的建筑。

a.建筑占地面积大于 $300m^2$ 的厂房（仓库）。

b.体积大于 $5000m^3$ 的车站、码头、机场的候车（船、机）楼以及展览建筑、商店建筑、旅馆建筑、医疗建筑和图书馆建筑等单、多层建筑。

c.特等、甲等剧场，超过 800 个座位的其他等级的剧场和电影院等，超过 1 200 个座位的礼堂、体育馆等单、多层建筑。

d.建筑高度大于 15m 或体积大于 $10000m^3$ 的办公建筑、教学建筑和其他单、多层民用建筑。

e. 高层公共建筑和建筑高度大于 21m 的住宅建筑。

f. 对于建筑高度不大于 27m 的住宅建筑，当确有困难时，可只设置干式消防竖管和不带消火栓箱的 DN65 的室内消火栓。

② 可不设室内消火栓系统的建筑。

a. 存有与水接触能引起燃烧、爆炸的物品的建筑物和室内没有生产、生活给水管道，室外消防用水取自储水池且建筑体积不大于 $5000m^3$ 的其他建筑。

b. 耐火等级为一、二级且可燃物较少的单、多层丁、戊类厂房（仓库），耐火等级为三、四级且建筑体积小于或等于 $3000m^3$ 的丁类厂房和建筑体积小于或等于 $5000m^3$ 的戊类厂房（仓库）。

c. 粮食仓库、金库以及远离城镇且无人值班的独立建筑。

国家级文物保护单位的重点砖木或木结构的古建筑，宜设置室内消火栓系统。人员密集的公共建筑、建筑高度大于 100m 的建筑和建筑面积大于 $200m^2$ 的商业服务网点内应设置消防软管卷盘或轻便消防水龙。高层住宅建筑的户内宜配置轻便消防水龙。

室内消火栓系统按建筑类型不同，可分为低层建筑室内消火栓给水系统和高层建筑室内消火栓给水系统。同时，根据低层建筑和高层建筑给水方式的不同，又可再进行细分。给水方式是指建筑物消火栓给水系统的供水方案。

（2）室外消火栓　室外消火栓系统的任务是通过室外消火栓为消防车等消防设备提供消防用水，或通过进户管为室内消防给水设备提供消防用水。室外消防给水系统应满足扑救火灾时各种消防用水设备对水量、水压和水质的基本要求。

室外消火栓给水系统通常是指室外消防给水系统，它是设置在建筑物外墙外的消防给水系统，主要承担城市、集镇、居住区或工矿企业等室外部分的消防给水任务。

室外消火栓给水系统由消防水源、消防供水设备、室外消防给水管网和室外消火栓灭火设施组成。室外消防给水管网包括进水管、干管和相应的配件、附件；室外消火栓灭火设施包括室外消火栓、水带、水枪等。

① 室外消火栓的设置范围。

a. 在城市、居住区、工厂、仓库等的规划和建筑设计中，必须同时设计消防给水系统；城镇（包括居住区、商业区、开发区、工业区等）应沿可通行消防车的街道设置市政消火栓系统。

b. 民用建筑、厂房（仓库）、储罐（区）、堆场周围应设室外消火栓。

c. 用于消防救援和消防车停靠的屋面上，应设置室外消火栓系统。

d. 耐火等级不低于二级，且建筑物体积小于或等于 $3000m^3$ 的戊类厂房；或居住区人数不超过 500 人，且建筑物层数不超过两层的居住区，可不设置室外消防给水系统。

② 室外消火栓的设置要求。

a. 市政消火栓。市政消火栓宜采用地上式室外消火栓；在严寒、寒冷等冬季结冰地区宜采用干式地上式室外消火栓，严寒地区宜增设消防水鹤。当采用地下式室外消火栓时，地下消火栓井的直径不宜小于 1.5m，且当地下式室外消火栓的取水口在冰冻线以上时，应采取保温措施。地下式市政消火栓应有明显的永久性标志。

市政消火栓宜采用 DN150 的室外消火栓，并应符合下列要求：室外地上式消火栓应有一个直径为150mm或100mm和两个直径为65mm的栓口；室外地下式消火栓应有直径为100mm和65mm的栓口各一个。

市政消火栓宜在道路的一侧设置，并宜靠近十字路口，但当市政道路宽度超过60m时，应在道路的两侧交叉错落设置市政消火栓，市政桥桥头和城市交通隧道出入口等市政公用设施处，应设置市政消火栓，其保护半径不应超过150m，间距不应大于120m。

市政消火栓应布置在消防车易于接近的人行道和绿地等地点，且不应妨碍交通。应避免设置在机械易撞击的地点，确有困难时，应采取防撞措施。距路边不宜小于0.5m，并不应大于2m，距建筑外墙或外墙边缘不宜小于5m。

当市政给水管网设有市政消火栓时，其平时运行工作压力不应小于0.14MPa，火灾发生时水力最不利市政消火栓的出流量不应小于15L/s，且供水压力从地面算起不应小于0.1MPa。

b. 建筑室外消火栓。建筑室外消火栓的布置除应符合本节的规定外，还应符合市政消火栓的有关规定。

建筑室外消火栓的数量应根据室外消火栓设计流量和保护半径经计算确定，保护半径不应大于150m，每个室外消火栓的出流量宜按10～15L/s计算，室外消火栓宜沿建筑周围均匀布置，且不宜集中布置在建筑一侧；建筑消防扑救面一侧的室外消火栓数量不宜少于2个。

人防工程、地下工程等建筑应在出入口附近设置室外消火栓，距出入口的距离不宜小于5m，并不宜大于40m；停车场的室外消火栓宜沿停车场周边设置，与最近一排汽车的距离不宜小于7m，距加油站或油库不宜小于15m。

甲、乙、丙类液体储罐区和液化烃罐罐区等构筑物的室外消火栓，应设在防火堤或防护墙外，数量应根据每个罐的设计流量经计算确定，但距罐壁15m范围内的消火栓，不应计算在该罐可使用的数量内。

工艺装置区等采用高压或临时高压消防给水系统的场所，其周围应设置室外消火栓，数量应根据设计流量经计算确定，且间距不应大于60m。当工艺装置区宽度大于120m时，宜在该装置区内的路边设置室外消火栓。当工艺装置区、罐区、堆场、可燃气体和液体码头等构筑物的面积较大或高度较高，室外消火栓的充实水柱无法完全覆盖时，宜在适当部位设置室外固定消防炮。当工艺装置区、储罐区、堆场等构筑物采用高压或临时高压消防给水系统时，其室外消火栓处宜配置消防水带和消防水枪，工艺装置区等需要设置室内消火栓的场所，应设置在工艺装置区休息平台处。

3. 非自动灭火系统——灭火器

灭火器是一种轻便的灭火工具，它由筒体、器头（阀门）、喷嘴等部件组成，借助驱动压力可将所充装的灭火剂喷出，从而达到灭火的目的。灭火器结构简单、操作方便、使用广泛，是扑救各类初起火灾的重要消防器材。

不同种类的灭火器适用于不同物质的火灾，其结构和使用方法也各不相同。灭火器的种类较多，按其移动方式可分为手提式灭火器和推车式灭火器；按驱动灭火剂的动力来源可分为储气瓶式灭火器和储压式灭火器；按所充装的灭火剂可分为水基型灭火器、干粉灭火器、二氧化碳灭火器、洁净气体灭火器等；按灭火类型可分为 A 类灭火器、B 类灭火器、C 类灭火器、D 类灭火器、E 类灭火器等。

根据《建筑灭火器配置验收及检查规范》的规定，酸碱型灭火器、化学泡沫灭火器、倒置使用型灭火器以及氯溴甲烷和四氯化碳灭火器应作报废处理，也就是说，这几类灭火器现已被淘汰。

灭火器配件主要由灭火器筒体、器头（阀门）、灭火剂、保险销、虹吸管、密封圈和压力指示器（二氧化碳灭火器除外）等组成。

为保障建筑灭火器的合理安装配置和安全使用，及时有效地扑救初起火灾，减少火灾危害，保护人身和财产安全，建筑物中配置的灭火器应定期检查、检测和维修。对于灭火器配件损坏、失灵的，应予以及时维修更换；无法修复的，应按照有关规定要求作报废处理。应根据《灭火器维修》中灭火器维修条件、维修技术要求、维修期限和应予报废的情形以及报废期限等都做了明确规定。如果在规定的检修期到期检修或使用后再充装，则灭火剂和密封圈必须更换。检修时发现筒体不合格，则整具灭火器应报废；其他配件不合格，须更换经国家认证的灭火器配件生产企业生产的配件。

灭火的方法有冷却、窒息、隔离等物理方法，也有化学抑制的方法，不同类型的火灾需要有针对性的灭火方法。灭火器正是根据这些方法而专门设计和研制的，因此各类灭火器也有着不同的灭火机理与各自的适用范围。

（1）灭火器的设置应遵循以下规定

① 灭火器应设置在位置明显和便于取用的地点，且不得影响安全疏散。

② 对有视线障碍的灭火器设置点，应设置指示其位置的发光标志。

③ 灭火器的摆放应稳固，其铭牌应朝外。手提式灭火器宜设置在灭火器箱内或挂钩、托架上，其顶部离地面高度不应大于 1.5m，底部离地面高度不宜小于 0.08m。灭火器箱不应上锁。

④ 灭火器不应设置在潮湿或强腐蚀性的地点，当必须设置时，应有相应的保护措施。当灭火器设置在室外时，也应有相应的保护措施。

⑤ 灭火器不得设置在超出其使用温度范围的地点。

（2）灭火器的选择应考虑下列因素

① 灭火器配置场所的火灾种类。

② 灭火器配置场所的危险等级。

③ 灭火器的灭火效能和通用性。

④ 灭火剂对保护物品的污损程度。

⑤ 灭火器设置点的环境温度。

⑥ 使用灭火器人员的体能。

六、火灾自动报警系统

火灾自动报警系统是火灾探测报警与消防联动控制系统的简称，是以实现火灾早期探测和报警、向各类消防设备发出控制信号并接收设备反馈信号，进而实现预定消防功能为基本任务的一种自动消防设施。

1. 火灾探测器

火灾探测器是火灾自动报警系统的基本组成部分之一，它至少含有一个能够连续或以一定频率周期监视与火灾有关的适宜的物理和（或）化学现象的传感器，并且至少能够向控制和指示设备提供一个合适的信号，是否报火警可由探测器或控制和指示设备作出判断。火灾探测器可按探测火灾特征参数、监视范围、复位功能、可拆卸性等进行分类。

火灾探测器根据其探测火灾特征参数的不同，分为感温、感烟、感光、气体和复合五种基本类型。

① 感温火灾探测器，即响应异常温度、温升速率和温差变化等参数的探测器。

② 感烟火灾探测器，即响应悬浮在大气中的燃烧和（或）热解产生的固体或液体微粒的探测器，进一步可分为离子感烟、光电感烟、红外光束、吸气型等火灾探测器。

③ 感光火灾探测器，即响应火焰发出的特定波段电磁辐射的探测器，又称火焰探测器，进一步可分为紫外、红外等火灾探测器。

④ 气体火灾探测器，即响应燃烧或热解产生的气体的火灾探测器。

⑤ 复合火灾探测器，即将多种探测原理集于一身的探测器，进一步可分为烟温复合、红外紫外复合等火灾探测器。

此外，还有一些特殊类型的火灾探测器，包括：使用摄像机、红外热成像器件等视频设备或它们的组合方式获取监控现场视频信息，进行火灾探测的图像型火灾探测器；探测泄漏电流大小的漏电流感应型火灾探测器；探测静电电位高低的静电感应型火灾探测器；在一些特殊场合使用的，要求探测极其灵敏、动作极为迅速，通过探测爆炸产生的参数变化（如压力的变化）信号来抑制、消灭爆炸事故发生的微压差型火灾探测器；利用超声原理探测火灾的超声波火灾探测器等。

火灾探测器根据其监视范围的不同，分为点型火灾探测器和线型火灾探测器。

点型火灾探测器，即响应一个小型传感器附近的火灾特征参数的探测器。

线型火灾探测器，即响应某一连续路线附近的火灾特征参数的探测器。此外，还有一种多点型火灾探测器，即响应多个小型传感器（如热电偶）附近的火灾特征参数的探测器。

手动火灾报警按钮是火灾自动报警系统中不可缺少的一种手动触发器件，它通过手动操作报警按钮向火灾报警控制器发出火灾报警信号。手动火灾报警按钮按编码方式分为编码型报警按钮与非编码型报警按钮。

2. 火灾自动报警系统分类

火灾自动报警系统是火灾探测报警与消防联动控制系统的简称，是以实现火灾早期探测和报警，以及向各类消防设备发出控制信号并接收设备反馈信号，进而实现预定消防功能为基本任务的一种自动消防设施。火灾自动报警系统根据保护对象及设立的消防安全目标不同分为以下三类。

（1）区域报警系统　区域报警系统由火灾探测器、手动火灾报警按钮、火灾声光警报器、火灾报警控制器等组成，系统中可包括消防控制室图形显示装置和指示楼层的区域显示器。

（2）集中报警系统　集中报警系统由火灾探测器、手动火灾报警按钮、火灾声光警报器、消防应急广播、消防专用电话、消防控制室图形显示装置、火灾报警控制器、消防联动控制器等组成。

（3）控制中心报警系统　控制中心报警系统由火灾探测器、手动火灾报警按钮、火灾声光警报器、消防应急广播、消防专用电话、消防控制室图形显示装置、火灾报警控制器、消防联动控制器等组成，且包含两个及以上集中报警系统。

3. 火灾自动报警系统组成

火灾自动报警系统由火灾探测报警系统、消防联动控制系统组成。

（1）火灾探测报警系统组成

火灾探测报警系统由火灾报警装置、触发器件和火灾警报装置等组成，它能及时、准确地探测被保护对象的初起火灾，并作出报警响应，从而使建筑物中的人员有足够的时间在火灾尚未发展蔓延到危害生命安全的程度时疏散至安全地带，是保障人员生命安全的最基本的建筑消防系统。

① 触发器件。在火灾自动报警系统中，自动或手动产生火灾报警信号的器件称为触发器件，主要包括火灾探测器和手动火灾报警按钮。火灾探测器是能对火灾参数（如烟、温度、火焰辐射、气体浓度等）响应，并自动产生火灾报警信号的器件。手动火灾报警按钮是手动方式产生火灾报警信号、启动火灾自动报警系统的器件。

② 火灾报警装置。在火灾自动报警系统中，用于接收、显示和传递火灾报警信号，并能发出控制信号和具有其他辅助功能的控制指示设备称为火灾报警装置。火灾报警控制器就是其中最基本的一种。火灾报警控制器担负着为火灾探测器提供稳定的工作电源，监视探测器及系统自身的工作状态，接收、转换、处理火灾探测器输出的报警信号，进行声光报警，指示报警的具体部位及时间，同时执行相应辅助控制等诸多任务。

③ 火灾警报装置。在火灾自动报警系统中，用于发出区别于环境声、光的火灾警报信号的装置称为火灾警报装置。它以声、光和音响等方式向报警区域发出火灾警报信号，以警示人们迅速采取安全疏散、灭火救灾措施。

④ 电源。火灾自动报警系统属于消防用电设备，其主电源应当采用消防电源，备用电源可采用蓄电池。系统电源除为火灾报警控制器供电外，还为与系统相关的消防控制设备等供电。

（2）消防联动控制系统组成

消防联动控制系统由消防联动控制器、消防控制室图形显示装置、消防电气控制装置（如防火卷帘控制器、气体灭火控制器等）、消防电动装置、消防联动模块、消火栓按钮、消防应急广播设备、消防电话等设备和组件组成。在发生火灾时，消防联动控制器按设定的控制逻辑向消防供水泵、报警阀、防火门、防火阀、防烟排烟阀和通风等消防设施准确发出联动控制信号，实现对火灾警报、消防应急广播、应急照明及疏散指示系统、防烟排烟系统、自动灭火系统、防火分隔系统的联动控制，接收并显示上述系统设备的动作反馈信号，同时接收消防水池、高位水箱等消防设施的动态监测信号，实现对建筑消防设施的状态监视功能。

① 消防联动控制器。消防联动控制器是消防联动控制系统的核心组件。它通过接收

火灾报警控制器发出的火灾报警信息，按预设逻辑对建筑中设置的自动消防系统（设施）进行联动控制。消防联动控制器可直接发出控制信号，通过驱动装置控制现场的受控设备；对于控制逻辑复杂且在消防联动控制器上不便实现直接控制的情况，可通过消防电气控制装置（如防火卷帘控制器、气体灭火控制器等）间接控制受控设备，同时接收自动消防系统（设施）动作的反馈信号。

② 消防控制室图形显示装置。消防控制室图形显示装置用于接收并显示保护区域内的火灾探测报警及联动控制系统、消火栓系统、自动灭火系统、防烟排烟系统、防火门及防火卷帘系统、电梯、消防电源、消防应急照明和疏散指示系统、消防通信等各类消防系统及系统中的各类消防设备（设施）运行的动态信息和消防管理信息，同时还具有信息传输和记录功能。

③ 消防电气控制装置。消防电气控制装置的功能是控制各类消防电气设备，它一般通过手动或自动的工作方式来控制消防水泵、防烟排烟风机、电动防火门、电动防火窗、防火卷帘、电动阀等各类电动消防设施的控制装置及双电源互换装置，并将相应设备的工作状态反馈给消防联动控制器进行显示。

④ 消防电动装置。消防电动装置的功能是实现电动消防设施的电气驱动或释放，它包括电动防火门、窗，电动防火阀，电动防烟阀，电动排烟阀，气体驱动器等电动消防设施的电气驱动或释放装置。

⑤ 消防联动模块。消防联动模块是用于消防联动控制器和其所连接的受控设备或部件之间信号传输的设备，包括输入模块、输出模块和输入输出模块。输入模块的功能是接收受控设备或部件的信号反馈并将信号输入消防联动控制器中进行显示，输出模块的功能是接收消防联动控制器的输出信号并发送到受控设备或部件，输入输出模块则同时具备输入模块和输出模块的功能。

⑥ 消火栓按钮。消火栓按钮是手动启动消火栓系统的控制按钮。

⑦ 消防应急广播设备。消防应急广播设备由控制和指示装置、声频功率放大器、传声器、扬声器、广播分配装置、电源装置等部分组成，是在火灾或意外事故发生时通过控制功率放大器和扬声器进行应急广播的设备。它的主要功能是向现场人员通报火灾，指挥并引导现场人员疏散。

⑧ 消防电话。消防电话是用于消防控制室与建筑物中各部位之间通话的电话系统。它由消防电话总机、消防电话分机、消防电话插孔组成。消防电话是与普通电话分开的专用独立系统，一般采用集中式对讲电话，消防电话的总机设在消防控制室，分机分设在其他各个部位。其中，消防电话总机是消防电话的重要组成部分，能够与消防电话分机进行全双工语音通信；消防电话分机设置在建筑物中各关键部位，能够与消防电话总机进行全双工语音通信；消防电话插孔安装在建筑物各处，插上电话手柄就可以和消防电话总机通信。

4. 火灾自动报警系统的工作原理

在火灾自动报警系统中，火灾报警控制器和消防联动控制器是核心组件，是系统中火灾报警与警报的监控管理枢纽和人机交互平台。

（1）火灾探测报警系统的工作原理　火灾发生时，安装在保护区域现场的火灾探测器将火灾产生的烟雾、热量和光辐射等火灾特征参数转变为电信号，经数据处理后，将火灾特征参数信息传输到火灾报警控制器；或直接由火灾探测器作出火灾报警判断，将报警信息传输到火灾报警控制器。火灾报警控制器在接收到探测器的火灾特征参数信息或报警信息后，经报警确认判断，显示报警探测器的部位，记录探测器火灾报警的时间。处于火灾现场的人员，在发现火灾后可立即触动安装在现场的手动火灾报警按钮，手动火灾报警按钮便将报警信息传输到火灾报警控制器，火灾报警控制器在接收到手动火灾报警按钮的报警信息后，经报警确认判断，显示动作的手动火灾报警按钮的部位，记录手动火灾报警按钮报警的时间。火灾报警控制器在确认火灾探测器和手动火灾报警按钮的报警信息后，驱动安装在被保护区域现场的火灾警报装置，发出火灾警报，向处于被保护区域的人员警示火灾的发生。

（2）消防联动控制系统　火灾发生时，火灾探测器和手动火灾报警按钮的报警信号等联动触发信号传输到消防联动控制器，消防联动控制器按照预设的逻辑关系对接收到的触发信号进行识别判断，在满足逻辑关系条件时，消防联动控制器按照预设的控制时序启动相应的自动消防系统（设施），实现预设的消防功能；消防控制室的消防管理人员也可以通过操作消防联动控制器的手动控制盘直接启动相应的消防系统（设施），从而实现相应消防系统（设施）预设的消防功能。消防联动控制系统接收并显示消防系统（设施）动作的反馈信息。

案例分析

案例一：1996 年 1 月 26 日下午 4 时，天津某化工厂有人发现厂房中部的窗户冒黑烟，大声喊救火，正在办公的厂长和宿舍里的职工以及附近村民都赶来救火。当发现备料车间的氯酸钠冒烟时，决定从离厂房十几米的废水塘里拎水灭火，泼了几桶后无效，厂长便叫人赶快运沙子灭火，没等沙子运到，只听两声巨响，一股黑烟直冲天空，面积约 $500m^2$ 的厂房被夷为平地，前来救火的工人和村民死亡 19 人、受伤 14 人，直接经济损失 120 万元。

注：该厂是一家生产 6-溴-2,4-二硝基苯胺的村办企业，只有一座大厂房，内分 3 个车间。东车间生产中间产品 2,4-二硝基苯胺，中间车间为备料车间，堆放着一袋袋强氧化剂氯酸钠、溴化物和 2,4-二硝基苯胺。

结合案例一，分析事故中的主要易燃易爆物，并分析其危险性；分析发生火灾爆炸的原因并提出相应的预防措施。

案例二：2002 年 6 月 15 日，某地一危险化学品仓库发生大火时，不清楚库房内存有大量电石，救援队到场后，用水救火，导致燃烧速度加快，事故失控，部分有毒、有害化学品流入环境，不仅增加了损失，还污染了环境。

分析事故中的主要易燃易爆物及其危险性；分析发生火灾爆炸的原因并提出相应的预防措施。

案例三：2020 年 1 月 4 日，某石化公司合成橡胶厂聚丙烯车间，负责人在对罐内可燃气体采样分析含量达 1.33%，大大超出 0.2%的指标，丙烯和氧含量均不合格的情况下，违章安排 4 名民工清理高压丙烯回收罐和原料罐内的聚丙烯粉料，作业过程中民工用铁锹与罐壁摩擦产生火花，引起闪爆，2 名民工死亡，1 名重伤，1 名民工和 1 名监护人轻伤。

分析事故发生的原因，并提出正确的作业规程。

思考与讨论

1. 学习之前对火灾和爆炸的理解有哪些？

2. 学习后是否明确了学习防火防爆的意义？

3. 讨论如何将防火防爆的相关知识运用到实践中。

4. 通过学习，对照学习目标，自己收获了哪些知识点，提升了哪些技能？

5. 在学习过程中遇到哪些困难，借助哪些学习资源解决遇到的问题（例如：参考教材、文献资料、视频、动画、微课、标准、规范、课件等）？

6. 在学习过程中，采用了哪些学习方法强化知识、提升技能（例如：小组讨论、自主探究、案例研究、观点阐述、学习总结、习题强化等）？

7. 在小组学习中能否提出小组共同思考与解决的问题，这些问题是否在小组讨论中得到解决？

8. 学习过程中遇到哪些困难需要教师指导完成？

9. 还希望了解或掌握哪些方面的知识，希望通过哪些途径来获取这些资源？

第五章

电气安全技术

学习目标

1. 知识目标

① 掌握触电事故种类及触电事故方式。

② 掌握漏电保护器的工作原理。

③ 掌握静电产生原因及危害。

④ 了解雷电现象。

2. 能力目标

① 能通过保护措施，有效防止触电事故。

② 能正确开展触电急救。

③ 能采取正确的防静电措施。

④ 能采取正确的防雷措施。

3. 素质目标

① 具备安全作业、自我防护的意识与能力。

② 具备发现问题、分析问题和解决问题的能力。

③ 具备自我提升、终身学习的能力。

4. 思政目标

① 具有严谨求实、精益求精的工匠精神。

② 具有爱岗敬业的职业道德。

第一节　触电防护技术

一、触电事故种类和方式

1. 触电事故

人身直接接触电源，简称触电（electric shock）。人体能感知的触电与电压、接触时间、电流、电流通道、频率等因素有关。譬如人手能感知的最低直流点为 5～10mA，对 60Hz 交流的感知电流为 1～10mA。随着交流频率的提高，人体对其感知敏感度下降，当电流频率高达 15～20kHz 时，人体无法感知电流。

（1）电流的种类和频率　电流的种类和频率不同，触电的危险性也不同。根据实验可以知道，交流电比直流电危险程度略大一些，频率很低或者很高的电流触电危险性比较小一些。电流的高频集肤效应使得高频情况下电流大部分流经人体表皮，避免了内脏的伤害，所以生命危险小些。但是集肤效应会导致表皮严重烧伤。不同频率的电流对人体的危害程度见表 5-1。

表 5-1　不同频率的电流对人体的危害程度

电流频率/Hz	对人体的危害程度	电流频率/Hz	对人体的危害程度
10～25	50%的死亡率	120	31%的死亡率
50	95%的死亡率	200	22%的死亡率
50～100	45%的死亡率	500	14%的死亡率

（2）电流通过的途径　触电对人体的危害，主要是由电流通过人体一定路径引起的。电流通过头部会使人昏迷，电流通过脊髓会使人截瘫，电流通过中枢神经会引起中枢神经系统严重失调而导致死亡。

（3）电流大小及触电时间长短　人体允许通过的电流强度与人体重量、触电时间的长短有关。触电时流入人体电流的大小一旦超过应有的界限，便开始产生所谓触电的知觉，此时的电流一般称感觉电流。感觉电流即使在体内作用相当长的时间，也不产生影响。脉冲电流在 40～90mA，直流电流在 50mA 以下对人体是安全的，呼吸肌稍收缩，对心脏无损伤。超过一定量的电流流入人体时，能引起手足的肌肉硬直，丧失活动能力。过量电流通过心脏时，引起心室纤维颤动，甚至会停止心跳。电流通过中枢神经时，可能引起呼吸中枢抑制及心血中枢衰竭，触电后呼吸肌痉挛性收缩而引起窒息。电流的热效应，也可能使触电的人体组织损伤、烧伤、产生坏死等。触电时，对人体产生各种生理影响的主要因素是电流的大小。电流对人体作用的实验数据见表 5-2。但电击时间也是很重要的一个因素。如直流 50mA 以下的数值对人体是安全的，但并不是绝对安全，人体所能承受的电流常常和电击时间有关，如果电击时间极短，人体能耐受高得多的电流而不致造成伤害；反之电击时间很长时，即使电流小到 8～10mA，也可能使人致命。

表 5-2 电流对人体作用的实验数据

电流/mA	交流电（50～60Hz）	直流电
0.6～1.5	手指开始感觉麻刺	无感觉
2～3	手指感觉强烈麻刺	无感觉
5～7	手指感觉肌肉痉挛	感到灼热和刺痛
8～10	手指关节与手掌感觉痛，手难以脱离	灼热增加
20～25	手指感觉剧痛、迅速麻痹、不能摆脱电流、呼吸困难	灼热更增，手的肌肉开始痉挛
50～80	呼吸麻痹、心室开始震颤	强烈灼痛、手的肌肉痉挛、呼吸困难
90～100	呼吸麻痹，持续 3s 或更长时间后心脏麻痹或心房停止跳动	呼吸麻痹

(4) 人体阻抗　人体阻抗取决于一定因素，特别是电流路径、接触电压、电流持续时间、频率、皮肤潮湿度、接触面积、施加的压力和温度等。在工频电压下，人体的阻抗随接触面积增大、电压愈高，而变得愈小。国际电工委员会（IEC）综合了历年来关于人体阻抗的研究成果，严密审查了大量尸体的实测数据，得出人体在 50～60Hz 交流电时，成人的人体阻抗在 1000Ω 左右。

(5) 电压大小　安全电压（即允许接触电压）和人体阻抗有关。IEC 标准将特低电压（特指交流 50V，直流 120V 的安全电压）用电设备的接触电压限制规定为三类：第一类是干燥环境内（如卧室、办公室）为 48V；第二类是潮湿环境内（如农田、施工现场）为 24V；第三类是水下（如游泳池、喷水池、浴池）为 12V 或 6V。

2. 触电事故的种类

触电事故分为两类：一类叫“电击”；另一类叫“电伤”。

(1) 电击　电击是指电流通过人体时所造成的内部伤害，它会破坏人的心脏、呼吸及神经系统的正常工作，甚至危及生命。

其根本原因是指在低压系统通电电流不大且时间不长的情况下，电流引起人的心室颤动，是电击致死的主要原因；在通过电流虽较小，但时间较长情况下，电流会造成人体窒息而导致死亡。绝大部分触电死亡事故都是电击造成的，日常所说的触电事故，基本上多指电击。

电击可分为直接电击与间接电击两种。

直接电击指人体直接触及正常运行的带电体所发生的电击（如图 5-1 所示）；间接电击指电气设备发生故障后，人体触及该意外带电部分所发生的电击（如图 5-2 所示）。

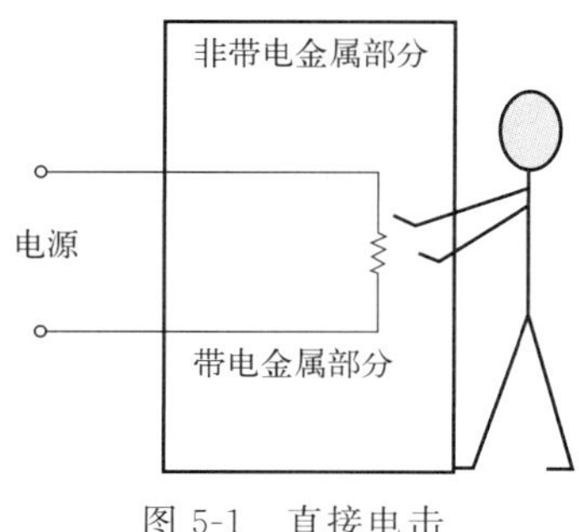

图 5-1　直接电击

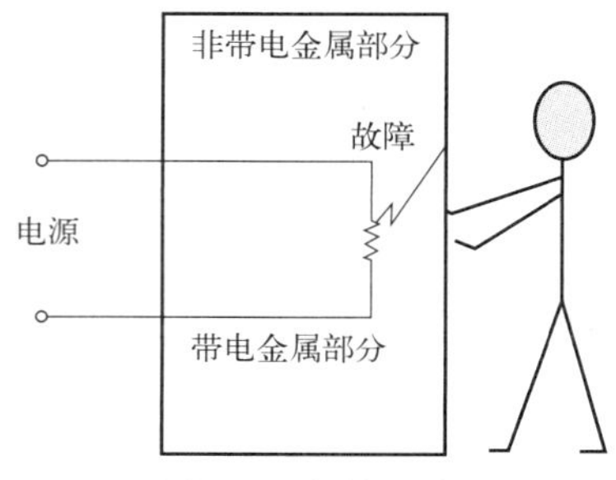

图 5-2　间接电击

直接电击多数发生在误触相线、刀闸或其他设备带电部分；间接电击大都发生在大风刮断架空线或接户线后，搭落在金属物或广播线上，相线和电杆拉线搭连，电动机等用电设备的线圈绝缘损坏而引起外壳带电等情况。

当人体接触电流时，轻者立刻出现惊慌、呆滞、面色苍白，接触部位肌肉收缩，且有头晕、心动过速和全身乏力。重者出现昏迷、持续抽搐、心室纤维颤动、心跳和呼吸停止。有些严重电击患者当时症状虽不严重，但在 1h 后可突然恶化。

有些患者触电后，心跳和呼吸极其微弱，甚至暂时停止，处于“假死状态”，因此要认真鉴别，不可轻易放弃对触电患者的抢救。

（2）电伤　电伤是指电流的热效应、化学效应或机械效应对人体造成的伤害。

① 电弧烧伤：也叫电灼伤，它是最常见也是最严重的一种电伤，多由电流的热效应引起，具体症状是皮肤发红、起泡，甚至皮肉组织被破坏或烧焦。

② 电烙印：当载流导体较长时间接触人体时，因电流的化学效应和机械效应作用，接触部分的皮肤会变硬并形成圆形或椭圆形的肿块痕迹，如同烙印一般。

③ 皮肤金属化：由于电流或电弧作用（熔化或蒸发）产生的金属微粒渗入人体皮肤表层而引起，使皮肤变得粗糙坚硬并呈青黑色或褐色。

3. 触电事故的方式

按照人体触及带电体的方式和电流流过人体的途径，电击可分为低压触电和高压触电。其中低压触电可分为单线触电和双线触电，高压触电可分为高压电弧触电和跨步电压触电。

（1）单线触电　当人体直接碰触带电设备其中的一线时，电流通过人体流入大地，这种触电现象称为单线触电。对于高压带电体，人体虽未直接接触，但由于超过了安全距离，高电压对人体放电，造成单相接地而引起的触电，也属于单线触电。低压电网通常采用变压器低压侧中性点直接接地和中性点不直接接地（通过保护间隙接地）的接线方式。图 5-3 及图 5-4 分别为中性点直接接地单相触电和中性点不接地单相触电示意图。

（2）双线触电　人体同时接触带电设备或线路中的两相导体，或在高压系统中，人体同时接近不同相的两相带电导体，而发生电弧放电，电流从一相导体通过人体流入另一相导体，构成一个闭合电路，这种触电方式称为双线触电。发生双线触电时，作用于人体上的电压等于线电压，这种触电是最危险的（图 5-5）。

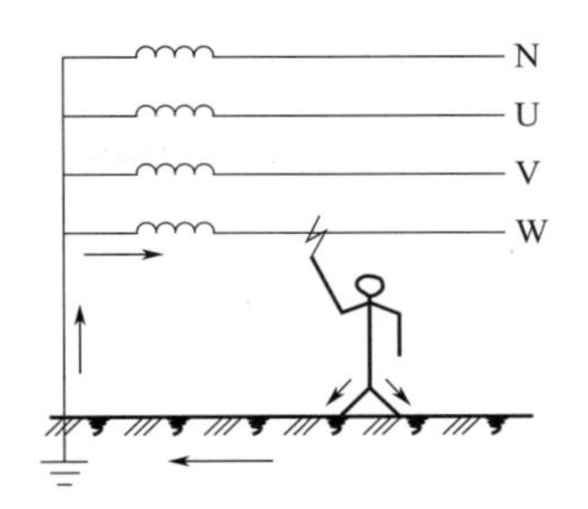

图 5-3 中性点直接接地单相触电

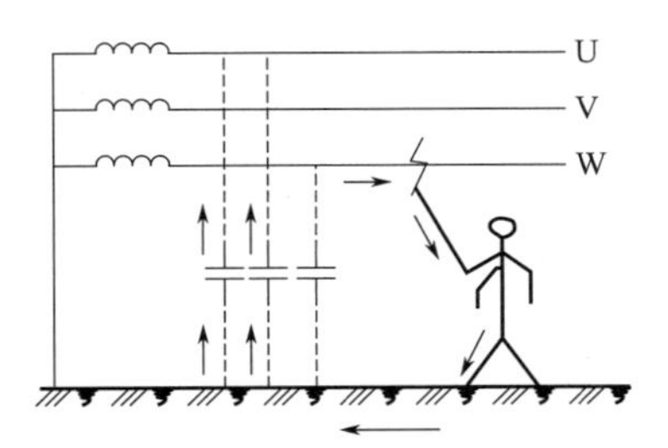

图 5-4 中性点不接地单相触电

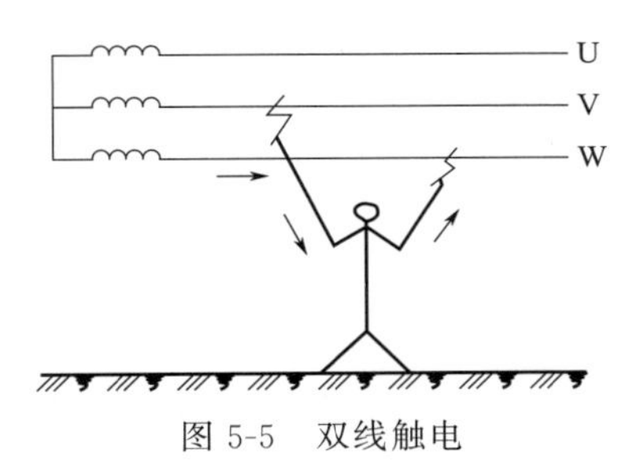

图 5-5 双线触电

(3) 高压电弧触电 高压电弧触电是指人靠近高压线（高压带电体），造成弧光放电而触电。电压越高，对人身的危险性越大。干电池的电压只有 1.5V，对人不会造成伤害；家庭照明电路的电压是 220V，就已经很危险了；高压输电线路的电压高达几万伏甚至几十万伏，由于电压过高，即使不接触高压输电线路，在接近过程中人会看到一瞬的闪光（就是弧光），并被高压击倒触电受伤或死亡，也就是弧光放电。

(4) 跨步电压触电 当电气设备发生接地故障，接地电流通过接地体向大地流散，在地面上形成电位分布时，若人在接地短路点周围行走，其两脚之间的电位差，就是跨步电压。由跨步电压引起的人体触电，称为跨步电压触电（图 5-6）。跨步电压的大小受接地电流大小、鞋和地面特征、两脚之间的跨距、两脚的方位以及离接地点的远近等很多因素的影响。人的跨距一般按 0.8m 考虑。由于跨步电压受很多因素的影响以及由于地面电位分布的复杂性，几个人在同一地带（如同一棵大树下或同一故障接地点附近）遭到跨步电压电击时，完全可能出现截然不同的后果。

图 5-6　跨步电压触电

二、触电防护措施

为了有效防止触电事故，可采用绝缘、屏护和间距、保护接地或接零、保护切断等技术或措施。

1. 绝缘

绝缘是用绝缘物把带电体封闭起来。该绝缘物只有遭到破坏时才失效。绝缘材料的体积电阻率一般在 $10^7\Omega/m^3$ 以上。新装和大修后的低压线路和设备，绝缘电阻不应低于0.5MΩ；运行中的线路和设备不应低于每伏工作电压1000Ω；在潮湿环境运行的不应低于每伏工作电压500Ω。控制线路一般不应低于1MΩ；潮湿环境的可降低为0.5MΩ。

高压如35kV的线路和设备，其绝缘电阻不应低于1000～2500MΩ。架空线路每个绝缘子的绝缘电阻不应低于300MΩ。运行中电缆的绝缘电阻应根据其额定电压设定在300～1500MΩ之间。变压器在投入运行前，其绝缘电阻不应低于出厂时的70%。如测得变压器绝缘电阻低于出厂后的试验值的70%，应根据有关规定对绝缘油作耐压强度及其他试验。高压交流的定子绝缘电阻不应低于每千伏工作电压1MΩ；转子绝缘电阻不应低于每千伏工作电压0.5MΩ。FS型避雷器的绝缘电阻不应低于2500MΩ。

绝缘物由于击穿、损伤、老化会失去或降低绝缘性能。绝缘物在强电场等因素作用下完全失去绝缘性能的现象称为击穿。气体击穿后能自己恢复绝缘性能；液体击穿后能基本上恢复或一定程度上恢复绝缘性能；固体击穿后不能恢复绝缘性能。损伤是指绝缘物由于腐蚀性气体、蒸汽、潮气、粉尘及机械等因素而受到损伤，降低甚至失去绝缘性能。老化是指绝缘物在电、热等因素作用下，力学性能等逐渐恶化。带电体的绝缘材料若被击穿、损伤或老化，就会有电流泄漏发生。

对于安全要求较高的设备或器具，如绝缘手套、绝缘靴、绝缘垫等电工安全用具，阀型避雷器、变压器、电力电缆等高压设施，某些日用电器和电动工具应定期进行泄漏电流试验，及时发现绝缘材料的硬伤、脆裂等内部缺陷。同时，还应定期对绝缘物作介质损耗试验，采取有力措施保证绝缘物的绝缘性能。

2. 屏护和间距

屏护是借助屏障物防止触及带电体。屏护装置包括护栏和障碍，可以防止触电，也可以防止电弧烧伤和弧光短路等事故。屏护装置所用材料应该有足够的机械强度和良好的耐火性能，可根据现场需要制成板状、网状或栅状。

护栏高度不应低于 1.7m，下部边缘离地面不应超过 0.1m。金属屏护装置应采取接零或接地保护措施。护栏应具有永久性特征，必须使用钥匙或工具才能移开；障碍也必须牢固，不得随意移开。屏护装置上应悬挂“高压危险”的警告牌，并配置适当的信号装置和联锁装置。

间距是将带电体置于人和设备所及范围之外的安全措施。带电体与地面之间、带电体与其他设备或设施之间、带电体与带电体之间均应保持必要的安全距离。间距可以用来防止人体、车辆或其他物体触及或过分接近带电体，间距还有利于检修安全和防止电气火灾及短路等各类事故。应该根据电压高低、设备类型、环境条件及安装方式等决定间距大小。

架空线路与地面和水面应保持一定的安全距离。架空线路应避免跨越建筑物，尤其是有可燃材料屋顶的建筑物。架空线路与建筑物之间也应有一定的安全距离。架空线路与有爆炸、火灾危险的厂房之间应保持一定的防火间距。几种线路同杆架设时，电力线路必须位于线路的上方，高压线路必须位于低压线路的上方。线路之间、线路导线之间的间距也应符合安全要求。

常用电器开关的安装高度为 1.3～1.5m，贴墙平开关离地面高度可取 1.4m。室内吊灯灯具高度应大于 2.5m，受条件限制时可减为 2.2m。户外照明灯具高度不应小于 3m，墙上灯具高度允许减为 2.5m。

为了防止人体接近带电体，带电体安装时必须留有足够的检修间距。在低压操作中，人体及其所带工具与带电体的距离不应小于 0.1m；在高压无遮拦操作中，人体及其所带工具与带电体之间的最小距离视工作电压，不应小于 0.7～1.0m。

3. 保护接地或接零

（1）保护接地　将电器不带电的金属外壳用导线和接地极与大地连接起来，使保持其与大地等电位，这样即使电器内部绝缘损坏，其漏电电流通过接地系统流入大地，而金属外壳没有电压存在，人体接触后就不会发生危险（图 5-7）。但是，这种方法只适用于三相三线制的供电系统，没有中性线，中性点也不直接接地，同时切记不能将接地线随意就近接在暖气、煤气管道上，否则会带来其他危险。

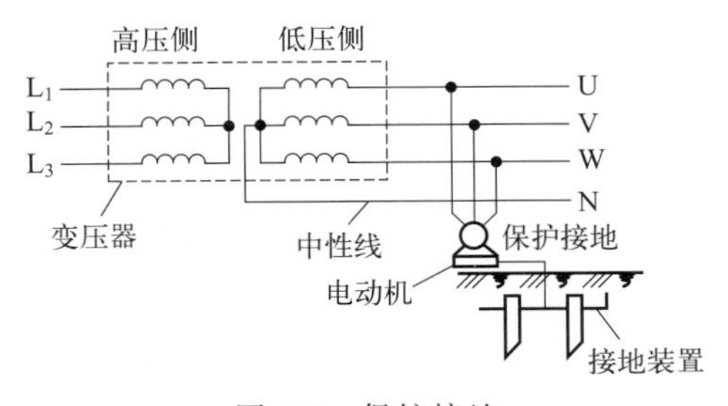

图 5-7　保护接地

（2）保护接零　适用于三相四线，中性线直接接地的供电系统，将家用电器不带电金属外壳与供电线路的零线连接起来（图 5-8）。一旦带电导体绝缘损坏，其相线、金属外壳、零线构成短路回路，产生很大的短路电流，足以将熔断器熔断，或自动开关过流动作跳开，迅速切断电源消除了触电危险。目前国内生活供电，多为三相四线中性点直接接地系统，因此这种方法也被广泛采用。

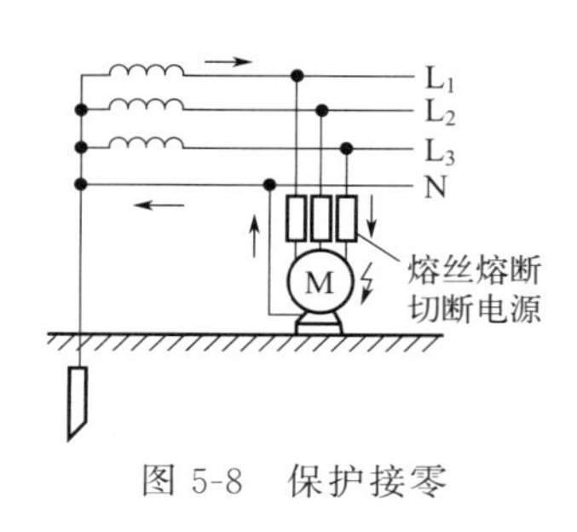

图 5-8 保护接零

（3）保护切断 由于电气短路使电源侧的熔断器熔断，或自动开关跳开，从而切断电源，这是建立在发生大电流基础上的保护切断。除此之外，近期国内外作为保护切断的防护方法，是根据家用电器不带电金属外壳出现高于安全电压时，则立即切断电源，或出现大于安全值的漏电流时，则立即切断电源。作为专门保护人身安全，防止触电事故的保护切断方法，这非常有效。

① 电压型触电保护：这种保护开关是以家用电器不带电金属外壳对地电压作为动作信号，只要金属外壳由于带电导体绝缘降低，出现漏电，并且在数值上达到人体接触安全电压时，保护开关立即动作，并且将电源侧的自动开关断开，切断电源。

② 电流型触电保护：这种保护开关是以家用电器不带电金属外壳对地产生漏电流作为动作信号，正常状态下，单相电源（220V）的相线（俗称火线）和工作零线所流过的电流，大小相等方向相反，保护开关没有信号，如果相线因其绝缘降低而产生漏电，其漏电流经过家用电器金属外壳、人体（或其他物体），保护接地线，而不经过工作零线，且漏电流在数值上接近人体接触安全电流极限值，保护开关动作，并且将电源侧的自动开关跳开，切断电源。

三、漏电保护器

漏电保护器，简称漏电开关，又叫漏电断路器，主要是用来在设备发生漏电故障时以及对有致命危险的人身触电保护，具有过载和短路保护功能，可用来保护线路或电动机的过载和短路，亦可在正常情况下作为线路的不频繁转换启动之用。

漏电保护器

漏电保护器在反应触电和漏电保护方面具有高灵敏性和动作快速性，这是其他保护电器，如熔断器、自动开关等无法比拟的。自动开关和熔断器正常时要通过负荷电流，他们的动作保护值要超越正常负荷电流来整定，因此他们的主要作用是用来切断系统的相间短路故障（有的自动开关还具有过载保护功能）。漏电保护器是利用系统的剩余电流反应和动作，正常运行时系统的剩余电流几乎为零，故它的动作整定值可以整定得很小（一般为 mA 级），当系统发生人身触电或设备外壳带电时，出现较大的剩余电流，漏电保护器则通过检测和处理这个剩余电流后可靠地动作，切断电源。

电气设备漏电时，将呈现异常的电流或电压信号，漏电保护器通过检测、处理此异常电流或电压信号，促使执行机构动作。把根据故障电流动作的漏电保护器叫电流型漏电保护器，根据故障电压动作的漏电保护器叫电压型漏电保护器。由于电压型漏电保护器结构复杂，受外界干扰动作特性稳定性差，制造成本高，现已基本淘汰。国内外漏电保护器的研究和应用均以电流型漏电保护器为主导地位。

电流型漏电保护器是以电路中零序电流的一部分（通常称为残余电流）作为动作信号，且多以电子元件作为中间机构，灵敏度高，功能齐全，因此这种保护装置得到越来越广泛的应用。电流型漏电保护器的构成分四部分。

① 检测元件。检测元件可以说是一个零序电流互感器。被保护的相线、中性线穿过环形铁心，构成了互感器的一次线圈 N1，缠绕在环形铁芯上的绕组构成了互感器的二次线圈 N2，如果没有漏电发生，这时流过相线、中性线的电流向量和等于零，因此在 N2 上也不能产生相应的感应电动势。如果发生了漏电，相线、中性线的电流向量和不等于零，就使 N2 上产生感应电动势，这个信号就会被送到中间环节进行进一步的处理。

② 中间环节。中间环节通常包括放大器、比较器、脱扣器，当中间环节为电子式时，中间环节还要辅助电源来提供电子电路工作所需的电源。中间环节的作用就是对来自零序互感器的漏电信号进行放大和处理，并输出到执行机构。

③ 执行机构。该结构用于接收中间环节的指令信号，实施动作，自动切断故障处的电源。

④ 试验装置。由于漏电保护器是一个保护装置，因此应定期检查其是否完好、可靠。试验装置就是通过试验按钮和限流电阻的串联，模拟漏电路径，以检查装置能否正常动作。

四、触电急救

人触电后，电流可能直接流过人体的内部器官，导致心脏、呼吸和中枢神经系统机能紊乱，形成电击；或者电流的热效应、化学效应和机械效应对人体的表面造成电伤。无论是电击还是电伤，都会带来严重的伤害，甚至危及生命。因此，触电的现场急救方法已是大家必须熟练掌握的急救技术。

1. 脱离电源

发生了触电事故，切不可惊慌失措，要立即使触电者脱离电源。使触电者脱离低压电源应采取的方法：①就近拉开电源开关，拔出插销或保险，切断电源。要注意单极开关是否装在火线上，若是错误装在零线上不能认为已切断电源。②用带有绝缘柄的利器切断电源线。③找不到开关或插头时，可用干燥的木棒、竹竿等绝缘体将电线拨开，使触电者脱离电源。④可用干燥的木板垫在触电者的身体下面，使其与地绝缘。如遇高压触电事故，应立即通知有关部门停电。要因地制宜，灵活运用各种方法，快速切断电源。

2. 现场救护

① 若触电者呼吸和心跳均未停止，此时应将触电者躺平就地，安静休息，不要让触

电者走动，以减轻心脏负担，并应严密观察呼吸和心跳的变化。

② 若触电者心跳停止、呼吸尚存，则应对触电者做胸外按压。

③ 若触电者呼吸停止、心跳尚存，则应对触电者做人工呼吸。

④ 若触电者呼吸和心跳均停止，应立即按心肺复苏方法进行抢救。

3. 注意事项

① 动作一定要快，尽量缩短触电者的带电时间。

② 切不可用手或金属和潮湿的导电物体直接触碰触电者的身体或与触电者接触的电线，以免引起抢救人员自身触电。

③ 解脱电源的动作要用力适当，防止因用力过猛将带电电线击伤在场的其他人员。

④ 在帮助触电者脱离电源时，应注意防止触电者被摔伤。

⑤ 进行人工呼吸或胸外按压抢救时，不得轻易中断。

第二节　静电防护技术

一、认识静电

1. 定义

所谓静电，就是一种处于静止状态的电荷或者说不流动的电荷（流动的电荷就形成了电流）。当电荷聚集在某个物体上或表面时就形成了静电，而电荷分为正电荷和负电荷两种，也就是说静电现象也分为两种即正静电和负静电。当正电荷聚集在某个物体上时就形成了正静电，当负电荷聚集在某个物体上时就形成了负静电，但无论是正静电还是负静电，当带静电物体接触零电位物体（接地物体）或与其有电位差的物体时都会发生电荷转移，就是我们日常见到的火花放电现象。例如北方冬天天气干燥，人体容易带上静电，当接触他人或金属导电体时就会出现放电现象。人会有触电的针刺感，夜间能看到火花，这是化纤衣物与人体摩擦使人体带上正静电的原因。（橡胶棒与毛皮摩擦，橡胶棒带负电，毛皮带正电）。

静电并不是静止的电，是宏观上暂时停留在某处的电。人在地毯或沙发上立起时，人体电压也可高达 1 万多伏，而橡胶和塑料薄膜行业的静电更是可高达 10 多万伏。

2. 产生原因

任何物质都是由原子组合而成，而原子的基本结构为质子、中子及电子。科学家们将质子定义为正电，中子不带电，电子带负电。在正常状况下，一个原子的质子数与电子数相同，正负电平衡，所以对外表现出不带电的现象。但是由于外界作用如摩擦或以各种能量如动能、位能、热能、化学能等的形式作用会使原子的正负电不平衡。在日常生活中所说的摩擦实质上就是一种不断接触与分离的过程。有些情况下不摩擦也能产生静电，如感应静电起电，热电和压电起电，亥姆霍兹层、喷射起电等。任何两个不同材质的物体接触后再分离，即可产生静电，而产生静电的普遍方法，就是摩擦生电。材料的绝缘性越好，越容易产生静电。因为空气也是由原子组合而成，所以可以这么说，在人们生活的任何时间、任何地点都有可能产生静电。要完全消除静电几乎不可能，但可以采取一些措施控制静电使其不产生危害。

静电是通过摩擦引起电荷的重新分布而形成的，也有由于电荷的相互吸引引起电荷的重新分布形成。一般情况下原子核的正电荷与电子的负电荷相等，正负平衡，所以不显电性。但是如果电子受外力而脱离轨道，造成不平衡电子分布，比如实质上摩擦起电就是一种造成正负电荷不平衡的过程。当两个不同的物体相互接触并且相互摩擦时，一个物体的电子转移到另一个物体，就因为缺少电子而带正电，而另一个得到一些剩余电子的物体而带负电，物体带上了静电。

3. 静电危害

静电的危害很多，它的第一种危害来源于带电体的互相作用。在飞机机体与雾气、灰尘等微粒摩擦时会使飞机带电，如果不采取措施，将会严重干扰飞机无线电设备的正常工作，使飞机变成聋子和瞎子；在印刷厂里，纸页之间的静电会使纸页黏合在一起，难以分开，给印刷带来麻烦；在制药厂里，由于静电吸引尘埃，会使药品达不到标准的纯度；在放电视时荧屏表面的静电容易吸附灰尘和油污，形成一层尘埃的薄膜，使图像的清晰程度和亮度降低；混纺衣服上常见而又不易拍掉的灰尘，也是静电捣的鬼。静电的第二大危害，是有可能因静电火花点燃某些易燃物体而发生爆炸。漆黑的夜晚，人们脱尼龙、毛料衣服时，会发出火花和“叭叭”的响声，这对人体基本无害。但在手术台上，电火花会引起麻醉剂的爆炸，伤害医生和病人；在煤矿，则会引起瓦斯爆炸，会导致工人死伤，矿井报废。总之，静电危害起因于静电力和静电火花，静电危害中最严重的静电放电引起可燃物的起火和爆炸。

人们常说，防患于未然，防止产生静电的措施一般都是降低流速和流量，改造起电强烈的工艺环节，采用起电较少的设备材料等。最简单又最可靠的办法是用导线把设备接地，这样可以把电荷引入大地，避免静电积累。细心的乘客大概会发现，在飞机的两侧翼尖及飞机的尾部都装有放电刷，飞机着陆时，为了防止乘客下飞机时被电击，飞机起落架上大都使用特制的接地轮胎或接地线，以泄放掉飞机在空中所产生的静电荷。我们还经常看到油罐车的尾部拖一条铁链，这就是车的接地线。适当增加工作环境的湿度，让电荷随时放出，也可以有效地消除静电。潮湿的天气里不容易做好静电试验，就是这个道理。科研人员研究的抗静电剂，能很好地消除绝缘体内部的静电。然而，任何事物都有两面性。对于静电这一隐蔽的捣蛋鬼，只要摸透了它的脾气，扬长避短，也能让它为人类服务。比如，静电印花、静电喷涂、静电植绒、静电除尘和静电分选技术等，已在工业生产和生活中得到广泛应用。静电也开始在淡化海水、喷洒农药、人工降雨、低温冷冻等许多方面大显身手，甚至在宇宙飞船上也安装有静电加料器等静电装置。

二、化工防静电措施

防范静电的主要途径有接地，增湿，加入抗静电剂，运用静电消除器，控制工艺的生产制造过程，使用不易产生静电的材料，减少静电的产生等方面的措施。化工企业防范静电主要措施包括以下几方面。

1. 静电接地

（1）固定设备

① 固定设备外壳，应进行静电接地，固定设备与接地线或连接线采用螺栓连接。

② 当设备较大时，其接地点应不少于2处，接地点应沿设备外围均匀布置。

③ 在设备、管道上用作机械固定用的金属螺栓，可兼作被固定物体的静电连接用。震动、频繁移动器件的接地支线，应先用截面积≥$16mm^2$的铜芯绞线。有软连接的几个设备之间应采用铜芯软绞线接。

④ 皮带传动的机组及其防护罩，均应接地。

⑤ 与地绝缘的金属部件（法兰盘、胶管接头）应采用软铜芯绞线或铜编织线连接。

⑥ 储藏、生产化工物品的房间及场所应设置防静电端子板，所有设备的外壳及防静电地板均应与其连接，接地电阻≤1Ω。

⑦ 储藏、生产化工物品的房间在干燥季节应设置加湿装置，以保证场所的湿润。

（2）管网系统

① 装置区中各个相对独立的管网，可通过与工艺设备金属外壳连接，进行静电接地。

② 管网在进出装置区处、不同爆炸危险环境的边界、管道分岔处的管道应进行可靠接地，接地间距不大于50m。

③ 金属管道相互连接或跨接时，除做防静电接地外，还应用金属编织带进行跨接。

④ 当金属法兰盘采用金属螺栓或卡子紧固时，一般可不必另设防静电接地，但应保证至少有5个螺栓进行加固，同时两者之间的过渡电阻不大于0.03Ω。

（3）移动物体

① 汽车、槽车宜携带一段已与车体连接的专用接地电缆，以便化工物品装卸时，进行接地，接地电阻不大于100Ω。

② 火车槽车除通过接地钢轨进行接地外，在装卸作业前，有关车体还应加专用的接地连接线。

③ 油轮与码头区的接地端头之间，应有两处相连。油轮上的各种金属构件、管线等，应连成导电整体。

④ 各种装载易燃易爆物品的容器，如桶、瓶等，应放置在导电的地坪上，导电地坪应无绝缘油垢，且应与接地线相连。

（4）人体静电防护接地

冬季天气干燥，人的皮肤变干燥，加上穿的化纤质衣服比较多，很容易产生静电，一旦操作不当就会引发安全事故。静电危害的防范措施主要是减少静电的产生，设法导走或消除静电，防止静电放电等。其方法主要有接地法、工艺控制法。

化工企业的操作人员应穿戴防静电工作服、导电鞋、工作帽等劳保用品；上岗前应把静电释放掉，在易燃易爆场所的入口处，增设静电释放接地拉手或扶手，通过触摸方式消除人体静电；严禁在危险岗位穿脱衣服或用易燃溶剂擦搓衣服；工作中戴导电或不易产生静电的手套，以消除或减少静电的危害；在易燃易爆岗位或易产生静电的场所，员工必须着防静电服，不允许穿易产生静电的服装和鞋靴，不准穿、脱衣服鞋靴；巡检时不准携带与工作无关的金属物品。

2. 工艺控制

危险化学品在管道中流动所产生的静电量，与流速的二次方成正比。降低流速便降低了摩擦程度，可减少静电的产生。主要控制措施有：限制物料的输送速度，管径增大，速度要放慢，一般情况下不要超过 4.5m/s；灌装液体物料时，从底部进入或将注入管伸入容器底部；必须按操作规程控制反应釜内易燃液体的搅拌速度；在灌装过程中，禁止进行检尺、取样、测温等现场操作，应静置一段时间后方可进行操作，设备和管道应选用适当的材料，尽量使用金属材料，少用或不用塑料管；采用惰性气体保护等。

第三节　雷电防护技术

一、认识雷电

大气中的水蒸气是雷云形成的内因，雷云的形成也与自然界的地形以及气象条件有关。

1. 热雷电

热雷电是夏天经常在午后发生的一种雷电，经常伴有暴雨或冰雹。热雷电形成很快，持续时间不长（1～2h）；雷区长度不超过 200～300km，宽度不超过几十千米。热雷电形成必须具备以下条件。

① 空气非常潮湿，空气中的水蒸气已近饱和，这是形成热雷电的必要因素。

② 晴朗的夏天、烈日当头，地面受到持久暴晒，靠近地面的潮湿空气的温度迅速提高，人们感到闷热，这是形成热雷电的必要条件。

③ 无风或小风，造成空气湿度和温度不均匀。无风或小风的原因可能是当地气流变化不大，也可能是地形的缘故（如山中盆地）。

上述条件逐渐形成云层，同时云层因极化而形成雷云。出现上述条件的地点多在内陆地带，尤其是山谷、盆地。

2. 冷锋雷电

强大的冷气流或暖气流同时侵入某处，冷暖空气接触的锋面或附近可产生冷锋雷电。

① 冷锋雷（或叫寒潮雷）的形成。强大的冷气流由北向南入侵时，因冷空气较重，所以冷气流就像一个楔子插到原来较暖而潮湿的空气下面，迫使暖空气上升，热而潮的空气上升到一定高度，水蒸气达到饱和，逐渐形成雷云。冷锋雷是雷电中最强烈的一种，通常都伴随着暴雨，危害很大。这种雷雨一般沿锋面几百千米长、20～60km 宽的带形地区发展，锋面移动速度 50～60km/h，最高可达 100km/h。

② 暖锋雷（或叫热潮雷）的形成。当暖气流移动到冷空气地区，逐渐爬到冷空气上面引起暖锋雷。它的发生一般比冷锋雷缓和，很少发生强烈的雷雨。

3. 地形雷电

地形雷电一般出现于地形空旷地区，它的规模较小，但比较频繁。

二、防雷抑制措施

防雷是一个很复杂的问题，必须针对雷害入侵途径，对各类可能产生雷击的因素进行排除，采用综合防治——接闪、均压、屏蔽、接地、分流（保护），才能将雷害减少到最低限度。

1. 接闪装置

接闪装置就是我们常说的避雷针、避雷带、避雷线或避雷网，接闪就是使在一定程度范围内出现的闪电放电，不能任意地选择放电通道，而只能按照人们事先设计的防雷系统的规定通道，将雷电能量泄放到大地中去。

2. 等电位连接

为了彻底消除雷电引起的毁坏性电位差，就特别需要实行等电位连接，电源线、信号线、金属管道等都要通过过压保护器进行等电位连接，各个内层保护区的界面处同样要依此进行局部等电位连接，并最后与等电位连接母排相连。

3. 屏蔽

屏蔽就是利用金属网、箔、壳或管子等导体把需要保护的对象包围起来，使雷电电磁脉冲波入侵的通道全部截断。所有的屏蔽套、壳等均需要接地。

4. 接地

接地就是使已进入防雷系统的闪电电流顺利地流入大地，而不能让雷电能量集中在防雷系统的某处对被保护物体产生破坏作用，良好的接地才能有效地泄放雷电能量，降低引下线上的电压，避免发生反击。

5. 分流

分流就是在一切从室外来的导体与防雷接地装置或接地线之间并联一种适当的避雷器，当直击雷或雷击效应在线路上产生的过电压波沿这些导线进入室内或设备时，避雷器的电阻突然降到低值，近于短路状态，雷电电流就由此处分流入地了。

6. 电离防雷装置

电离防雷装置是利用雷云的感应作用，或采取专门的措施，在电离装置附近形成强电场，使空气电离。

三、化工生产装置及储罐的防雷措施

1. 生产装置的防雷措施

雷击产生的强烈的热效应、机械效应，对化工生产装置及罐区内储存的易燃易爆物品均会产生巨大的破坏作用，极易造成易燃易爆物品的燃烧和爆炸，因此生产现场的一切设备和管道均应接地。金属管道的出、入口，管道平行或交叉处，管道各连接处，应用导线跨接并使之妥善接地。化工生产装置内的金属屋顶，应沿周边相隔 15m 处用引下线与接地线相连。对于钢筋混凝土屋顶，在施工时，应把钢架焊成一个整体，并每隔 15m 用引下线与接地线相连。为防止“雷电反击”发生，应使防雷装置与建筑物金属导体间的绝缘介质闪络电压大于反击电压。平行输送易燃液体的管道，相距小于 10 cm 时，应沿管长每隔 20m 用导线把管子连接起来。对化工装置及其建筑所用供电线路，全部采用电缆埋地引入供电，或在进入建筑物前 50～100m 的电线改为电缆埋地引入供电。在电缆与架空线连接处，装设阀型避雷器，并将避雷器、电缆金属外皮和绝缘体铁脚共同接地，接地电阻一般为 5～30Ω。

2. 露天储罐的防雷

化工企业的气柜和贮存易燃液体的贮罐大部分为金属所制，一些高大的贮罐在雷雨季节易遭雷击，应采用独立避雷针保护。装有阻火器的地上卧式油罐的壁厚和地上固定钢顶油罐的顶板厚度等于或大于 4mm 时，不应装设避雷针。铝顶油罐和顶板厚度小于 4mm 的钢油罐，应装设避雷针（网）。避雷针（网）应保护整个油罐。浮顶油罐或内浮顶油罐不应装设避雷针，但应将浮顶与罐体用两根导线做连接。

防雷是一个很复杂的系统工作，首先，要在装置的设计、施工中综合考虑，采用多种措施，做好整体防护，保证防雷设施完善，还要考虑投资成本及运行的经济性。其次要加强防雷设施的日常维护和检查，对塔、容器等关键部位的接地点要定期进行测试，发现问题，及时解决。最后，要加强对雷击危害的宣传，强化防雷意识，普及防雷知识。

案例分析

2012 年 11 月 25 日 8 时 25 分，某企业员工甲驾驶一辆重型油罐车进入油库加装汽油，用自带的铁丝将油罐车接地端子与自动装载系统的接地端子连接起来，随后打开油罐车人孔盖，放下加油鹤管，自动加载系统操作员丙开始给油罐车加油，为使油鹤管保持在工作位置，甲将人孔盖关小。

9 时 15 分，甲办完相关手续后返回，在观察油罐车液位时将手放在正在加油的鹤管外壁上，由于甲穿着化纤服和橡胶鞋，手接触到鹤管外壁时产生静电火花，引燃了人孔盖口挥发的汽油，进而引燃了人孔盖周围油污，甲手部烧伤。听到异常声响，丙立即切断油料输送管道的阀门；乙将加油鹤管从油罐车取下，用干粉灭火器将油鹤管上的火扑灭。

甲欲关闭油罐车人孔盖时，火焰已延烧到人孔盖附近。乙和丙设法灭火，但火势较大，无法扑灭。甲急忙进入驾驶室将油罐车驶出库区，开出 25m 左右，油罐车发生爆炸，事故造成甲死亡、乙和丙重伤。

分析该起事故发生的间接原因，为防止此类事故的再次发生，讨论该企业应采取哪些安全技术措施。

思考与讨论

1. 学习之前对触电的理解有哪些？
2. 学习后是否明确学习电气防护、静电防护、雷电防护的意义？
3. 如何将电气安全的相关知识运用到后续的课程学习与理解中？

4.通过学习，对照学习目标，收获了哪些知识点，提升了哪些技能？

5.在学习过程中遇到哪些困难，借助哪些学习资源解决遇到的问题（例如：参考教材、文献资料、视频、动画、微课、标准、规范、课件等）？

6.在学习过程中，采用了哪些学习方法强化知识、提升技能（例如：小组讨论、自主探究、案例研究、观点阐述、学习总结、习题强化等）？

7.在小组学习中能否提出小组共同思考与解决的问题？这些问题是否在小组讨论中得到解决？

8.学习过程中遇到哪些困难需要教师指导完成？

9.还希望了解或掌握哪些方面的知识，希望通过哪些途径来获取这些资源？

第六章

化工特种设备安全技术

学习目标

1. 知识目标

① 了解压力管道的无损检测。
② 掌握压力容器的定义和分类。
③ 掌握压力容器的安全附件。
④ 熟悉气瓶漆色及标识。
⑤ 掌握气瓶充装、储运及使用的方法。
⑥ 了解锅炉结构与用途。
⑦ 掌握锅炉的安全附件。

2. 能力目标

① 能进行压力容器的安全运行。
② 能辨别气瓶类型。
③ 能正确充装与安全使用气瓶。
④ 能正确分析锅炉的常见事故。
⑤ 能在特种设备作业场所开展危险性分析，并提出相应的安全措施。

3. 素质目标

① 具备通过信息化手段获取和整合资源的能力。
② 具备发现问题、分析问题和解决问题的能力。
③ 具备自我提升、终身学习的能力。

4. 思政目标

① 具有浓厚的爱国情感、文化自信和民族自豪感。
② 具有爱岗敬业的职业道德。

第一节 压力管道

一、认识压力管道

从广义上理解，压力管道是指所有承受内压或外压的管道，无论其管内介质如何。压力管道是管道中的一部分，管道是用以输送、分配、混合、分离、排放、计量、控制和制止流体流动的，由管子、管件、法兰、螺栓、垫片、阀门、其他组成件或受压部件和支承件组成的装配总成。

二、压力管道的无损检测技术

压力管道的使用环境通常为高温、高压；传输介质多为有毒、易燃易爆等气体或液体，一旦发生泄漏或爆炸事故，后果极其严重。无损检测主要用于发现压力管道原材料中的冶金缺陷，管道元件生产过程中的焊接缺陷，以及使用中的开裂、腐蚀、疲劳等缺陷，并对这些缺陷进行分级评价，为压力管道继续使用的安全评价和剩余寿命评估提供依据。

无损检测技术主要用于在不破坏被检物体使用性能、用途及形态的条件下实现检测，可以用于发现材料或工件内部和表面所存在的缺陷，测量试件的几何特征和尺寸，测定材料或工件的内部组成、结构、物理性能和状态等。目前，压力管道成熟应用的常规无损检测技术有目视检测、泄漏检测、磁粉检测、射线检测、超声检测、渗透检测、涡流检测等；已成熟应用的新技术包括声发射检测技术、计算机辅助成像射线检测、数字射线检测、基于时差衍射法的超声检测、超声导波检测、电磁超声检测、相控阵超声检测、漏磁检测、脉冲涡流检测、红外检测等，本文主要对新检测技术进行介绍和适用范围分析。

1. 射线检测新技术

射线无损检测技术，是应用射线作为探测媒介（信息载体）来实现对工件的质量检测的无损检测技术。射线有两类：波长很短的电磁波，如 X 射线、γ 射线等；高能量的粒子流，如中子流、α 粒子流、β 粒子流等。这些高能量的射线具有很强的穿透物体的能力，从而可以“透视”光学不透明的物体。科学技术的不断发展，计算机技术的成熟促进了射线检测技术的进一步发展，由传统的射线检测技术发展出计算机辅助成像射线检测技术（CR 检测技术）和数字射线检测技术（DR 检测技术）。

2. 声学检测新技术

超声无损检测是基于材料对超声场的作用，通过向材料内部或表面发射超声波并接收、分析经材料传播后的超声波信号，获取被检对象信息，对其缺陷、伤损、几何特征、组织结构和力学性能等进行检测、表征和评价。超声波检测技术的方法多，应用广泛。

3. 热学检测技术

热学检测技术是通过探测试样的热学性质变化来获取试样的结构信息技术。探测试样的热学性质有很多方法，其中最常用的方法是测量试样的温度分布及其变化。而在测量试样的温度时最容易实现的也是最常用的方法是测量试样的表面温度。因此，一般来说，热学检测技术是探测试样的表面温度分布及变化来获取试样结构信息的技术。

红外热成像技术是在被检测物体（设备）表面进行非接触的成像，并对其热图谱进行分析。红外检测主要应用于压力管道的定期检验中，常用红外成像仪对高温管道进行检查，检查管道的绝热层有无破损、跑冷情况。红外检测具备非接触，无需耦合剂，快速，实时，视场大，检测面积广，对曲面容忍度高，不需要复杂的扫描装置等特点。

第二节　压力容器

一、认识压力容器

1. 压力容器定义

压力容器是一种具有爆炸危险的特种设备。由于生产过程的需要，压力容器在化工企业中广泛应用，但是压力容器的安全使用未能引起企业领导的足够重视，不少单位对压力容器的管理不力，定检率低，维修欠账，存在诸多问题，由于压力容器中盛装的危险化学品众多，所以一旦失效破坏，往往酿成极为严重的后果。因此，化工企业对压力容器的安全使用必须十分重视。

常见压力容器是内部或外部承受气体或液体压力，并对安全性有较高要求的密封容器，主要为圆柱形，少数为球形或其他形状。圆柱形通常由筒体、封头、接管、法兰等零件和部件组成。

压力容器是指压力和容积达到一定的数值，容器所处的工作温度使其内部介质呈气态的密闭容器。按中国《固定式压力容器安全技术监察规程》（TSG 21—2016）的规定，同时具备下列条件的容器就称为压力容器。

① 工作压力大于或者等于0.1MPa（不含液体静压力）。工作压力是指压力容器在正常工作情况下，其顶部可能达到的最高压力（表压力）。

② 内直径（非圆形截面指其最大尺寸）大于或等于0.15m，且容积大于或等于0.025m^3，工作压力与容积的乘积大于或者等于2.5MPa·L（容积，是指压力容器的几何容积）。

③ 盛装介质为气体、液化气体以及介质最高工作温度高于或者等于其标准沸点的液体。

2. 压力容器分类

（1）按工作压力分类　压力的级别有低压，中压、高压和超高压四种，低压（代号L）：0.1MPa$\leqslant p<$1.6MPa；中压（代号M）：1.6MPa$\leqslant p<$10MPa；高压（代号H）：10MPa$\leqslant p<$100MPa；超高压（代号U）：100MPa$\leqslant p<$1000MPa。

（2）按用途分类　按压力容器在生产工艺过程中的作用原理，分为反应压力容器、分离压力容器、换热压力容器、储存压力容器。

① 反应压力容器（代号 R）。主要是用于完成介质的物理、化学反应的压力容器，如反应器、反应釜、聚合釜、合成塔、煤气发生炉等。

② 分离压力容器（代号 S）。主要是用于完成介质的流体平衡和气体净化分离的压力容器。如过滤器、缓冲器、吸收塔、干燥塔、洗涤器等。

③ 换热压力容器（代号 E）。主要是用于完成介质的热量交换的压力容器，如管壳式余热锅炉、冷却器、预热器、蒸发器等。

④ 储存压力容器（代号 C，其中球罐代号 B）。主要是用于盛装生产用气体、液体、液化气体等的压力容器，如各种型式储罐。

各种压力容器中，如同时具备两种以上的工艺作用原理时，应按工艺过程中的主要作用来划分品种。

（3）按安装方式分类

① 固定式。有固定安装和使用地点，工艺条件和操作人员也较固定，如换热器、反应器。

② 移动式。使用时不仅承受内压或外压载荷，搬运过程中还会受到由于内部介质晃动引起的冲击力，以及运输过程带来的外部撞击和振动载荷，因而在结构、使用和安全方面均有其特殊的要求，如各类气瓶。

（4）按危险性和危害性分类

① 第一类容器。非易燃或无毒介质的低压容器及易燃或有毒介质的低压传热容器和分离容器属于第一类容器

② 第二类容器。任何介质的中压容器；剧毒介质的低压容器；易燃或有毒介质的低压反应容器和储运容器属于第二类容器。

③ 第三类容器。高压、超高压容器；$pV \geqslant 0.2\text{MPa} \cdot \text{m}^3$ 的剧毒介质低压容器和剧毒介质的中压容器；$pV \geqslant 0.5\text{MPa} \cdot \text{m}^3$ 的易燃或有毒介质的中压反应容器；$pV \geqslant 10\text{MPa} \cdot \text{m}^3$ 的中压储运容器以及中压废热锅炉和内径大于 1m 的低压废热锅炉。

易燃介质是指爆炸下限小于 10%，或爆炸上限和下限之差≥20%的气体，介质毒性程度参照《职业性接触毒物危害程度分级》（GBZ 230—2010）的规定。例如，氨合成塔的设计压力为 32MPa，介质为氢气、氮气及氨，该合成塔属于第三类高压反应容器。氯气分配器的设计压力为 0.6MPa（低压），介质为氯气（极毒），该容器属于第三类低压分离压力容器。

二、压力容器安全附件

压力容器安全附件

压力容器安全附件是指保证压力容器安全运行的附属装置或仪表，包括安全阀、爆破片、压力表、液位计和温度计等。压力容器安全附件的选用应与介质及其工况相适应，装设位置应便于检查和维修。

1. 安全阀

安全阀是一种由进口静压开启的自动泄压阀门。它依靠介质自身的压力排出一定数量的流体介质，以防止容器或系统内的压力超过预定的安全值；当容器内的压力恢复正常

后，阀门自行关闭，并阻止介质继续排出。安全阀分全启式安全阀和微启式安全阀。根据安全阀的整体结构和加载方式可以分为静重式、杠杆式、弹簧式和先导式等4种。

2. 爆破片

爆破片是一种非重闭式泄压装置，由进口静压使爆破片受压爆破而泄放出介质，以防止容器或系统内的压力超过预定的安全值。爆破片又称为爆破膜或防爆膜，是一种断裂型安全泄放装置。与安全阀相比，它具有结构简单、泄压反应快、密封性能好、适应性强等特点。

3. 爆破帽

爆破帽为一端封闭，中间具有一薄弱断面的厚壁短管，爆破压力误差较小，泄放面积较小，多用于超高压容器。超压时其薄弱面上的拉伸应力达到材料的强度极限发生断裂。由于其工作时通常还有温度影响，因此，一般均选用热处理性能稳定，且随温度变化较小的高强度钢材料（如134CrNi3Mo等）制造，其破爆压力与材料强度之比一般为0.2～0.5。

4. 易熔塞

易熔塞属于“熔化型”（“温度型”）安全泄放装置，它的动作取决于容器壁的温度，主要用于中、低压的小型压力容器，在盛装液化气体的钢瓶中应用更为广泛。

5. 紧急切断阀

紧急切断阀是一种具有特殊结构和特殊用途的阀门，它通常与截止阀串联安装在紧靠容器的介质出口管道上，其作用是在管道发生大量泄漏时紧急止漏；一般还具有过流闭止及超温闭止的性能，并能在近程和远程独立进行操作。紧急切断阀按操纵方式的不同，可分为机械（或手动）牵引式、油压操纵式、气压操纵式和电动操纵式等多种，前两种目前在液化石油气槽车上应用非常广泛。

6. 减压阀

减压阀的工作原理是利用膜片、弹簧、活塞等敏感元件改变阀瓣与阀座之间的间隙，当介质通过时产生节流，压力下降而使其减压的阀门。当调节螺栓向下旋紧时，弹簧被压缩，将膜片向下推，顶开脉冲阀阀瓣，高压侧的一部分介质就经高压通道进入，经脉冲阀阀瓣与阀座间的间隙流入环形通道而进入气缸，向下推动活塞并打开主阀阀瓣，这时高压侧的介质便从主阀阀瓣与阀座之间的间隙流过而被节流减压。同时，低压侧的一部分介质经低压通道进入膜片下方空间，当其压力随高压侧的介质压力升高而升高到足以抵消弹簧的弹力时，膜片向上推动脉冲阀阀瓣逐渐闭合，使进入气缸的介质减少，活塞和主阀阀瓣向上移动，主阀关小，从而减少流向低压侧的介质量，使低压侧的压力不致因高压侧压力升高而升高，从而达到自动调节压力的目的。

7. 压力表、液位计、温度计

（1）压力表　压力表是指示容器内介质压力的仪表，是压力容器的重要安全装置。按其结构和作用原理，压力表可分为液柱式、弹性元件式、活塞式和电量式四大类。活塞式压力计通常用作校验用的标准仪表，液柱式压力计一般只用于测量很低的压力，压力容器广泛采用的是各种类型的弹性元件式压力计。

（2）液位计　液位计又称液面计，是用来观察和测量容器内液位位置变化情况的仪表。特别是对于盛装液化气体的容器，液位计是一个必不可少的安全装置。

（3）温度计　温度计是用来测量物质冷热程度的仪表，可用来测量压力容器介质的温度，对于需要控制壁温的容器，还必须装设测试壁温的温度计。

三、压力容器的安全运行与维护

1. 压力容器的使用管理

（1）压力容器的安全技术管理　压力容器属于特殊设备，必须由动力设备主管部门设专职或兼职技术人员负责技术管理工作，安全技术部门负责安全监督工作。从组织上保证，企业要有专门的机构，并配备具有压力容器专业知识的工程技术人员负责压力容器的技术管理及安全监察工作。

（2）建立压力容器的安全技术档案　为了全面掌握设备的情况，摸清使用规律，防止因盲目使用而发生事故，每台压力容器都必须建立完整的技术档案。压力容器的技术档案包括容器的原始技术资料和容器的使用记录。原始资料由设计和制造单位提供，至少应有压力容器的设计总图、受压部件图、出厂合格证、使用说明书和质量说明书以及压力容器登记卡等。使用记录应包括容器的实际使用情况、操作条件、检验和修理记录及事故与事故处理措施等。

（3）制定压力容器的安全操作规程　操作不当是压力容器发生事故的常见原因。为了保证压力容器安全合理使用，必须根据生产工艺要求和容器技术特性，对每台压力容器都应制定相应的安全操作规程，以确保压力容器得到合理使用、安全运行。

操作规程主要包括下列内容：①压力容器的正确操作方法；②压力容器的最高使用应力和温度；③开、停车的操作程序和注意事项；④运行中的检查项目和检查部位，可能出现的异常现象及判断方法和采取的紧急处理措施；⑤停用时的维护办法和检查内容。

（4）对压力容器的操作人员进行岗前培训　压力容器是分级管理，由专人负责操作，操作人员必须完全熟悉安全操作的全部内容，严格按操作规程进行操作。所以压力容器使用单位必须对压力容器操作人员进行岗前安全教育和考核，考试合格后，报请上级主管部门和劳动部门核准，发放安全操作证，方可上岗操作。

在压力容器运行过程中，操作人员必须严格遵守安全操作规程，注意观察容器内介质的反应情况，压力、温度的变化及有无异常现象等。同时操作人员应及时进行调节和处理，认真做好容器设备运行记录，记录数据应真实、准时、正确。

（5）压力容器运行中的管理

① 平稳操作。压力容器的平稳操作，主要是指开车时对设备进行缓慢升温、升压和停车时缓慢降温、降压，以及运行期间保证温度、压力的相对稳定。因为加载速度过快会降低材料的断裂韧性，可使存有微小缺陷的容器产生脆性断裂破坏。在高温或超低温运行的设备，若急骤升温或降温，会使壳体产生较大的温度梯度，从而产生过大的热应力。故容器无论在开车、停车或运行中，都应避免容器壳体温度的突然变化和容器内压力的突然改变，以免损害设备。

② 防止超负荷运行。防止容器超负荷运行，主要是防止超温、超压运行。因为每台

设备容器均有其最高允许操作压力和操作温度，超过了规定的压力和温度，容器就有可能发生事故。故压力容器使用时严禁超载运行，若发现容器在运行中的温度、压力不正常时，应立即按操作规程进行调节。对于压力来自器外的压力容器，超压大多是由于操作失误引起的，所以除了在连接管道和压力容器阀门上设置联锁装置外，还可以在一些关键性的操作位置上用明显的标志或文字说明阀门的开关方向、程度和注意事项等，以防止出现操作失误。

(6) 压力容器的安全检查和维护保养　压力容器的安全检查是指操作人员应定时、定点、定线路地对压力容器进行巡回检查，认真、准时、准确地记录原始数据。主要检查操作温度、压力、流量、液位等工艺指标是否正常；重点检查容器法兰等部位有无泄漏，容器防腐层是否完好，有无变形、鼓泡、腐蚀等缺陷和可疑迹象，容器与连接管道有无振动、磨损；检查安全阀、爆破片、压力表、液位计、紧急切断阀及安全联锁、报警装置等安全附件是否齐全、完好、灵敏、可靠。若容器在运行中发生故障，不能保证容器的安全运行，操作人员应立即按操作规程使容器停止运行，并尽快报请有关领导，同时做好与有关工段的联系工作。

压力容器的维护和保养工作一般包括防腐蚀，消除“跑、冒、滴、漏”和做好停运期间的保养。

因化工压力容器的工作介质大多具有腐蚀性，且外部要承受大气、水、土壤的腐蚀，而目前对设备进行防腐的措施就是在设备表面加防腐涂层。故维护防腐涂层的完好是防止容器被腐蚀的关键。若容器的防腐涂层自行脱落或受碰撞而损坏，腐蚀介质就会直接接触容器的材料，而加快对设备的腐蚀。故在巡查时应及时清理积附在容器、管道及阀门上的灰尘、油污、潮湿和腐蚀性的物质，保持容器设备的洁净、干燥。

生产设备的“跑、冒、滴、漏”现象不仅浪费化工原料和能源、污染环境，还会造成对化工装置的腐蚀。故应做好设备的日常维护保养和检查工作，及时消除“跑、冒、滴、漏”现象，消除振动、摩擦，维护好压力容器和安全附件的完整。

容器停运时，要将容器内部的工作介质排空放净。尤其是腐蚀性的介质，要经排放、置换或中和、清洗等处理。依据停运时间的长短以及设备和环境的具体情况，有的须在设备容器内外表面涂刷涂层以防腐；有的在容器内放置吸潮剂。对停运的容器需要定期检查，及时更换失效的吸潮剂，发现防腐涂层脱落的及时补上，使保护层经常保持完好无损。

压力容器检修后，投入运行时必须彻底清理，防止容器和管道中残存能与工作介质起反应的物质，如氧容器中有残油、氯容器中有水等，以免发生事故。

2. 压力容器的定期检验

压力容器的定期检验是指压力容器在使用过程中，每隔一定时间采用适当有效的方法对容器各承压部件和安全装置进行检查和试验。通过检查，及时发现容器存在的缺陷，使其还在没有发生危害容器安全之前即被阻止或被采用适当措施进行特殊监护，以防压力容器在运行中发生事故。

(1) 定期检验的要求　压力容器使用单位，在使用压力容器前，必须认真安排压力容器的定期检验工作，按照《压力容器定期检验规则》的规定，由取得压力容器检验资格的单位和人员进行检验，并将压力容器的年检计划报主管部门和当地的锅炉压力容器安全监察机构，锅炉压力容器安全监察机构负责监督检查。

（2）定期检验的内容　压力容器定期检验包括容器的外部检查、内外部检验和全面检验。

① 外部检查。指专业人员在压力容器运行过程中进行的在线检查。其检查的主要内容是：压力容器及其管道的保温层、防腐层、设备铭牌是否完好，外表面有无裂痕、变形、腐蚀及鼓包现象；压力容器及其管道上所有的焊缝、承压元件及连接部位有无泄漏，安全附件是否齐全、可靠、灵活好用；压力容器承压的基础有无下沉、倾斜，地脚螺丝、螺母是否齐全完好，有无震动和摩擦；压力容器的运行参数是否符合安全技术操作规程；压力容器的运行日志与检修记录是否保存完整。

② 内外部检验。指专业人员在压力容器停机时进行的检验，其检验的内容除外部检验的全部内容外，还包括对压力容器的腐蚀情况、磨损情况、裂纹情况、衬里情况、壁厚测量、金相检验、化学成分分析和硬度测定。

③ 全面检验。指专业人员对压力容器进行的包括内、外部检验的全部内容，还包括焊缝无损探伤和设备耐压试验的检验。焊缝无损探伤检验长度一般为容器焊缝总长的20%；耐压试验的目的是检验压力容器的整体强度和致密性，是承压设备定期检验的主要内容之一。

（3）定期检验的周期　外部检验期限：每年至少一次；内外部检验期限：每三年一次；全面检验期限：每六年一次。装有催化剂的反应器以及装有填充物的大型压力容器，其检验周期由使用单位根据设计图纸和实际使用情况来确定。检验周期也可以根据相关情况适当延长或缩短。

第三节　气瓶

一、认识气瓶

气瓶是指在正常环境下（－40～60℃）可重复充气使用，公称工作压力为1.0～30MPa（表压），公称容积为0.4～1000L的盛装永久性气体、液化气体或溶解气体的移动式压力容器。

二、气瓶的安全附件

气瓶的安全附件

气瓶的安全附件包括：气瓶专用爆破片、安全阀、易熔合金塞、瓶阀、瓶帽、液位计、防震圈、紧急切断和充装限位装置等。

1. 安全泄压装置

气瓶的安全泄压装置是为了防止气瓶在遇到火灾等高温时，瓶内气体受热膨胀而发生破裂爆炸。气瓶常见的泄压附件有爆破片和易熔合金塞。

（1）爆破片　爆破片又称防爆片或防爆膜，它是利用膜片的断裂来泄压的，泄压后容器被迫停止运行。

（2）易熔合金塞　易熔合金塞一般装在低压气瓶的瓶肩上，当周围环境温度超过气瓶的最高使用温度时，易熔塞的易熔合金熔化，使气体从原来填充的易熔合金的孔中排出而泄放压力，避免气瓶爆炸。

依据《气瓶安全技术规程》（TSG 23—2021）规定：

① 爆破片装置（或者爆破片）的设计爆破压力应当根据气瓶的耐压试验压力确定；对于可重复充装气瓶用爆破片，一般不大于气瓶的耐压试验压力；对于非重复充装气瓶用爆破片，应当符合相关标准的规定。

② 爆破片装置的爆破片材料，应当为质地均匀的纯金属片或者合金片。

③ 爆破片装置（或者爆破片）应当定期更换（低温绝热气瓶、非重复充装气瓶除外），整套组装的爆破片装置应当成套更换，爆破片的使用期限应当符合有关规定或者由制造单位确定，并且不小于气瓶的定期检验周期。

④ 盛装易于分解或者聚合的可燃气体、溶解乙炔气体的气瓶，应当装设易熔合金塞装置。

⑤ 易熔合金塞动作温度以及采用的共晶合金配方，均应符合《气瓶用易熔合金塞装置》（GB/T 8337）以及相关产品标准的要求。

2. 其他附件（防震圈、瓶帽、瓶阀）

气瓶装有两个防震圈，是气瓶瓶体的保护装置。气瓶在充装、使用、搬运过程中，常常会因滚动、震动、碰撞而损伤瓶壁，以致发生脆性破坏。这是气瓶发生爆炸事故常见的一种直接原因。

瓶帽是瓶阀的防护装置，它可避免气瓶在搬运过程中因碰撞而损坏瓶阀，保护出气口螺纹不被损坏，防止灰尘、水分或油脂等杂物落入阀内。瓶帽要求有良好的抗撞击性，不得用灰口铸铁制造，无特殊要求的，应佩戴固定式瓶帽，同一工厂制造的同一规格的固定式瓶帽，重量允差不超过5%。

瓶阀是控制气体出入的装置，一般是用黄铜或钢制造。充装可燃气体的钢瓶的瓶阀，其出气口螺纹为左旋，盛装助燃气体的气瓶，其出气口螺纹为右旋。瓶阀的这种结构可有效地防止可燃气体与非可燃气体的错装。瓶阀还应满足下列要求：①阀材料应符合相应标准的规定，所用材料既不与瓶内盛装气体发生化学反应，也不影响气体的质量；②瓶阀上与气瓶连接的螺纹，必须与瓶口内螺纹匹配，并符合相应标准的规定，瓶阀出气口的结构，应有效地防止气体错装、错用；③氧气和强氧化性气体气瓶的瓶阀密封材料，必须采用无油的阻燃材料；④液化石油气瓶阀的手轮材料，应具有阻燃性能；⑤瓶阀阀体上如装有爆破片，其公称爆破压力应为气瓶的水压试验压力；⑥同一规格、型号的阀座，重量允差不超过5%；⑦非重复充装瓶阀必须采用不可拆卸方式与非重复充装气瓶装配；⑧阀出厂时应逐只出具合格证。

三、气瓶的安全管理

1. 气瓶的漆色与标志

为了保证气瓶的安全使用，国家对气瓶的漆色及标志作了严格的规定，依据《气瓶颜色标志》(GB/T 7144—2016)，常见气瓶漆色见表6-1。

表6-1 常见的气瓶漆色

序号	充装气体名称	化学式（或符号）	瓶色	字样	字色	色环
1	空气	—	黑色	空气	白	$P=20$，白色单环 $P\geqslant30$，白色双环
2	氧气	O_2	淡蓝	氧	黑	$P=20$，白色单环 $P\geqslant30$，白色双环
3	氮气	N_2	黑	氮	白	
4	一氧化碳	CO	银灰	一氧化碳	大红	
5	二氧化碳	CO_2	铝白	液化二氧化碳	黑	$P=20$，黑色单环
6	氢气	H_2	淡绿	液氢	大红	
7	一氧化氮	NO	白	一氧化氮	黑	
8	甲烷	CH_4	棕	甲烷	白	$P=20$，白色单环 $P\geqslant30$，白色双环
9	氯	Cl_2	深绿	液氯	白	
10	氨	NH_3	淡黄	液氨	黑	
11	硫化氢	H_2S	白	液化硫化氢	大红	

2. 气瓶的充装与储运

(1) 气瓶的充装　确定压缩气体及高压液化气体气瓶的充装量，必须是气瓶内气体在最高使用温度下的压力，不超过气瓶的最高许用压力。对低压液化气体气瓶，则要求瓶内液体在最高使用温度下，不会膨胀至瓶内满液，即要求瓶内始终保留有一定的气相空间。

① 气瓶充装过量。过量充装是气瓶破裂爆炸的最常见原因之一，故气瓶在充装过程中必须加强管理，严格按照《气瓶安全技术规程》TSG 23—2021的安全要求执行，防止气瓶充装过量。对压缩气体气瓶进行充装时，要按不同温度下的最高允许充装压力充装，防止气瓶在最高使用温度下的压力超过气瓶最高许用压力；对液化气体气瓶进行充装时，必须严格按照充装系数要求进行充装，不得超量，否则必须设法将超装的量导出。

② 不同气体混装。气体混装是指在同一气瓶内灌装不同类型的气体（或液体）。若不同物料在瓶内发生化学反应，很容易造成气瓶爆炸事故。如原来充装可燃气体氢气的气瓶，未经置换、清洗等处理，甚至瓶内还有一定量的余气，就充装氧气，其结果只能是瓶内的氢气和氧气发生剧烈的化学反应，产生大量的反应热，瓶内压力急剧升高，最后气瓶爆炸，酿成严重的事故。

对于如下情况的气瓶，必须先进行处理，才能允许充装：a. 气瓶钢印标记、颜色标记不符合规定或瓶内有不明气体或无剩余压力的；b. 气瓶改装不符合规定或是用户自行改装的；c. 气瓶安全附件不全、有损坏或不符合规定的；d. 气瓶超过检验期或外观检查存在明显损伤，须作进一步检查的；e. 充装氧化或强氧化性气体的气瓶粘有油脂的；f. 首次充装易燃气体的气瓶，事先未经置换或抽空的。

（2）气瓶的储运

① 气瓶的储存。

气瓶在储存时应由专人负责管理。管理人员、操作人员和消防人员应经过安全技术培训，了解气体的性质及气瓶的安全放置知识。

气瓶储存时应实施空瓶、实瓶分开放置，不同类型的气瓶不能同放置一室。

储存气瓶的仓库应符合《建筑设计防火规范（2018 年版）》，应采取二级以上的防火建筑，与明火或其他建筑物之间的距离应符合规定的安全要求。充装易燃、易爆、有毒及腐蚀性气体的气瓶库的安全距离不得小于 15m。

气瓶储存室应通风、干燥，防止雨（雪）淋、水浸，避免阳光直射，故地下室或半地下室不能用作气瓶的储存室。

气瓶的储存室要有便于装卸、运输的设施，有运输、消防通道，并设置了消防栓和消防水池，在固定地点备有专用灭火器、灭火工具和防毒用具。

气瓶的储存室不能有暖气、水、煤气等管道通过，也不能有地下管道或暗沟，照明灯具及电气设备应有防爆功能，在储存室显眼的地方有“禁止烟火”“当心爆炸”等各类必要的安全标志。

储气的气瓶应戴好固定的瓶帽，立放储存。卧放时应防止滚动，瓶头朝向一致，垛放不得超过 5 层，并排放整齐，固定牢靠。气瓶的数量、号位的标志要清晰明显，并留有通道。

充气的实瓶储存数量要有限制，在满足当天使用量和周转量的情况下，应尽量减少储存量，对易发生聚合反应的气体气瓶，还应规定储存期限。

严格执行气瓶进出库制度，瓶库账目清楚、数量准确，按时盘点，账务相符。

② 气瓶的运输。运输气瓶时，应严格遵守公安和交通部门颁发的危险品运输规则、条例。

装车固定：横向放置，头朝一方，旋紧瓶帽；备齐防震圈，瓶下用三角形木块等卡牢，装车不超高。

分类装运：氧气、强氧化剂气瓶不得与易燃、油脂和带油污的物品同车混装；所装介质相互接触能引起燃烧、爆炸的气瓶不得混装。

轻装轻卸：不抛、不滑、不碰、不撞、不得用电磁起重机搬运。

禁止烟火：禁止吸烟，不得接触明火。

遮阳防晒：夏季要有遮阳防雨设施防止暴晒雨淋。

灭火防毒：车上应备有灭火器材或防毒用具。

安全标志：车前应悬挂黄底黑字“危险品”字样的三角旗。

3. 气瓶的安全使用

气瓶的安全使用问题包括气瓶开启前的检查、开启过程中及使用过程中气瓶的放置等。气瓶的安全使用人员应学习气体和气瓶的安全技术知识，并在技术熟练操作人员的指导监督下进行操作练习，操作合格后方能单独使用。使用前，应对气瓶进行检查，确认气瓶和瓶内气体质量安全，才能使用，否则发现气瓶颜色、钢印等辨别不清，检查超期，气瓶有损伤或气体存在质量问题，均拒绝使用。

气瓶使用过程中，应注意以下几点。

① 气瓶应立放（乙炔瓶严禁卧放使用），不得靠近热源，可燃与助燃气体气瓶与明火之间距离不得小于 10m；对于易发生聚合反应的气体气瓶，还应远离射线、电磁波、震动源；另要防止气瓶受日光曝晒、雨（雪）淋、水浸。

② 移动气瓶时应手搬瓶肩转动瓶底，移动距离较远时可用轻便小车运送，严禁抛、滚、滑、翻和肩扛、脚踹；严禁敲击、碰撞气瓶；绝对禁止在气瓶上焊接、引弧；禁止用气瓶作支架和铁砧。

③ 注意气瓶的操作顺序。操作者站在瓶阀出口侧后方，开启瓶阀时要轻缓；关闭瓶阀要轻严，不能用力过大，避免关得过紧、过死；瓶阀冻结时，不能用火烤。

④ 注意保持气瓶及其附件的清洁、干燥，禁止沾染油脂、腐蚀性介质、灰尘等；保护瓶外油漆保护层，防止瓶体被腐蚀，同时也便于识别，可防止误用和混装，瓶帽、防震圈、瓶阀等附件均要妥善维护、合理使用。

⑤ 瓶内气体不得用尽，应留有一定的余压（>0.05MPa）；气瓶用完后要及时送回瓶库或妥善保管。

4. 气瓶的定期检验

气瓶的定期检验，应由取得检验资格的专门单位负责进行，未取得检验资格的单位及个人不得从事气瓶的定期检验工作。各类气瓶的检验周期见表 6-2。

表 6-2 各类气瓶的检验周期

项目	腐蚀性气体	一般气体	液化石油气	惰性气体
检验周期	1 次/2 年	1 次/3 年	使用未超过 20 年的，1 次/5 年； 超过 20 年的 1 次/2 年	1 次/5 年

第四节 锅炉

一、锅炉的结构与用途

锅炉的结构与用途

锅炉是一种能量转换设备，向锅炉输入的能量有燃料中的化学能、电能，锅炉输出具有一定热能的蒸汽、高温水或有机热载体。锅炉包括锅和炉两大部分，锅的原义指在火上加热的盛水容器，炉指燃烧燃料的场所。锅炉中产生的热水或蒸汽可直接为工业生产和人民生活提供所需热能，也可通过蒸汽动力装置转换为机械能，或再通过发电机将机械能转换为电能。提供热水的锅炉称为热水锅炉，主要用于生活，工业生产中也有少量应用。产生蒸汽的锅炉称为蒸汽锅炉，常简称为锅炉，多用于火电站、船舶、机车和工矿企业。

锅炉的“锅”与“炉”两部分同时进行，水进入锅炉以后，在汽水系统中锅炉受热面将吸收的热量传递给水，使水加热成一定温度和压力的热水或生成蒸汽，被引出应用。在燃烧设备部分，燃料燃烧不断放出热量，燃烧产生的高温烟气通过热的传播，将热量传递给锅炉受热面，而本身温度逐渐降低，最后由烟囱排出。

二、锅炉的安全运行

1. 锅炉的安全附件

锅炉安全附件是锅炉运行中不可缺少的部分，主要是指压力表、水位计、安全阀、汽水阀、排污阀等附件。这些附件对锅炉安全运行极为重要，特别是压力表、水位计和安全阀，是锅炉操作人员进行正常操作的耳目，是保证锅炉安全运行的基本附件，因此，通常被人们称为锅炉三大安全附件。

（1）压力表　压力表用以测量锅炉运行时锅内的压力。有了压力表，工作人员才能正确操作锅炉，保证锅炉安全运行。

压力表应装在便于观察和温度较低的地方。如果压力表装在靠近高温的地方，它的传动机构受热后所产生的变形将要影响指示压力的准确度。所以压力表的安装地点应尽可能远离蒸汽通道或易受辐射的地方，并且要有充分的照明，使锅炉工作人员随时都能看到它所指示的汽压。

压力表下方应装有存水弯管（U形或圆环形），使蒸汽在弯管内冷凝。这样作用于压力表的是凝结水而不是高温蒸汽。如果不装存水弯管，蒸汽直接冲入表中的弹簧弯管，将会损坏表内零件，或使指示的压力不准。

在压力表和存水弯管之间应装有三通旋塞（俗称考克），以便冲洗存水弯管和校验压力表。如无三通旋塞，则可以在其三端各加装一只普通旋塞来代替三通旋塞。

锅炉上装置的压力表应符合下列要求。

① 每台锅炉必须装有与锅筒蒸汽空间直接相连接的压力表。在可分式省煤器出口、给水管的调节阀前、过热器出口和主汽阀之间、再沸器进出口处均装置压力表。

② 工作压力<2.5MPa的锅炉，压力表精确度不应低于2.5级；工作压力≥2.5MPa的锅炉，压力表精度不应低于1.5级。

③ 压力表应该根据锅炉工作压力选用。压力表表盘刻度极限值应该为锅炉工作压力的1.5～3倍，最好为2倍。刻度盘上应划有红线，指示最高许可工作压力。

④ 压力表应装置在便于观察和吹洗的位置。并应防止受到辐射热、冰冻和震动的影响。

⑤ 压力表距离观察地点的高度小于2m时，表盘直径不得小于100mm；2～5m时，不得小于150mm；超过5m时，不得小于250mm。

⑥ 压力表下面应有三通旋塞和存水弯管，以便吹洗管道和更换压力表。存水弯管用铜管时，其内径不应小于6mm；用钢管时，其内径不应小于10mm。

⑦ 压力表的安装、检验和维护应符合国家计量部门的规定。压力表每半年至少检验一次，校验后应该铅封。

⑧ 压力表有下列情况之一时，应停止使用：

有限制钉的压力表，在无压力时，指针转动后不能回到限制钉处；无限制钉的压力表，在无压力时，指针离零位的数值超过压力表规定的允许误差数值。

表面玻璃破碎或表盘刻度模糊不清。

封印损坏或超过校验有效期限。

表内漏气或指针跳动。

其他影响压力表准确的缺陷。

（2）安全阀　安全阀是锅炉的重要安全附件之一，它能自动防止锅炉的蒸汽压力超过预定的允许范围，保证锅炉安全运行。

当锅炉内压力超过规定限度时，安全阀即自动开启，放出蒸汽，使锅炉内的压力下降，直到降到比阀开启时更低的某点，阀即自动关闭。这样，使锅炉的压力保持在安全限度以内，不致酿成爆炸事故。同时安全阀开启后会发出警报，使作业人员有所警惕，采取措施。

工业锅炉上使用的安全阀一般为弹簧式安全阀和杠杆式安全阀两种。

锅炉上装置安全阀应符合下列要求：

① 蒸发量≥0.5t/h 的锅炉，至少装一个安全阀。蒸汽过热器出口处和可分式省煤器出口处（或入口处）、再沸器入口处和出口处、直流锅炉的启动分离器，都必须装设安全阀。

② 安全阀应垂直装在锅筒（或联箱）的最高位置。在安全阀和锅筒（或联箱）之间，不得装有取用蒸汽的出气管和阀门。

③ 安全阀的总排汽能力，必须大于锅炉最大连续蒸发量。并保证在锅筒和过热器上所有的安全阀开启后，锅炉内的蒸汽压力上升幅度不超过安全阀较高开启压力的 30%，并不得使锅炉的蒸汽压力超过设计压力的 1.1 倍。

④ 安全阀一般应装设排汽管，防止排汽时伤人。排汽截面积至少为安全阀总截面积的两倍。安全阀排汽管下方应有接到安全地点的泄水管。在排汽管和泄水管上都不允许装设任何阀门。如果安全阀排汽声音不能使作业人员在工作地点听到，则应装有信号装置（如汽笛）。省煤器的安全阀应装设排水管并通至安全地点，在排水管上不允许装设任何阀门。

⑤ 为防止安全阀的阀芯与阀座粘住，应定期对安全阀作手动或自动的放气或放水试验。

⑥ 安全阀经过校验后，应加锁或铅封，并将校验结果填入锅炉技术档案。

（3）水位表　水位表是用来监视锅筒内水位的重要安全装置。用水位表显示的水位，表示锅筒内锅水的水位。作业人员依此进行正确操作，保证锅炉安全运行。

水位是按照“连通器内水面高度相等”的原理制成的。因此，运行时水位表必须与锅筒保持畅通。

水位表的安全技术如下：

① 每台锅炉至少装两个彼此独立的水位表，以防水位表故障时无法显示水位。但蒸发量≤0.2t/h 的锅炉，可以只装一个水位表。

② 水位表要装在便于观察的地方，并且要有足够的照明。水位表距离操作地面高于

6m 时，应加装低地位水位表。低地位水位表连接管应单独接到锅筒上。连接管内径不得小于 18mm。

③ 水位表应有指示最高和最低安全水位的明显标志。水位表玻璃管（板）的最低可见部分应比最低安全水位低 25mm，最高可见部分应比最高安全水位高 25mm。

④ 水位表和锅炉之间汽水连管长度≤500mm 时，其内径不得小于 18mm；长度＞500mm 时，其内径应适当加大。

⑤ 水连管和汽连管要水平布置，防止形成假水位。水位表上下接头中心线，应对准在一条直线上，以免使玻璃管扭曲破碎。

⑥ 放水旋塞下面应装设接到地面的放水管。玻璃管式水位表应有安全防护罩，防止破裂时伤人。

⑦ 玻璃管内径及旋塞内径均应大于或等于 8mm。

⑧ 水位表和锅筒之间的汽水连接管上，应避免装设阀门，如装有阀门，在运行时应将阀门全开，并予以铅封。

（4）水位报警器　水位报警器是以声响的方式向作业人员报告满水或缺水的信号，防止发生锅炉满水或缺水事故。蒸发量大于 2t/h 的锅炉（水管）应该装设水位报警器。

使用高、低水位报警器应注意的事项如下：

① 应依据锅炉工作压力和温度选型；

② 报警器的汽、水连通管采用 32mm 无缝钢管；汽、水连通管各装阀门一个，以便检修报警器时切断管路时用；

③ 防止阀芯被铁锈等脏物粘住或卡死，应定期拉动试鸣杆，保持报警器灵敏可靠。

2. 锅炉的安全运行

（1）锅炉启动时的安全要点　锅炉启动指锅炉由非使用状态进入使用状态，一般包括冷态启动及热态启动两种。冷态启动指新装、改装、修理、停炉等锅炉的生火启动；热态启动指压火备用锅炉的启动。这里介绍的是冷态启动。

由于锅炉是一个复杂的装置，包含着一系列部件、辅机，锅炉的正常运行包含着燃烧、传热、工质流动等过程，因而启动一台锅炉要进行多项操作，要用较长的时间、各个环节协同动作，逐步达到正常工作状态。

锅炉启动过程中，其部件、附件等由冷态（常温或室温）变为受热状态，由不承压转变为承压，其物理形态、受力情况等产生很大变化，最易产生各种事故。据统计，锅炉事故约有半数是在启动过程中发生的。因而对锅炉启动必须进行认真准备。

① 全面检查。对新装、迁新和检修后的锅炉，启动之前一定要进行全面检查，符合启动要求后才能进行下一步的操作。为防止遗漏，启动前的检查应按照锅炉运行规程的规定，逐项进行。主要内容有：

检查汽水系统受热、受压元件的内外部，看其是否处于可投入运行的良好状态；检查燃烧系统的各个环节是否处于完好状态。

检查汽水系统和燃烧系统的各类门孔（包括人孔、手孔、看火门、防爆门及各类阀门）、接板是否正常，并使之处于启动所要求的位置。

检查安全附件是否齐全、完好并使之处于启动所要求的位置；检查锅炉构架、楼梯、平台等钢结构部分是否完好。

检查各种辅机特别是转动机械是否完好，转动机械应分别进行试运转；检查各种测量仪表是否完好等。

② 上水。为防止产生过大热应力，上水水温最高不应超过90～100℃；上水速度要缓慢，全部上水时间在夏季不小于1h，在冬季不小2h。冷炉上水至最低安全水位时应停止上水，以防受热膨胀后水位过高。

③ 烘炉。新装、大修或长期停用的锅炉，其炉膛和烟道的墙壁非常潮湿，一旦骤然接触高温烟气，就会产生裂纹、变形甚至发生倒塌事故。为了防止这种情况，锅炉在上水后启动前要进行烘炉。

烘炉就是在炉膛中用文火缓慢加热锅炉，使炉墙中的水分逐渐蒸发掉。烘炉应根据事先制定的烘炉升温曲线进行，整个烘炉时间根据锅炉大小、型号不同，一般为3～14d。烘炉后期可以同时进行煮炉。

④ 煮炉。新装、大修或长期停用的锅炉，在正式启动前必须进行煮炉。煮炉可以单独进行，也可以在烘炉后期和烘炉同时进行。

煮炉的目的是清除锅炉蒸发受热面中的铁锈、油污和其他污物，减少受热面腐蚀，提高锅水和蒸汽的品质。

⑤ 点火与升压。一般锅炉上水后即可点火升压；进行烘炉煮炉的锅炉，待煮炉完毕，排水清洗后，再重新上水，然后点火升压。

点火后，随着燃烧过程的进行，烟气与受热面之间的传热过程也开始进行，加入锅炉的水不断被加热，至饱和温度后即开始产生蒸汽。

锅炉产生蒸汽后，即开始升压。同时，炉水的饱和温度也不断升高。由于锅水温度的升高，汽包和蒸发受热面的金属壁温也随之升高，需要注意热膨胀和热应力问题。由于汽包的壁厚较厚，在升温中的主要问题是热应力，同时也应考虑其整体热膨胀。对于受热面管子，由于长度很长而壁厚较薄，在升温中的主要问题是整体热膨胀，同时也应注意其热应力。当管子沿轴向的膨胀受到限制时，热应力会增大到很大的数值。在升温升压过程中，汽包存在着沿壁厚的温差及上下壁面间的温差（卧置锅筒），即内壁温度高于外壁，上部壁面温度高于下部情况。

为了防止产生过大的热应力，锅炉的升压过程一定要缓慢进行。

点火升压过程中，锅炉的蒸汽参数、水位及各部件的工作状况在不断变化。为了防止异常情况及事故出现，要严密监视各种仪表指示的变化，通过调整控制压力、温度、水位等工艺参数在允许范围之内，同时也考核各种仪表、阀门等控制设施的可靠性、准确性。另外，也要注意观察各受热面，使各部位冷热交换温度变化均匀，防止局部过热，烧坏设备。

⑥ 暖管与并汽。所谓暖管，即用蒸汽缓慢加热管道、阀门、法兰等元件，使其温度缓慢上升，避免向冷态或较低温度的管道突然供入蒸汽，以防止热应力过大而损坏管道、阀门等元件。同时将管道中的冷凝水驱出，防止在供气时发生水击。

冷态蒸汽管道的暖管时间一般不少于2h；热态蒸汽管道的暖管一般为0.5～1h。暖管时，应检查蒸汽管道的膨胀是否良好，支吊架是否正常。如有不正常现象，应停止暖管，查明原因消除故障。

并汽也叫并炉，即投入运行锅炉向共用的蒸汽总管供气。并汽前应减弱燃烧，打开蒸汽管道上所有疏水阀，充分疏水以防止冲击；冲洗水位表，并使水位维持在正常水位线以下；使启动锅炉蒸汽压力稍低于蒸汽总管内汽压（低压锅炉为0.02～0.05MPa；中压锅炉为0.1～0.2MPa）；之后缓慢打开主汽阀及隔绝阀，使所启动锅炉与蒸汽总管联通。

单台运行的锅炉，在暖管之后即可向用气设备供气，其操作注意事项与并汽相似。

（2）锅炉运行中的安全要点

① 锅炉运行中，保护装置与联锁不得停用。需要检验或维修时，得经有关主管领导批准。

② 锅炉运行中，安全阀每天人为排气试验一次。电磁安全阀电气回路试验每月应进行一次。安全阀排气试验后，其起座压力、回座压力、阀瓣开启高度应符合规定，并作记录。

③ 锅炉运行中，应定期进行排污试验。

（3）锅炉停炉时的安全要点　锅炉停炉分正常停炉和紧急停炉（事故停炉）两种。

① 正常停炉是计划内的停炉。停炉中应注意的主要问题是，防止降压降温过快，以避免锅炉元件因降温收缩不均匀而产生过大的热应力。

停炉操作应按规定的次序进行。锅炉正常停炉时先停燃料供应，随之停止送风，降低引风。与此同时，逐渐降低锅炉负荷，相应地减少锅炉上水，但应维持锅炉水位稍高于正常水位。对燃油、燃气锅炉和煤粉锅炉，炉膛停火后，引风机至少要继续引风5min。锅炉停止供气后，应隔绝与蒸汽总管的连接，排气降压。为保持过热器正常工作，可打开过热器出口联通疏水阀，适当放气。降压过程中作业人员应继续监视锅炉。待锅内无气压时，开启空气阀，以免锅内因降温形成真空。

为防止锅炉降温过快，在正常停炉的4～6h内，应紧闭炉门和烟道接板。之后打开烟道接板，缓慢加强通风，适当放水。停炉18～24h，在锅水温度降至70℃以下时，方可全部放水。

② 锅炉遇有下列情况之一者，应紧急停炉：

锅炉水位低于水位表的下部可见边缘；

不断加大向锅炉给水及采取其他措施，但水位仍继续下降；

锅炉水位超过最高可见水位（满水），经放水仍不能见到水位；

给水泵全部失效或给水系统故障，不能向锅炉进水；

水位表或安全阀全部失效；

锅炉元件损坏，危及运行人员安全；

燃烧设备损坏，炉墙倒塌或锅炉构架被烧红等，严重威胁锅炉安全运行；

其他异常情况危及锅炉安全运行。

紧急停炉的操作次序是，立即停止添加燃料和送风，减弱引风。与此同时，设法熄灭炉膛内的燃料，对于一般层燃炉可以用砂土或湿灰灭火，链条炉可以开快挡使炉排快速运转，把红火送入灰坑。灭火后即把炉门、灰门烟道接板打开，以加强通风冷却。锅内可以较快降压并更换锅水，锅水冷却至70℃左右允许排水。但因缺水紧急停炉时，严禁给炉上水，并不得开启空气阀及安全阀快速降压。

紧急停炉是为了防止事故扩大及产生更为严重的后果。但紧急停炉操作本身势必导致锅炉元件快速降温降压，产生较大的热应力，以致损害锅炉元件。因此，紧急停炉是不得已而采用的非正常停炉方式，有缺陷的锅炉应尽量避免紧急停炉。

案例分析

1988年4月11日，湖北汉阳县氮肥厂发生液氨冲出事故，11日晚8时，该厂2号液氨储槽液位计玻璃管突然断裂，液氨溢出，现场一片白雾，视线不清，值班主任甲带氧气呼吸器进现场想关储槽阀门堵漏，最后在墙角室息死亡。

1987年6月22日，安徽省亳州市化肥厂发生一起液氨储槽爆炸事故。该厂5月31日停车检修，至6月20日开车时，发现液氨数量不足，即向市蛋品厂借用液氨储槽去太和化肥厂求援液氨。21日运回740kg，22日又去装790kg，在返回途中，路经某乡农贸市场时，氨罐尾部冒出白烟，随后发生爆炸，把重74.4kg的后封头向后推出64.4m，直径0.8m、重约770kg的罐体挣断四股八号铅丝组成的加固绳，冲断氨罐支架及卡车龙门架，摧毁驾驶室，挤死驾驶员，途中撞死3人后停在97m远处，喷出的大量白色氨雾造成87位农民灼伤中毒，汽车后部200棵树和约7000m^{2}的庄稼被烧毁。事故最终造成10人死亡、19人有后遗症、47人中毒。

结合案例进行事故分析，找出事故原因，检索液氨的危险性，讨论应为以上各厂制定哪些液氨安全操作规程，应为操作人员配备哪些防护用品。

思考与讨论

1. 学习之前对压力容器的理解有哪些？
2. 学习后是否明确学习压力容器的意义？
3. 如何将压力容器的相关知识运用到后续的课程学习与理解中？
4. 通过学习，对照学习目标，收获了哪些知识点，提升了哪些技能？
5. 在学习过程中遇到哪些困难，借助哪些学习资源解决遇到的问题（例如：参考教材、文献资料、视频、动画、微课、标准、规范、课件等)？
6. 在学习过程中，采用了哪些学习方法强化知识、提升技能（例如：小组讨论、自主探究、案例研究、观点阐述、学习总结、习题强化等)？
7. 在小组学习中能否提出小组共同思考与解决的问题，这些问题是否在小组讨论中得到解决？
8. 学习过程中遇到哪些困难需要教师指导完成？
9. 还希望了解或掌握哪些方面的知识，希望通过哪些途径来获取这些资源？

第七章

化工安全检修技术

学习目标

1. 知识目标

① 熟悉化工装置检修的分类与特点。

② 熟悉化工装置检修前的准备工作。

③ 掌握八种特殊作业的安全要求。

2. 能力目标

① 能编制检修方案。

② 会填写检修作业证。

③ 能明确检修过程中各角色的职责。

3. 素质目标

① 具备团队协作、同侪互助的能力。

② 具备安全作业、自我防护的能力。

③ 具备严谨求实、一丝不苟的实训能力。

4. 思政目标

① 具有爱岗敬业的职业道德。

② 具有严谨求实、精益求精的工匠精神。

学习内容

第一节　化工安全检修概述

一、化工检修分类

石油化工装置和设备的检修分为计划检修和非计划检修。按计划进行的检修称为计划检修。根据计划检修内容、周期和要求不同，计划检修可分为小修、中修、大修。目前，大多数石油化工生产装置都定为一年一次大修。随着新材料、新工艺、新技术、新设备的应用，检修质量的提高和预测技术的发展，一部分石油化工生产装置则实现了两年进行一次大修。

在生产过程中设备突然发生故障或事故，必须进行不停工或临时停工的检修称为非计划检修。这种检修事先难以预料，无法安排检修计划。因此，在目前的石油化工生产中，这种检修仍然是不可避免的。

二、化工检修的特点

化工检修具有频繁、复杂、危险性大的特点。

化工生产的特点及复杂性，决定了化工设备、管道的故障和事故的频繁性，而使计划检修或非计划检修频繁。

化工生产中使用的设备、机械、仪表、管道、阀门等，种类多，数量大，结构和性能各异，这就要求从事检修的人员具有相应的知识和技术素质，熟悉掌握不同设备的结构、性能和特点。检修中因受环境、气候、场地的限制，有些要在露天作业，有些要在设备内作业，有些要在地坑或井下作业，有时要上、中、下立体交叉作业，非计划检修又无法预料，参加检修的人员的作业形式和人数也经常变动等都说明化工检修的复杂性。

化工生产的复杂性决定了化工检修的危险性。化工设备和管道中有很多残存的易燃易爆、有毒有害、有腐蚀性物质，而化工检修又离不开动火、动土、进罐入塔等作业，稍有疏忽就可能发生火灾爆炸、中毒和化学灼伤事故。因此，必须加强检修的安全管理工作，优化检修环境，落实各自的安全职责，加强宣传教育，使参加检修的人员树立明确的安全意识，实现化工检修安全。这样不仅保护职工的安全和健康，而且还可以使检修工作保质保量按时完成，为安全生产创造良好条件。

三、化工检修安全管理

1. 编制检修计划方案

（1）编制检修任务计划方案和安全措施

① 检修方案内容包括：检修项目名称、参加检修工种和人数、检修方法、步骤和安全防护措施等。

② 检修方案必须做到项目齐全、内容详细、任务具体、责任明确、措施有力、方法科学。

③ 检修方案中的安全防护措施应报安全管理部门及分管人员备案。

（2）编制检修方案的程序

① 停工大修，由检修车间和相关管理部门共同编制检修任务计划方案或检修任务书。

② 中修和一般检修，由车间编制检修任务计划方案，报请相关部门审核批准，下达后实行。

③ 车间日常维修，由车间相关管理员或工段长（班组长）编制维修计划方案，经车间管理人员批准后执行。

2. 检修组织与管理

① 大修应成立检修领导小组（或检修指挥组），企业负责人任总指挥兼安全总负责人，由参加检修项目的有关车间部门参加组成。

② 一切检修项目均应在检修前办理检修任务书，明确各检修项目负责人，履行检修项目的审批手续。检修任务书由相关管理部门负责管理。

③ 项目检修负责人对分管检修项目工作实行统一指挥、调度，确保检修过程的安全。

④ 大修现场的每个区域由检修项目负责人和车间部门负责人对检修安全负责，并指定区域现场专职安全员。

⑤ 检修项目负责人必须亲自组织有关技术人员到现场按检修任务要求向检修人员进行任务交底、技术交底和安全交底，同时落实检修安全措施。

⑥ 企业的生产、调度、设备、安全管理部门等有专人在大修现场，检查、督促检修过程的安全作业情况。

3. 检修准备

① 生产车间部门要为检修项目负责单位、部门创造可靠的安全检修条件，做好检修项目的各项准备工作和设备处理方案，落实好安全措施。

② 参加检修项目的单位、车间部门没有按规程办理、办完检修作业许可证，不得任意拆卸设备、管道等。

③ 根据检修任务的规定，应认真逐项落实安全措施，不准随意改动，如执行有问题必须经总指挥批准。

④ 对检修使用的工具、设备应进行详细检查，保证安全可靠。

⑤ 检修传动设备、传动设备上的电气设备，必须切断电源（拔掉电源熔断器），并经两次起动复查证明无误后，在电源开关处挂上禁止启动牌或上安全锁卡。

⑥ 检修单位要检查动火安全作业证、设备内安全作业证、高处安全作业证和电气工作票的审批内容和落实情况。

⑦ 检修单位应检查检修过程中需用防护器具、消防器材准备情况。

4. 检修安全

（1）安全员在检修中的职责

① 电源设备管线是否有效切断。

② 盲板是否按流程顺序抽、堵，有无遗漏或差错。

③ 设备内清洗和置换是否符合规定要求，有无死角或漏项。

④ 安全防护措施（灭火器、安全帽、防护用具、安全警告牌、现场水源等）是否逐项落实。

⑤ 检查、督促检修过程是否按有关规程办理作业证。

（2）检修人员在检修中的职责

① 一切检修应严格执行企业检修安全技术规程，检修人员要认真遵守本工种安全技术操作规程的各项规定。

② 检修人员要认真检查有关作业证（动火安全作业证、高处安全作业证、设备内安

全作业证等），在手续齐全、审批内容明确、安全措施落实的情况下方可施工。

（3）注意事项

① 检修前，检修项目负责人应详细检查并确认工艺处理合格、盲板加堵正确等情况。每次作业前，按要求对现场进行详细的检查，符合规定要求后方可进行作业。

② 易燃易爆区域的检修作业，要使用防爆器具、器械，或采用其他防爆措施，严格防范产生火花。

③ 检修区域内，由公司交通管理部门对各种机动车辆实行严格管理。

④ 凡是机动传动设备检修，必须有效切断电源，悬挂“禁止合闸”警告牌。设备、容器、管道检修，要在已切断的物料管道阀门上挂设“禁止启动”警告牌。

⑤ 检修临时行灯必须采用安全电压。

第二节　化工安全检修作业

一、动火作业

1. 定义

动火作业是指在禁火区进行焊接与切割作业及在易燃易爆场所使用喷灯、电钻、砂轮等进行可能产生火焰、火花和炽热表面的临时性作业。

2. 分类

（1）动火作业分类

动火作业可分为特殊危险动火作业、一级动火作业和二级动火作业三类。

① 特殊危险动火作业，系指在生产运行状态下的易燃易爆介质生产装置、储罐、容器等部位上及其他特别危险场所的动火作业。

② 一级动火作业，系指在易燃易爆场所进行的动火作业。

③ 二级动火作业，系指在火灾、爆炸危险性较小的场所进行的动火作业。

（2）动火作业区域等级的划分　为了加大安全管理的力度，以便于采取不同的控制措施，可根据生产物料、生产装置或生产单元发生火灾爆炸危险性的大小，以及发生火灾或爆炸事故后的严重程度，将整个生产区域划为一类动火区、二类动火区和固定动火区三个等级区域，以便于采取不同的控制措施。

① 一类动火区。通常是指该生产区域内存在较大易燃易爆危险性，在该区域内若发生火灾或爆炸事故后可造成较大的财产损失和较多的人员伤亡。

在一类动火区内进行动火作业应申请办理一级动火证，此级别动火证由动火地点所在单位主管领导初审签字后，报主管安全部门终审批准。

② 二类动火区。是指生产区域内存在较小火灾或爆炸危险性，若区域内发生火灾或爆炸事故后，只造成一定的财产损失和较少的人员伤亡。

在二类动火区内进行动火作业应申请办理二级动火证，此级别动火证由动火地点所在单位的主管领导终审批准。

二类动火区还可简单地视为一类动火区和固定动火区范围以外的生产区域。

③ 固定动火区。是指在生产区域内无燃烧或爆炸危险性的区域。设置固定动火区的主要目的是方便经常需要进行动火作业的车间或单位的检修作业。在该区域范围内进行动火作业时，可免去办理动火作业安全许可证。

3. 管理

动火作业必须严格执行《化学品生产单位动火作业安全规范》（AQ 3022—2008）。

① 动火作业实行作业许可证制度，除生产区域的固定动火作业外，其他任何时间、地点进行动火作业前，均应办理动火作业申请许可证（见表 7-1）。

表 7-1 动火作业申请许可证

车间或部门： 编号：

动火地点			
动火方式			
动火执行人			
动火负责人			
动火时间 年 月 日 时 分始至 年 月 日 时 分止			
动火分析时间	采样地点	分析数据	分析人
年 月 日 时			
年 月 日 时			
危害问题 确认签名：			
安全措施 编制人：			
监火人：			
动火部位负责人：			
动火初审人：			
动火审批人：			
特殊动火会签：			

② 申请动火作业前，动火作业单位应针对动火作业内容、作业环境、特种作业人员资质等方面开展安全分析，辨识危害因素，评估潜在风险，根据风险评估的结果，结合单位实际编制动火安全作业方案。

③ 凡是没有办理动火作业申请许可证，没有落实动火安全作业方案，未设动火作业

监护人以及动火安全作业方案有变动且未经批准的，一律禁止动火。

④ 动火作业申请许可证是动火作业现场操作依据，只限一处使用，不得在动火作业申请许可证审批（申报）以外的场所和时间作业使用，不得涂改、伪造、代签。

⑤ 处于运行状态且带有可燃、有毒、易爆的容器、设备、管线严禁动火作业。确属生产需要必须动火作业时，应制定可靠的施工方案、安全措施及应急计划，经审批（申报）许可后方可实施。

⑥ 动火作业区域应设置警戒，严禁与动火作业无关的人员或车辆进入动火作业区域，动火作业现场应配备保证动火安全的消防设备和灭火器材。

⑦ 与动火作业点直接相连的管线必须进行可靠的隔离、封堵、锁闭或拆除处理。

⑧ 气焊（割）动火作业时，氧气瓶与乙炔瓶的间隔不小于 5m，且气瓶严禁卧放，二者与动火作业地点距离不得小于 10m，室外作业时严禁并不得在烈日下暴晒。

⑨ 距动火作业地点 15m 范围内不得有可燃、有毒、易爆容器暴露。

⑩ 进入有限空间、高处等进行动火作业，应办理相关手续，执行有限空间和高处作业的相关规定。

⑪ 高处动火作业应设置防落物、防火花溅落设施，并安排专人观察。遇有五级以上（含五级）风应停止高处及室外一切动火作业。

⑫ 进入受限空间动火作业，应在其内部采取吹扫、置换、冲洗等方法清除可燃、有毒、易爆等介质，经检查后采用机械强制通风换气形成空气对流，方可作业。

受限空间的可燃、有毒、易爆介质气体浓度应符合国家相关标准的规定。

⑬ 挖掘作业中的动火作业，应确定作业现场地下管道、电缆、光缆方位并做好消防准备与安全防护，地上物、土方需进行必要的支撑防护。

4. 职责界定

（1）动火申请单位及负责人

按照“属地管理”原则，即在哪个区域动火作业由哪个区域主要领导负责的原则，动火申请单位及负责人必须组织、指导做好作业区域的有关安全工作。

① 填写、办理动火作业申请许可证审批手续，并提供相关资源保障。

② 负责落实动火作业安全措施，组织实施动火作业，并对动火作业安全措施的有效性和可靠性负责。

③ 向动火施工作业单位明确动火作业现场的危险状况，协助动火作业单位开展危害识别，制定动火作业安全措施，并向动火作业单位提供动火作业安全条件。

④ 监督动火作业安全，发现违章动火作业有权撤销动火作业申请许可证，并及时报告动火作业审批人。

⑤ 负责指派动火监护人。

⑥ 动火作业申请许可证申请单位负责人，承担动火作业安全的最终责任。

（2）动火施工作业单位负责人

① 负责编制动火作业安全工作方案，制定安全措施和应急预案。负责组织实施动火作业前的安全培训，严格按照动火作业申请许可证和动火作业安全工作方案施工。

② 办理动火作业申请许可证前，应到现场检查动火作业安全措施落实情况。确认安全措施可靠，并向动火人和现场监护人交代安全注意事项后，在动火作业申请许可证上签署意见。

③ 随时检查动火作业安全措施的有效性和可靠性，发现违章或不具备动火作业条件时，有责任及时终止动火作业。

④ 负责指派施工监护人，对动火施工作业全过程进行全面安全监督与检查，发现问题及时解决、汇报。

⑤ 对动火作业现场的安全负全责。

（3）动火作业人员

① 动火作业人员必须持特种作业资格证上岗，所持证件与现场动火作业人员及动火作业申请许可证信息必须一致，严禁伪造、借用、冒名代替、过期使用等行为。

② 严格按照动火作业申请许可证签署的任务、地点、时间进行作业，严禁违章、违规操作，对动火作业安全负有直接责任。

③ 严格执行动火作业安全工作方案，明确动火作业现场的危险状况，作业现场不具备有效的动火作业安全施工和个人防护的，有权拒绝动火作业。

④ 按规定摆放动火设备，正确穿戴、使用劳动防护用品，熟悉安全应急措施，掌握应急处理方法。

（4）动火监护人、施工监护人

① 动火监护人、施工监护人作为申请单位和动火施工作业单位分别指定的安全监护人员，应具备相应的能力和资质，必须经过专业安全培训，有较强的责任心，对现场动火作业全过程安全负直接监护责任。

② 全面了解动火作业所在区域和部位状况，熟悉工艺操作和设备状况，熟悉安全应急措施，并能组织指挥处理异常情况。

③ 掌握急救方法，熟练使用消防器材及其他救护器具。

④ 确认各项安全措施、消防设施落实到位，发现落实不到位或安全措施不完善时，有权提出暂停作业；对现场人员的“三违”行为，有权批评教育或制止。

⑤ 必须携带动火作业申请许可证坚守岗位，动火作业期间，不准离开动火作业地点，动火作业完成后，应会同有关人员清理现场，清除残火，确认无遗留火种后方可离开现场。

（5）动火作业审批人　动火作业审批人是负责审批动火作业申请许可证的责任人或其授权人，是有权力提供、调配、协调风险控制资源的直接管理人员。

① 全面了解动火作业地点、时间、内容。

② 核实并审查动火作业安全工作方案和动火作业安全措施的有效性和可靠性。

③ 核实并审查动火作业申请许可证填写内容是否正确并符合要求。

④ 对违章动火作业进行调查处理。

5. 申请许可证的申请与关闭

① 动火作业申请许可证由申请动火单位负责办理。办证人应按动火作业申请许可证的项目逐项填写，不得空项。

a. 一级动火作业，必须有书面报告，经主管领导签署意见同意后，动火申请单位填报动火作业申请许可证，经本单位主要负责人审查签字，并报安全、消防主管部门审核后方可实施。

b. 二级动火作业的动火作业申请许可证由动火申请单位分管安全负责人审查签字后，报安全、消防主管部门审核批准后方可实施。

c. 三级动火作业的动火作业申请许可证，由动火申请单位领导审查签字同意，落实安全防火措施，并报送安全、消防主管部门审核备案后方可实施。

② 逢节假日、夜班的应急抢修动火作业由动火地点分管安全领导审查并核实批准后实施，安全、消防主管部门备案。

③ 审批后的一、二级动火作业必须在 72h 内实施，在许可时间内未完成动火作业确需延期的，需提前向审批人提出延期申请许可，并在动火作业申请许可证注明、签字。三级动火作业必须在当日实施。

④ 动火作业工作中断超过 2h，继续动火作业前，动火作业人、动火作业监护人应重新确认作业现场安全条件。

⑤ 动火作业工作结束后，应清理现场，解除相关隔离设施，动火作业监护人应认真仔细检查现场，确认无任何安全隐患，动火申请单位负责人或动火作业单位现场负责人与审批人在许可证关闭回执上签字，并及时报送审批人在许可证关闭回执上签字确认，关闭动火作业许可。

⑥ 动火作业申请许可证应一事一办。如果在同一动火地点、设施、事项多人同时动火作业，可使用一份动火作业申请许可证。

⑦ 动火作业申请许可证不能转让、涂改或扩大使用范围。

⑧ 动火作业申请许可证一式四份，安全主管部门、消防主管部门、动火申请单位和动火作业负责人各持一份存查。

二、动土作业

1. 定义

动土作业为挖土、打桩、地锚入土深度 0.5m 以上；地面堆放负重在 $50kg/m^2$ 以上，使用推土机、压路机等施工机械进行填土或平整场地的作业。

2. 安全要求

动土作业必须严格执行《化学品生产单位动土作业安全规范》(AQ 3023—2008)

① 动土作业必须办理动土安全作业证，没有动土安全作业证不准动土作业（见表 7-2 及表 7-3)。

表 7-2 动土安全作业证-正面

车间或部门：　　　　　　　　　　　　　　　　　　编号：

申请单位		申请人	
作业单位		作业地点	

续表

<table>
<tr><td>电源接入点</td><td></td><td>电压</td><td></td></tr>
<tr><td>填写人</td><td></td><td></td><td></td></tr>
<tr><td colspan="4">作业时间：　年　月　日　时　分始至　年　月　日　时　分止</td></tr>
<tr><td colspan="4">动土范围、内容、方式（包括深度、面积并附简图）
项目负责人：　年　月　日　时　分</td></tr>
<tr><td colspan="4">危害辨识
确认签名：　年　月　日　时　分</td></tr>
<tr><td colspan="4">动土安全措施（执行背面）：
作业负责人：　年　月　日　时　分</td></tr>
<tr><td colspan="4">作业地段负责人意见：
负责人：　年　月　日　时　分</td></tr>
<tr><td colspan="4">有关水、电、汽、工艺、设备、消防、安全等部门会签意见：
总图负责人：　年　月　日　时　分</td></tr>
<tr><td colspan="4">完工验收检查：
验收人签字：　年　月　日　时　分</td></tr>
</table>

表 7-3 动土安全作业证-背面

序号	安全措施	打√
1	作业人员作业前已进行了安全教育	
2	作业地点处于易燃易爆场所，需要动火时是否办理了动火证	
3	地下电力电缆已确认保护措施已落实	
4	地下通信电（光）缆，局域网络电（光）缆已确认保护措施已落实	
5	地下供排水、消防管线、工艺管线已确认保护措施已落实	
6	已按作业方案图划线和立桩	
7	动土地点有电缆、管道等地下设施，应向作业单位交代并派人监护，作业时轻挖，禁止使用铁棒、铁镐或抓斗等机械工具	
8	作业现场围栏、警戒线、警告牌、夜间警示灯已按要求设置	
9	已进行放坡处理和固壁支撑	
10	人员出入口和撤离安全措施已落实：A. 梯子；B. 修坡道	
11	道路施工作业已报：交通、消防、安全监督部门、应急中心	
12	备有可燃气体检测仪，有毒介质检测仪	

续表

序号	安全措施	打√
13	现场夜间有充足照明：A. 36V、24V、12V防水型灯；B. 36V、24V、12V防爆型灯	
14	作业人员已配备安全帽等防护器具	
15	动土范围（包括深度、面积、并附简图）无障碍物；已在总图上做标记	

② 动土作业前，项目负责人应对施工人员进行安全教育；施工负责人对安全措施进行现场交底，并督促落实。

③ 动土作业施工现场应根据需要设置护栏、盖板和警告标志，夜间应悬挂红灯示警；施工结束后要及时回填土方，并恢复地面设施。

④ 动土作业必须按动土安全作业证的内容进行，对审批手续不全、安全措施不落实的，施工人员有权拒绝作业。

⑤ 严禁涂改、转借动土安全作业证，不得擅自变更动土作业内容、扩大作业范围或转移作业地点。

⑥ 动土中如暴露出电缆、管线以及不能辨认的物品时，应立即停止作业，妥善加以保护，报告动土审批单位处理，采取措施后方可继续动土作业。

⑦ 动土临近地下隐蔽设施时，应轻轻挖掘，禁止使用铁棒、铁镐或抓斗等机械工具。

⑧ 挖掘坑、槽、井、沟等作业，应遵守下列规定：

a. 挖掘土方应自上而下进行，不准采用挖底脚的办法挖掘，挖出的土石不准堵塞下水道和阴井。

b. 在挖较深的坑、槽、井、沟时，严禁在土壁上挖洞攀登。作业时必须戴安全帽。坑、槽、井、沟上端边沿不准人员站立、行走。

c. 要视土壤性质、湿度和挖掘深度设置安全边坡或固壁支架。挖出的泥土堆放处所和堆放的材料至少要距坑、槽、井、沟边沿0.8m，高度不得超过1.5m。对坑、槽、井、沟边坡或固壁支架应随时检查，特别是雨雪后和解冻时期，如发现边坡有裂缝、松疏或支撑有折断、走位等异常危险征兆，应立即停止工作，并采取措施。

d. 作业时应注意对有毒有害物质的检测，保持通风良好。发现有毒有害气体时，应采取措施后，方可施工。

e. 在坑、槽、井、沟的边缘，不能安放机械、铺设轨道及通行车辆。如必须时，要采取有效的固壁措施。

f. 在拆除固壁支撑时，应从下而上进行。更换支撑时，应先装新的，后拆旧的。

g. 所有人员不准在坑、槽、井、沟内休息。

⑨ 上下交叉作业应戴安全帽，多人同时挖土应相距在2m以上，防止工具伤人。作业人员发现异常时，应立即撤离作业现场。

⑩ 在化工危险场所动土时，要与有关操作人员建立联系，当化工生产突然排放有害物质时，化工操作人员应立即通知动土作业人员停止作业，迅速撤离现场。

⑪ 作业前必须检查工具、现场支护是否牢固、完好，发现问题应及时处理。

三、受限空间作业

1. 定义

受限空间是指各类塔、釜、槽、罐、炉膛、锅筒、管道、容器以及地下室、坑（池）、下水道或其他封闭、半封闭场所。受限空间作业是指进入或探入受限空间内进行的作业。

2. 管理

受限空间作业必须严格执行《化学品生产单位受限空间作业安全规范》（AQ 3028—2008）

（1）作业负责人

① 对受限空间作业安全负全面责任。

② 在受限空间作业环境、作业方案和防护设施及用品达到安全要求后，可安排人员进入受限空间作业。

③ 在受限空间及其附近发生异常情况时，应停止作业。

④ 检查、确认应急准备情况，核实内外联络及呼叫方法。

⑤ 对未经允许试图进入或已经进入受限空间者进行劝阻或责令退出。

（2）监护人员

① 对受限空间作业人员的安全负有监督和保护的职责。

② 了解可能面临的危害，对作业人员出现的异常行为能够及时警觉并做出判断。与作业人员保持联系和交流，观察作业人员的状况。

③ 当发现异常时，立即向作业人员发出撤离警报，并帮助作业人员从受限空间逃生，同时立即呼叫紧急救援。

④ 掌握应急救援的基本知识。

（3）作业人员

① 负责在保障安全的前提下进入受限空间实施作业任务。作业前应了解作业的内容、地点、时间、要求，熟知作业中的危害因素和应采取的安全措施。

② 确认安全防护措施落实情况。

③ 遵守受限空间作业安全操作规程，正确使用受限空间作业安全设施与个体防护用品。

④ 应与监护人员进行必要的、有效的安全、报警、撤离等双向信息交流。

⑤ 服从作业监护人员的指挥，如发现作业监护人员不履行职责时，应停止作业并撤出受限空间。

⑥ 在作业中如出现异常情况或感到不适或呼吸困难时，应立即向作业监护人员发出信号，迅速撤离现场。

（4）审批人员

① 审查受限空间作业许可证的办理是否符合要求。

② 到现场了解受限空间内外情况。

③ 督促检查各项安全措施的落实情况。

3. 安全要求

① 进行受限空间作业前必须办理受限空间作业许可证（见表 7-4）。

表 7-4 受限空间作业许可证

车间或部门： 编号：

<table>
<tr><td rowspan="7">受限空间所在单位负责项目栏</td><td colspan="7">受限空间所在单位：</td></tr>
<tr><td colspan="7">受限空间名称：</td></tr>
<tr><td colspan="7">检修作业内容：</td></tr>
<tr><td colspan="7">受限空间主要介质：</td></tr>
<tr><td colspan="7">作业时间： 年 月 日 时始至 年 月 日 时止</td></tr>
<tr><td colspan="7">隔绝安全措施
确认签字： 年 月 日</td></tr>
<tr><td colspan="7">负责人意见：
负责人： 年 月 日</td></tr>
<tr><td rowspan="6">作业单位负责项目栏</td><td colspan="7">作业单位：</td></tr>
<tr><td colspan="7">作业负责人：</td></tr>
<tr><td colspan="7">作业监护人：</td></tr>
<tr><td colspan="7">作业中可能产生的有害物质：</td></tr>
<tr><td colspan="7">作业安全措施（包括抢救后备措施）：</td></tr>
<tr><td colspan="7">负责人意见：
负责人： 年 月 日</td></tr>
<tr><td rowspan="3">采样分析</td><td>分析项目</td><td>有毒有害介质</td><td>可燃气</td><td>氧含量</td><td>取样时间</td><td>取样部位</td><td>分析人</td></tr>
<tr><td>分析标准</td><td></td><td></td><td></td><td></td><td></td><td></td></tr>
<tr><td>分析数据</td><td></td><td></td><td></td><td></td><td></td><td></td></tr>
<tr><td colspan="8">审批意见：
批准人： 年 月 日</td></tr>
</table>

② 受限空间作业前，应采取措施，保持受限空间空气良好流通，如需要可用鼓风机对池内送风约 30min，并达到下列要求：氧含量一般为 18%～21%，在富氧环境下不得大于 23.5%。

③ 受限空间内作业必须配备防爆型照明设备，其供电电压不得大于 12V。

④ 安全防护措施

a. 进入受限空间前必须检查有关急救器材是否完好，做好照明、通风、气体检测、通信、机电设备检查等工作。

b. 在受限空间作业时应在受限空间外设置安全警示标志。

c. 受限空间出入口应保持畅通。

d. 作业人员不得携带与作业无关的物品进入受限空间，作业中不得抛掷材料、工器具等物品。

e. 受限空间外应备有空气呼吸器（氧气呼吸器）、消防器材和清水等相应的应急用品。

f. 入池作业人员须佩戴安全帽，上落梯必须绑好安全带；起吊淤泥时，吊物下严禁站人。

g. 送风设备要运转良好保证不间断送风。

h. 难度大、劳动强度大、时间长的受限空间作业应采取轮换作业。

i. 在受限空间进行高处作业时，应遵守《化学品生产单位高处作业安全规范》（AQ 3025—2008）。

j. 作业前后，监护人员必须逐一清点作业人员和作业工器具。作业人员离开受限空间作业点时，应将作业工器具带出。

k. 作业结束后，由受限空间所在单位和作业单位共同检查受限空间内外，确认无问题后方可封闭受限空间

⑤ 监护

a. 受限空间作业，在受限空间外应设有专人监护。

b. 进入受限空间前，监护人应会同作业人员检查安全措施，为受限空间内作业人员配备通信设备，如无线电对讲机等。

c. 在风险较大的受限空间作业，应增设监护人员，并随时保持与受限空间作业人员的联络。

d. 监护人员不得脱离岗位，并应掌握受限空间作业人员的人数和身份，对人员和工器具进行清点。

⑥ 受限空间作业许可证的管理

a. 受限空间作业许可证应清楚标明受限空间所属单位、施工作业地点、作业内容、作业人、监护人、工作电压、开工时间、主要安全措施以及作业负责人和各级审批人的签名及意见。

b. 受限空间作业许可证由作业现场负责人填写各项内容，安全措施栏应填写具体的安全措施，经作业人员确认无误并签字后，上报安全管理部门审核并批准。

c. 受限空间作业许可证一式三份，一份交作业人员，一份交现场监护人员，一份交安全管理部门留存。作业完成后，作业人员和监护人员手里的受限空间作业许可证要交回安全管理部门存档，存档期限为 1 年。

四、高处作业

1. 定义

凡在坠落高度基准面 2m 及 2m 以上有可能坠落的高处进行的作业均称为高处作业。

高处作业要严格执行《化学品生产单位高处作业安全规范》（AQ 3025—2008）。进行高处作业前必须办理高处作业申请许可证（见表 7-5、表 7-6）。

表 7-5 高处作业申请许可证-正面

<table>
<tr><td>编号</td><td></td><td>申请单位</td><td></td><td>申请人</td><td></td></tr>
<tr><td>作业时间</td><td colspan="5">年 月 日 时 分始至 年 月 日 时 分止</td></tr>
<tr><td>作业地点</td><td colspan="5"></td></tr>
<tr><td>作业内容</td><td colspan="5"></td></tr>
<tr><td>作业高度</td><td colspan="2"></td><td>作业类别</td><td colspan="2"></td></tr>
<tr><td>作业单位</td><td colspan="2"></td><td>作业人</td><td colspan="2"></td></tr>
<tr><td colspan="6">危害辨识：</td></tr>
<tr><td colspan="6">安全措施（执行背面）：</td></tr>
<tr><td>监护人职责</td><td colspan="2">检查安全措施是否完全落实到位，并做好监护</td><td>监护人</td><td colspan="2">签字
年 月 日 时 分</td></tr>
<tr><td>作业单位负责人意见</td><td colspan="5">签字： 年 月 日 时 分</td></tr>
<tr><td>审核部门意见</td><td colspan="2"></td><td>签字</td><td colspan="2"></td></tr>
<tr><td>审批部门意见</td><td colspan="2"></td><td>签字</td><td colspan="2"></td></tr>
<tr><td>完工验收人</td><td colspan="2"></td><td>签字</td><td colspan="2"></td></tr>
</table>

表 7-6 高处作业申请许可证-背面

序号	安全措施	打√
1	作业人员身体条件符合要求	
2	作业人员着装符合工作要求	
3	作业人员佩戴合格的安全帽	
4	作业人员佩戴安全带，安全带要高挂低用	
5	作业人员携带有工具袋	
6	作业人员佩戴：A. 过滤式防毒面具或口罩；B. 空气呼吸器	
7	现场搭设的脚手架、防护网、围栏符合安全规定	
8	垂直分层作业中间有隔离设施	
9	梯子、绳子符合安全规定	
10	石棉瓦等轻型棚的承重梁、柱能承重负荷要求	
11	作业人员在石棉瓦等不承重物作业所搭设的承重板稳定牢固	
12	采光不足、夜间作业有充足的照明，安装临时灯，防爆灯	
13	30m 以上高处作业配备通信、联络工具	
14	补充措施	
15	其他	

2. 管理

（1）人员要求

① 凡参加高处作业的人员均应进行体格检查，经医生诊断患有不宜从事高处作业病症的人员不得参加高处作业。

② 高处作业人员应衣着灵便，衣袖、裤脚应扎紧。进入施工现场，应戴好安全帽；从事高处作业时，应在垂直上方牢固的构件上拴好安全带；安全帽、安全带要按规定定期检验，使用前应进行检查，不合格的不应使用。不应穿硬底鞋、拖鞋、高跟鞋、易滑的鞋或赤脚从事高处作业。不应酒后作业。

③ 高处作业不得坐在平台、孔洞边缘，不得骑坐在栏杆上，不得躺在走道板上或安全网内休息；不得站在栏杆外工作或凭借栏杆起吊物件。

④ 非有关施工人员不得攀登高处，登高参观的人员应有专人陪同，并严格遵守有关安全规定。

（2）设施要求

① 高处作业应具备的安全设施：速差自控器、安全绳、安全网、手扶水平安全绳、孔洞盖板、临时防护栏杆、爬梯、安全标志、安全通道、安全绳。

② 高处作业根据情况可配备的安全设施：安全自锁器（含配套缆绳）、废料垃圾通道（含附属设施）、活动支架、高处水冲式厕所、电焊机集装箱、二次线通道、施工电梯、施工吊篮。

③ 高处作业用安全设施管理执行施工现场安全设施管理程序。

（3）作业过程要求

① 各项目在编制施工组织设计及施工方案时，应尽量减小高处作业和交叉作业，高处作业和交叉作业应有安全措施，并严格执行。

② 施工中应尽量减少立体交叉作业，交叉时，施工负责人应事先组织交叉作业各方，商定各方的施工范围及安全注意事项；各工序应密切配合，施工场地尽量错开，以减少干扰；无法错开的垂直交叉作业，层间应搭设严密、牢固的防护隔离设施。

③ 高处作业的平台、走道、斜道等应装设 1.05m 高的防护栏杆和 18cm 高的挡板或设防护立网。上下交叉作业的进出口危险处，还应有隔离措施。对作业部位上的孔、洞、沟、平台等危险处，应采取安全措施（包括防护设施和明显标志）。

④ 高处作业所用材料要堆放平稳，工具应放在工具袋内，不应上下抛掷物料，以防伤人。拆除较大或较重的物料时，要用垂直运输或者起重机吊运，地面要设围栏，并有专人监护。

⑤ 高处作业地点、各层平台、走道及脚手架上不得堆放超过允许载荷的物件，施工用料应随用随吊。

⑥ 高处作业人员应佩带工具袋，较大工具应系保险绳；传递物品时，严禁抛掷。

⑦ 高处作业时，点焊的物件不得移动；切割的工件、边角余料等放置在牢靠的地方或用铁丝扣牢并有防止坠落的措施。

⑧ 高处作业区附近有带电体时，传送绳应使用干燥的麻绳或尼龙绳，不应使用金

属线。

⑨ 短时间工作时可使用梯子，梯子使用前必须进行检查，梯子不得缺档，不得垫高使用，梯子横栏间距以30cm为宜。使用梯子要有人扶持或上端扎牢。下端要采取防滑措施，单面梯与地面夹角以60°～70°为宜。不应两人在同一梯子上作业。人字梯底脚要设防滑措施，并用绳子拉牢。在通道处使用梯子，应有人监护或设置围栏。

⑩ 上下脚手架应走斜道或梯子，不得沿绳、脚手立杆或栏杆等攀爬，也不得任意攀登高层构筑物。在脚手架上工作时，应检查脚手架是否已经检验合格和挂牌，否则不得工作。

⑪ 在石棉瓦、玻璃钢瓦、木板条等轻型或简易结构的屋面上作业时，要有可靠的防护设施，防止滑跌、踩空或因材料折断而坠落伤人。

⑫ 夜间高处作业应有足够的照明和有效的安全措施。遇有六级以上大风或暴雨、大雪、雷击、大雾等恶劣气候影响施工安全时，禁止露天高处作业。暴雨、台风前后应进行检查，如发现井架、脚手架倾斜、变形、下沉，机电设备、临时线路漏电等现象，应及时修理。

⑬ 在气温高于35℃进行露天高处作业时，施工集中区域应设罩棚并配备适当的防暑降温设施和饮料。

⑭ 特殊高处作业的危险区应设围栏及“严禁靠近”的警告牌，危险区不应有人员逗留或通行。

⑮ 隔离层、孔洞盖板、栏杆、安全网等安全防护设施不得任意拆除；拆除时，应经得原搭设单位的同意并办理有关手续。

五、盲板抽堵作业

1. 定义

盲板抽堵作业是指在设备抢修或检修过程中，设备、管道内存有物料（气、液、固态）及在一定温度、压力情况下的盲板抽堵，或设备、管道内物料经吹扫、置换、清洗后的盲板抽堵。

盲板拥堵作业必须严格执行《化学品生产单位盲板抽堵作业安全规范》（AQ 3027—2008）。

2. 安全职责要求

（1）生产车间负责人　负责人应了解管道、设备内介质特性及走向，制定、落实盲板抽堵安全措施，安排监护人，向作业负责人或作业人员交代作业安全注意事项。生产系统如有紧急或异常情况，生产车间负责人应立即通知停止盲板抽堵作业。作业完成后，车间负责人应组织检查盲板抽堵情况。

（2）监护人　负责盲板抽堵作业现场的监护与检查，发现异常情况应立即通知作业人员停止作业，并及时联系有关人员采取措施。应坚守岗位，不得脱岗；在盲板抽堵作业期间，不得兼做其他工作。当发现盲板抽堵作业人员违章作业时应立即制止。作业完成后，要会同作业人员检查、清理现场，确认无误后方可离开现场。

（3）作业负责人　了解作业内容及现场情况，确认作业安全措施，向作业人员交代作业任务和安全注意事项。各项安全措施落实后，方可安排人员进行盲板抽堵作业。

（4）作业人　作业前应了解作业的内容、地点、时间、要求，熟知作业中的危害因素和应采取的安全措施。要逐项确认相关安全措施的落实情况。若发现不具备安全条件时不得进行盲板抽堵作业。作业完成后，会同车间负责人检查盲板抽堵情况，确认无误后方可离开作业现场。

3. 安全要求

① 盲板抽堵作业实施作业证许可管理，作业前应办理盲板抽堵安全作业许可证（如表 7-7）。

表 7-7　盲板抽堵安全作业许可证

车间或部门：　　　　　　　　　　　　　　　　　　　　编号：

<table>
<tr><td>装置名称</td><td colspan="3"></td><td>填写人</td><td colspan="4"></td></tr>
<tr><td>施工单位</td><td colspan="3"></td><td>施工地点</td><td colspan="4"></td></tr>
<tr><td>作业单位</td><td colspan="3"></td><td>监护人</td><td colspan="4"></td></tr>
<tr><td rowspan="2">设备情况</td><td>原有介质</td><td>温度</td><td>压力</td><td rowspan="2">盲板情况</td><td>材质</td><td>规格</td><td>数量</td><td>编号</td></tr>
<tr><td></td><td></td><td></td><td></td><td></td><td></td><td></td></tr>
<tr><td rowspan="2">作业人员</td><td>加装盲板</td><td colspan="3">年　月　日　时　分</td><td colspan="2" rowspan="2">作业人员</td><td colspan="2"></td></tr>
<tr><td>拆除盲板</td><td colspan="3">年　月　日　时　分</td><td colspan="2"></td></tr>
<tr><td>序号</td><td colspan="6">生产处理措施</td><td>选项</td><td>执行人</td></tr>
<tr><td>1</td><td colspan="6">关闭待检维修设备仪表出入口阀门</td><td></td><td></td></tr>
<tr><td>2</td><td colspan="6">设备管线撤压</td><td></td><td></td></tr>
<tr><td>3</td><td colspan="6">设备管线介质排空</td><td></td><td></td></tr>
<tr><td>4</td><td colspan="6">盲板按编号挂牌</td><td></td><td></td></tr>
<tr><td>5</td><td colspan="6">确认物料走向和加、拆盲板的法兰位置</td><td></td><td></td></tr>
<tr><td>6</td><td colspan="6">其他需交底确认内容</td><td></td><td></td></tr>
<tr><td>序号</td><td colspan="6">主要安全措施</td><td>选项</td><td>执行人</td></tr>
<tr><td>1</td><td colspan="6">作业人员着装符合要求</td><td></td><td></td></tr>
<tr><td>2</td><td colspan="6">作业人员劳动保护品佩戴符合要求。在有毒物料环境中，佩戴防毒面具和空气呼吸器；在腐蚀性物料环境中佩戴防酸碱护镜等护品</td><td></td><td></td></tr>
<tr><td>3</td><td colspan="6">关闭待检修设备出入口阀</td><td></td><td></td></tr>
<tr><td>4</td><td colspan="6">设备管线撤压</td><td></td><td></td></tr>
<tr><td>5</td><td colspan="6">设备管线介质清空</td><td></td><td></td></tr>
<tr><td>6</td><td colspan="6">作业时站在上风向，并背向作业</td><td></td><td></td></tr>
<tr><td>7</td><td colspan="6">严禁使用产生火花的工具进行作业</td><td></td><td></td></tr>
<tr><td>8</td><td colspan="6">高处作业时系挂安全带</td><td></td><td></td></tr>
</table>

续表

<table>
<tr><td>9</td><td colspan="4">盲板按编号挂牌</td><td></td><td></td></tr>
<tr><td>10</td><td colspan="4">其他补充安全措施</td><td></td><td></td></tr>
<tr><td colspan="2">施工单位意见：
签名</td><td>车间（工段）意见：
签名</td><td colspan="2">安全管理部门意见：
签名</td><td colspan="2">厂领导审批意见：
签名</td></tr>
<tr><td>完工验收时间</td><td colspan="2">年 月 日 时 分</td><td>验收人签名</td><td colspan="3"></td></tr>
</table>

② 盲板抽堵作业人员应经过安全教育和专门的安全培训，并考核合格。

③ 生产车间应预先绘制盲板位置图，对盲板进行统一编号，并设专人负责。盲板抽堵作业人员应在作业负责人的指导下按图作业。

④ 作业人员应对现场作业环境进行有害因素辨识并制定相应的安全措施。

⑤ 盲板抽堵作业应设专人监护，监护人不得离开作业现场。

⑥ 在作业复杂、危险性大的场所进行盲板抽堵作业，应制定应急预案。

⑦ 在有毒介质的管道、设备上进行盲板抽堵作业时，系统压力应降到尽可能低的程度，作业人员应穿戴适合的防护用具。

⑧ 在易燃易爆场所进行盲板抽堵作业时，作业人员应穿防静电工作服、工作鞋；距作业地点 30m 内不得有动火作业；工作照明应使用防爆灯具；作业时应使用防爆工具，禁止用铁器敲打管线、法兰等。

⑨ 在强腐蚀性介质的管道、设备上进行抽堵盲板作业时，作业人员应采取防止酸碱灼伤的措施。

⑩ 在介质温度较高、可能对作业人员造成烫伤的情况下，作业人员应采取防烫措施。

⑪ 不得在同一管道上同时进行两处及两处以上的盲板抽堵作业。

⑫ 抽堵盲板时，应按盲板位置图及盲板编号，由生产车间设专人统一指挥作业，逐一确认并做好记录。

⑬ 每个盲板应设标牌进行标识，标牌编号应与盲板位置图上的盲板编号一致。

⑭ 作业结束，由盲板抽堵作业负责人、监护人、生产车间负责人共同确认。

六、断路作业

1. 定义

断路作业是指在集团内交通主干道、交通次干道、交通支道与车间引道上进行工程施工、吊装吊运等各种影响正常交通的作业。

断路作业必须严格执行《化学品生产单位断路作业安全规范》（AQ 3024—2008）。

2. 工作要求

① 作业前，作业申请单位应制定交通组织方案，方案应能保证消防车和其他重要车辆的通行，并满足应急救援要求。

② 作业单位应根据需要在断路的路口和相关道路上设置交通警示标志，在作业区附

近设置路栏、道路作业警示灯、导向标等交通警示设施。

③ 在道路上进行定点作业，白天不超过 2h、夜间不超过 1h 即可完工的，在有现场交通指挥人员指挥交通的情况下，只要作业区设置了相应的交通警示设施，即白天设置了锥形交通路标或路栏，夜间设置了锥形交通路标或路栏及道路作业警示灯，可不设标志牌。

④ 在夜间或雨、雪、雾天进行作业应设置道路作业警示灯，警示灯设置要求如下：

a. 采用安全电压；

b. 设置高度应离地面 1.5m，不低于 1.0m；

c. 其设置应能反映作业区的轮廓；

d. 应能发出至少自 150m 以外清晰可见的连续、闪烁或旋转的红光；

e. 断路作业结束，应迅速清理现场，撤除作业区、路口设置的路栏、道路作业警示灯、导向标等交通警示设施。申请断路单位应检查核实，并报告有关部门恢复正常交通。

3. 安全职责

① 作业负责人职责：按规定办理断路作业票，制定安全措施并监督实施，组织安排作业人员，对作业人员进行安全教育，确保作业安全。

② 作业人员职责：应遵守断路作业安全管理标准，按规定穿戴劳动防护用品和安全保护用具，认真执行安全措施，在安全措施不完善或没有办理有效作业票时应拒绝断路作业。

③ 监护人职责：负责确认作业安全措施和执行应急预案，遇有危险情况时命令停止作业；断路作业过程中不得离开作业现场；监督作业人员按规定完成作业，及时纠正违章行为。

④ 作业所在项目职责：会同作业负责人检查落实现场作业安全措施，确保作业场所符合断路作业安全规定。

⑤ 安环部职责：负责监督检查断路作业安全措施的落实。

⑥ 其他签字领导的职责：对断路作业安全措施的组织、安排、作业负总责。

4. 断路安全作业证的管理

① 断路安全作业证（表 7-8）由作业单位负责申请办理。

② 动土申请单位领取断路安全作业证后，会同施工单位填写有关内容后交到安环部。

③ 安环部门接到断路安全作业证后，由其牵头组织设备管理科、相关车间人员，共同审核会签后审批签发断路安全作业证。

④ 断路申请单位及施工单位接到审批后断路安全作业证后方可进行动土作业。

⑤ 断路安全作业证一式三联，第一联交安环部留存，第二联交动土点所在车间，第三联由现场作业人员随身携带。

⑥ 断路安全作业证保存期为一年。

表 7-8　断路安全作业证

编号：

申请单位		作业单位	
工程名称		监护人	
断路原因			
断路地段示意图			
断路时间	年　月　日　时　分始至　年　月　日　时　分止		
1	制定交通组织方案，设置相应的标识与设施，以确保作业期间的交通安全		
2	根据作业内容会同作业单位编制相应的事故应急措施，并配备有关器材		
3	用于道路作业的工件、材料应放置在作业区内或其他不影响正常交通的场所		
4	根据需要在作业区相关道路上设置作业标志、限速标志、距离辅助标志等交通警示标志，以确保作业期间的交通安全		
5	在作业区附近设置路栏、锥形交通路标、道路作业警示灯、导向标等交通警示设施		
6	夜间作业应设置红色、防爆并采用安全电压的道路作业警示灯，道路作业警示灯设置在作业区周围的锥形交通路标处，应能反映作业区的轮廓。设置高度应符合 AQ 3024—2008 的规定，离地面 1.5cm，不低于 1.0m		
7	动土挖开的路面宜做好临时应急措施，保证消防车的通行		
8	道路施工作业已报：交通、消防、安全监督管理部门		
9	其他补充安全措施：如无则填写无，不得空白		
申请单位（签名）：	作业单位（签名）：	安全管理部门（签名）：	
完工验收时间	年　月　日　时　分	申请单位（签名）：	安全管理部门（签名）：

七、吊装作业

1. 定义

吊装作业是指利用各种机具将重物吊起，并使重物发生位置变化的作业过程。

吊装作业必须严格执行《化学品生产单位吊装作业安全规范》（AQ 3021—2008）。

2. 分级、分类

（1）吊装作业分级　吊装作业按吊装重物的重量分为三级：

① 吊装重物的重量＞80t 时，为一级吊装作业。

② 吊装重物的重量≥40t 且≤80t 时，为二级吊装作业。

③ 吊装重物的重量＜40t 时，为三级吊装作业。

（2）吊装作业分类　吊装作业按吊装作业级别分为三类：

① 一级吊装作业为大型吊装作业。

② 二级吊装作业为中型吊装作业。

③ 三级吊装作业为一般吊装作业。

3. 安全要求

① 吊装作业人员必须持有特殊工种作业证。吊装重量大于 10t 的物体须办理吊装安全作业证（如表 7-9）。

表 7-9　吊装安全作业证

编号：

<table>
<tr><td>申请吊装单位</td><td colspan="2"></td><td>申请人</td><td></td></tr>
<tr><td>吊装设备名称</td><td colspan="2"></td><td>吊装作业部位</td><td></td></tr>
<tr><td>吊装作业单位</td><td colspan="2"></td><td>作业时间</td><td></td></tr>
<tr><td>吊装作业现场安全管理人员</td><td colspan="2"></td><td>吊装作业人员</td><td></td></tr>
<tr><td colspan="5">吊装作业危险有害因素辨识：

识别人：</td></tr>
<tr><td>断路地段示意图</td><td colspan="4"></td></tr>
<tr><td>断路时间</td><td colspan="4">年　月　日　时　分始至　　年　月　日　时　分止</td></tr>
<tr><td>序号</td><td colspan="3">主要安全措施</td><td>确认人</td></tr>
<tr><td>1</td><td colspan="3">吊装单位应编制安全吊装施工方案</td><td></td></tr>
<tr><td>2</td><td colspan="3">吊装单位应确定吊装作业现场安全管理员</td><td></td></tr>
<tr><td>3</td><td colspan="3">吊装作业现场应设置安全警戒区，非施工人员禁止入内，夜间吊装作业现场应有足够的照明</td><td></td></tr>
<tr><td>4</td><td colspan="3">大雪、暴雨、大雾及六级风以上等恶劣天气，应停止作业</td><td></td></tr>
<tr><td>5</td><td colspan="3">严禁利用管道、管架、机器设备等做吊装锚点</td><td></td></tr>
<tr><td>6</td><td colspan="3">悬吊重物下方严禁站人、通行和工作</td><td></td></tr>
<tr><td>7</td><td colspan="3">吊装和现场作业人员必须佩戴安全帽</td><td></td></tr>
<tr><td>8</td><td colspan="3">起重机械及其安全装置须灵敏可靠</td><td></td></tr>
<tr><td>9</td><td colspan="3">其他安全措施</td><td></td></tr>
<tr><td colspan="2">吊装作业负责人意见：
签名：
日期</td><td colspan="2">吊装设备所在部门负责人意见：
签名：
日期</td><td>生产技术部门意见：
签名：
日期</td></tr>
</table>

② 吊装重量大于等于 40t 的物体和土建工程主体结构，应编制吊装施工方案。吊物虽不足 40t 重，但形状复杂、刚度小、长径比大、精密贵重，施工条件特殊的情况下，也

应编制吊装施工方案。吊装施工方案经施工主管部门和安全技术部门审查，报主管厂长或总工程师批准后方可实施。

③ 各种吊装作业前，应预先在吊装现场设置安全警戒标志并设专人监护，非施工人员禁止入内。

④ 吊装作业中，夜间应有足够的照明，室外作业遇到大雪、暴雨、大雾及六级以上大风时，应停止作业。

⑤ 吊装作业人员必须佩戴安全帽，安全帽应符合《头部防护　安全帽》(GB 2811—2019)的规定。

⑥ 吊装作业前，应对起重吊装设备、钢丝绳、揽风绳、链条、吊钩等各种机具进行检查，必须保证安全可靠，不准带病使用。

⑦ 吊装作业时，必须分工明确、坚守岗位，并按《起重机　手势信号》(GB/T 5082—2019)规定的联络信号，统一指挥。

⑧ 严禁利用管道、管架、电杆、机电设备等做吊装锚点。未经机动、建筑部门审查核算，不得将建筑物、构筑物做为锚点。

⑨ 吊装作业前必须对各种起重吊装机械的运行部位、安全装置以及吊具、索具进行详细的安全检查，吊装设备的安全装置要灵敏可靠。吊装前必须试吊，确认无误方可作业。

⑩ 任何人不得随同吊装重物或吊装机械升降。在特殊情况下，必须随之升降的，应采取可靠的安全措施，并经过现场指挥人员批准。

⑪ 吊装作业现场的吊绳索、揽风绳、拖拉绳等要避免同带电线路接触，并保持安全距离。

⑫ 用定型起重吊装机械(履带吊车、轮胎吊车、桥式吊车等)进行吊装作业时，还要遵守该定型机械的操作规程。

⑬ 吊装作业时，必须按规定负荷进行吊装，吊具、索具经计算选择使用，严禁超负荷运行。所吊重物接近或达到额定起重吊装能力时，应检查制动器，用低高度、短行程试吊后，再平稳吊起。

⑭ 悬吊重物下方严禁站人、通行和工作。

⑮ 在吊装作业中，有下列情况之一者不准吊装：指挥信号不明；超负荷或物体重量不明；斜拉重物；光线不足、看不清重物；重物下站人；重物埋在地下；重物紧固不牢，绳打结、绳不齐；棱刃物体没有衬垫措施；重物越人头；安全装置失灵。

⑯ 必须按吊装安全作业证上填报的内容进行作业，严禁涂改、转借吊装安全作业证，变更作业内容，扩大作业范围或转移作业部位。

⑰ 对吊装作业审批手续不全，安全措施不落实，作业环境不符合安全要求的，作业人员有权拒绝作业。

4. 吊装安全作业证的管理

① 吊装安全作业证由机动部门负责管理。

② 项目单位负责人从机动部门领取吊装安全作业证后，要认真填写各项内容，交施

工单位负责人批准。

③ 吊装安全作业证批准后，项目负责人应将吊装安全作业证交作业人员。作业人员应检查吊装安全作业证，确认无误后方可作业。

八、临时用电作业

1. 定义

临时用电是指基建工地及其他需在供电部门正式运行电源上所接的一切临时用电。

2. 安全措施及要求

① 作业执行单位、施工单位负责人应向施工作业人员进行作业程序和安全措施交底。

② 作业完工后，施工单位应及时通知供电单位停止送电，施工单位拆除临时用电线路。

③ 有自备电源的施工和检修队伍，自备电源不应接入公司电网。

④ 安装临时用电线路的电气作业人员，应持有电工作业证。

⑤ 临时用电设备和线路按供电电压等级和容量正确使用，所用的电气元件应符合国家规范标准要求，临时用电电源施工、安装应严格执行电气施工安装规范，并接地良好。

a. 在防爆场所使用的临时电源，电气元件和线路应达到相应的防爆等级要求，并采取相应的防爆安全措施。

b. 临时用电线路及设备的绝缘应良好。

c. 临时用电架空线应采用绝缘铜芯线。架空线最大弧垂与地面距离，在施工现场不低于2.5m，穿越机动车道不低于5m。架空线应架设在专用电杆上，严禁架设在树木和脚架上。

d. 对需埋地敷设的电缆线线路应设有走向标志和安全标志。电缆埋地深度不应小于0.7m，穿越路面时应加设防护套。

e. 对现场临时用电配电盘、箱应有防雨措施，盘、箱、门应能牢固关闭。

f. 行灯电压不应超过36V，在特别潮湿的场所或塔、釜、槽、罐等金属设备作业装设的临时照明行灯电压不应超过12V。

⑥ 临时用电设施，应安装符合规范要求的漏电保护器，移动工具、手持式电动工具应一机一闸一保护。

⑦ 供电单位应进行每天至少两次的巡回检查，建立检查和隐患记录，确保临时供电设施完好。对存在重大隐患和发生威胁安全的紧急情况时，配送电单位有权紧急停电处理。

⑧ 临时用电单位应严格遵守临时用电规定，不得变更地点和工作内容，禁止任意增加用电负荷或私自向其他单位转供电。

3. 临时用电作业许可证的管理

临时用电作业许可证如表7-10。

表 7-10 临时用电作业许可证

编号：

申请人		用电现场负责人	
用电地点		用电单位	
接入点		用电设备及功率	
工作电压		工作内容	
临时用电人签名		接电人电工证号	
批准临时用电时间	年 月 日 时 分始至 年 月 日 时 分止		
相关联许可证	高空□、受限空间□、动土□、动火□、脚手架□、辐射□、一般作业□		
危害识别	触电□、爆炸□、火花□、灼伤□、设备损坏□、其他__________□		
序号	主要安全措施	Y/N	确认人
1	交装临时用电线路的人员持有电工作业操作证		
2	临时用电线路架空高度在装置内不低于 2.5m，道路不低于 5m		
3	临时用电线路架空进线不得采用裸线，不得在树上或脚手架上架设		
4	现场临时用电配电盘、箱有防雨措施，盘、箱、门应能牢固关闭		
5	临时用电设备安装有可靠的漏电保护器，移动工具、手持工具“一机一闸一保护”		
6	用电设备、线路容量、电器负荷满足要求		
7	暗管埋设及地下电缆线路设有“走向标志”和安全标志，电缆埋深大于 0.7m		
8	在防爆场所使用的临时电源、电气元件和线路达到相应的防爆等级		
9	佩戴个人防护用具，如绝缘手套、绝缘垫、绝缘靴等		
10	停电、断电、验电、接地检查、挂警示牌应由电工执行		
11	当日有效作业时间结束后，必须进行断电、拆线、挂牌		
12	其他补充安全措施		
安全员审核签名： 签名： 日期	部门负责人意见： 签名： 日期	负责人意见： 签名： 日期	
工作完成、现场恢复、工作证终止	安全监护员签名 签名： 日期		

（1）临时用电作业许可证的主要内容 临时用电作业许可证应清楚标明申请作业单位、工程名称、施工单位、施工地点、用电设备及功率、电源接入点、工作电压、临时用电人、电工证号、临时用电时间、主要采取的安全措施。

（2）临时用电作业许可证的审批程序和终审权限

① 外来施工需临时用电时，应向公司电力设施主管部门提出申请，并持电工作业操

作证到安监部领取临时用电作业许可证，临时用电人员负责填写安全措施并得到临时用电负责人签字、报经公司电力设施主管部门确认，电力设施主管部门负责批准签发。

② 公司其他部门进行临时用电时，用电单位负责人到公司电力设施主管部门提出申请，由电力设施主管部门到安监部领取临时用电作业许可证，作业执行人负责填写安全措施，作业现场负责人对措施进行确认签字后，由临时用电单位审核签字，电力设施主管部门负责签发。

（3）临时用电作业许可证的留存

① 临时用电作业许可证由安监部保管，办理临时用电申请时到安监部领取。

② 临时用电作业许可证一式三份，一份送安监部备案，一份送电力设施主管部门留存，一份交作业现场执行人。临时用电作业完成后，作业现场执行人将临时用电作业许可证交到安监部存档，存档期限为 1 年。

案例分析

案例一：某石化公司炼油厂机动处根据《关联交易合同》，将抢修作业委托给某安装公司，该安装公司接到石化公司炼油厂硫黄回收车间 V403 原料水罐维修计划书后，安排下属的四分公司承担该次修复施工作业任务。修复过程中，为了加入盲板，需要将 V406 与 V407 两个水封罐，以及原料水罐 V402 与 V403 的连接平台吊下。

2004 年 10 月 27 日上午 8 时，石化公司炼油厂硫黄回收车间四分公司施工员带领 16 名施工人员到达现场。8 时 20 分，施工员带领两名管工开始在 V402 罐顶安装第 17 块盲板。8 时 25 分，吊车起吊 V406 罐和 V402 罐连接管线，管工将盲板放入法兰内，并准备吹扫。8 时 45 分，吹扫完毕后，管工将法兰螺栓紧固。9 时 20 分左右，施工员到硫黄回收车间安全员处取回动火票，并将动火票送给 V402 罐顶气焊工，同时硫黄回收车间设备主任、设备员、监火员和操作工也到 V402 罐顶。9 时 40 分左右，在生产单位的指导配合下，气焊工开始在 V402 罐顶排气线 0.8m 处动火切割。9 时 44 分，管线切割约一半时，V402 罐发生爆炸着火。10 时 45 分，火被彻底扑灭。爆炸导致 2 人当场死亡、5 人失踪。10 月 29 日 13 时许，5 名失踪人员遗体全部找到。死亡的 7 人中，3 人为石化总厂临时用工，4 人为石化公司员工。

分析以上事故产生的直接原因和间接原因，讨论预防措施。

案例二：某化学品生产公司利用全厂停车机会进行检修，其中一个检修项目是用气割割断煤气总管后加装阀门。为此，公司专门制定了停车检修方案。检修当天对室外煤气总管（距地面高度约 6m）及相关设备先进行氮气置换处理，约 1h 后从煤气总管与煤气气柜间管道的最低取样口取样分析，合格后就关闭氮气阀门，认为氮气置换结束，分析报告上写着“氢气＋一氧化碳＜7%，不爆”。接着按停车检修方案对煤气总管进行空气置换，2h 后空气置换结束。车间主任开始开动火作业申请许可证，独自制定了安全措施后，监火人、动火负责人、动火人、动火前岗位当班班长、动火作业的审批人（未到现场）先后在动火作业申请许可证上签字，约 20min 后（距分析时间已间隔 3h 左右），焊工开始用气割枪对煤气总管进行切割（检修现场没有专人进行安全管理），在割穿的瞬间煤气总管内的气体发生爆炸，其冲击波顺着煤气总管冲出，击中距动火点50m外正在管架上已完成另一检修作业准备下架的一名包机工，使其从管架上坠落死亡。

分析上述事故发生的主要原因，并通过分析动火作业、特种作业的安全要求，提出整改措施。

案例三：北京某污水处理厂，污水处理过程中过滤罐滤料采用石英砂和无烟煤，罐体直径5m、高8m。正常操作中罐为密闭状态，由于在过滤罐下部安装有许多过滤滤帽，在滤料发生漏料时需要停水检修。2002年2月4日，四台过滤罐因滤帽漏滤料而停水检修。2月8日（过滤罐停水72h后），操作工人在打开其中一个过滤罐罐顶人孔及罐侧开口（为滤料而设的）仅20min，且无任何保护措施的情况下，入罐进行作业，发生了死亡4人的重大死亡事故。

经检验结果显示，事故发生后5h罐中气体的氧气含量为5.05%（正常值为21%），二氧化碳为1.78%（正常值为0.03%）。从分析结果可以明确得出，死亡事故的直接原因为罐中气体成分中严重缺氧，造成工人窒息死亡。

分析本次事故发生的主要原因，通过分析受限空间作业提出整改措施。

思考与讨论

1. 学习之前对检修作业的理解有哪些？

2. 学习后是否明确了学习检修作业的意义？

3. 讨论如何将检修作业的相关知识运用到实践中。

4. 通过学习，对照学习目标，自己收获了哪些知识点，提升了哪些技能？

5. 在学习过程中遇到哪些困难，借助哪些学习资源解决遇到的问题（例如：参考教材、文献资料、视频、动画、微课、标准、规范、课件等）？

6. 在学习过程中，采用了哪些学习方法强化知识、提升技能（例如：小组讨论、自主探究、案例研究、观点阐述、学习总结、习题强化等）？

7. 在小组学习中能否提出小组共同思考与解决的问题，这些问题是否在小组讨论中得到解决？

8. 学习过程中遇到哪些困难需要教师指导完成？

9. 还希望了解或掌握哪些方面的知识，希望通过哪些途径来获取这些资源？

第八章

化工“三废”治理技术

学习目标

1. 知识目标

① 熟悉化工废气的来源与危害。

② 熟悉化工废水的来源与危害。

③ 熟悉化工废渣的来源与危害。

2. 能力目标

① 能描述并绘制化工废气的典型处理工艺流程。

② 能描述并绘制化工废水的典型处理工艺流程。

③ 能描述化工废渣的资源化利用方法。

3. 素质目标

① 具备自我提升、终身学习的能力。

② 具备通过信息化手段获取和整合资源的能力。

③ 具备勤学好问、永不放弃的学习能力。

4. 思政目标

① 梳理可持续发展、“绿水青山”的环保理念。

② 培养科学的创新意识和探索精神。

第一节　化工废水处理

一、化工废水特点

1. 定义

化工废水是指化工企业在生产过程中排放的工艺废水、冷却水、废气洗涤水、设备及场地冲洗水等，其特点为量大、有害种类多。化工废水根据主要成分可以分为：含无机物的废水，主要来源于化工生产时排放的酸、碱、无机盐及一些重金属和氰化物等；含有机物的废水，主要来源于化工生产排放的碳水化合物、脂肪、蛋白质、有机氯、酚类、多环芳烃；既含有机物又含无机物的废水，主要来源于如氯碱、感光材料、涂料及颜料等行业排出的废水。化工废水又可按照废水的来源分为冶金废水、发电废水、造纸废水、农药废水等。

2. 特征

化工废水是一种比较典型的难降解废水，其特征如下。

① 水中有机物含量高。化工废水中有机物的生化需氧量（BOD）与化学需氧量（COD）较高。废水中常含有有机酸、醛、酮、醇、醚、环氧化物等 BOD 和 COD 值均较高的有机物，一经排入水体分解时会消耗大量水中的氧气，使得水中原有生物无法生存，从而对生态环境造成危害。

② 水质的成分复杂，副产物较多。由于化工生产的流程复杂，所用原料种类繁多，造成其排放的污水内含有多种物质，其中化工废水中含有大量的有机物、重金属、可溶解酸性气体等成分。

③ 有害物质多。化工废水中的物质多存在毒性较强、刺激性较强、生物降解性差，如废水中的杀菌分散剂、表面活性剂以及卤素化合物、硝基化合物等有机污染物对水体中的微生物都有较强的毒害性，一旦排入地下，会造成土壤变异；排入农田，可造成庄稼萎靡；排入生活区，会对人体造成伤害。

④ pH 值不稳定。化工废水大多呈强酸性或强碱性，且每次排放酸碱不定，这一特性会影响农作物及水生生物的生长。

⑤ 色度比较高。有机化工废水中不乏有大量带色有机物，造成废水带色而增加处理成本。

⑥ 营养化物质多。化工生产废水中较高的磷、氮含量，会造成水域富营养化，严重时还会形成“赤潮”，造成鱼类窒息从而大批死亡。

⑦ 温度较高。由于多数化工生产反应常在高温下进行，导致排出的废水水温较高，会造成水体的热污染，降低水中溶解氧，从而破坏水生生物的生存条件。

二、化工废水的物理处理

化工废水物理处理技术是利用机械、物理的方式对废水中的各种固体颗粒状物质进行分离。在当前化工废水的处理过程中，普遍采用的工艺方法主要分为：格栅和筛网、过滤、沉淀、调节、气浮、分离等。物理处理法常采用的设备和装置有：格栅、筛网、调节池、沉砂池、沉淀池等。

1. 筛滤

筛滤即使用格栅和筛网等设备去除废水中粗大的悬浮物和杂物，以保护后续处理设施能正常运行的一种预处理方法。筛滤去除的物质称为筛余物，格栅和筛网的作用对象不同，格栅去除的是那些可能堵塞水泵机组及管道阀门的较粗大的悬浮物；筛网去除的是用格栅难以去除的呈悬浮状的细小纤维。

（1）格栅　格栅是由一组平行设置的刚性栅条所组成的框架，倾斜一定角度安装于废水流经的管道上或泵站集水池的进口处，或取水口进口端部，截留水中粗大的悬浮物和漂浮物，避免其堵塞水泵及沉淀池的排泥管，通常为化工废水处理的第一道处理工序。

根据格栅形状的不同，将其分为平面格栅（见图 8-1）和曲面格栅两种，曲面格栅又可分为固定曲面格栅（见图 8-2）与旋转鼓筒式曲面格栅（见图 8-3）两种。根据格栅栅条的净间隙的不同，可将格筛分为粗格栅（50～100mm）、中格栅（10～40mm）、细格栅（3～10mm）3 种。

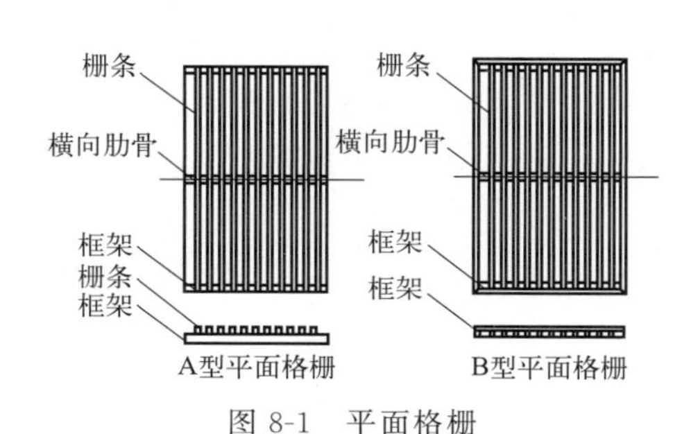

图 8-1　平面格栅

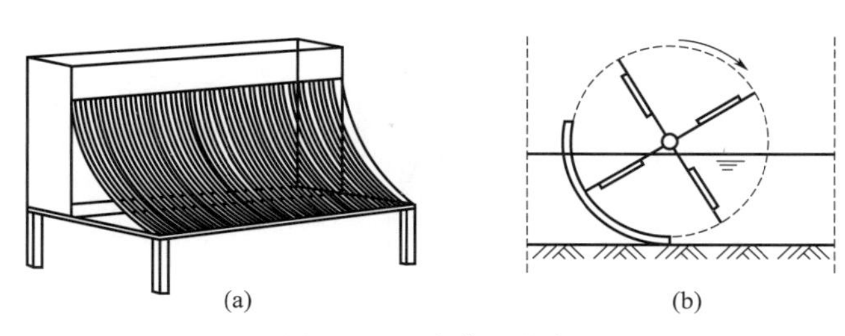

图 8-2　固定曲面格栅

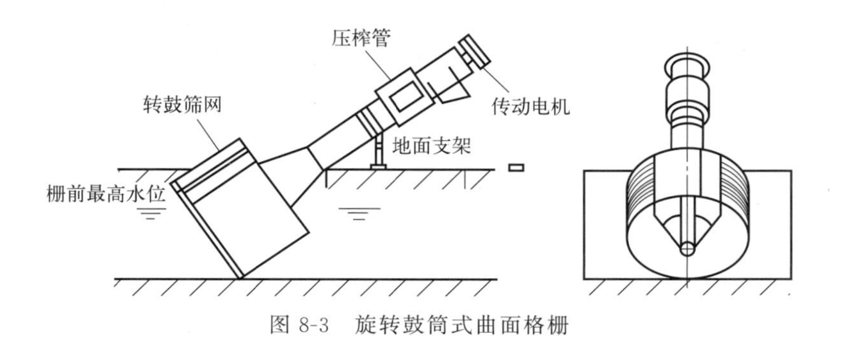

图 8-3　旋转鼓筒式曲面格栅

格栅按照清渣方式，又可分为人工清渣和机械清渣两种。其中，人工清渣格栅（见图 8-4）适用于小型化工废水处理，为避免清渣过程中的栅渣落回水中，方便人工清渣，格栅安装角度 α 以 30°～45°为宜。机械清渣格栅（见图 8-5）适用于城市污水和大中型化工废水的处理，主要采用的机械有：链条牵引式格栅除污机、钢丝绳牵引式格栅除污机、伸缩臂格栅除污机、铲抓式移动格栅除污机、自清式回转格栅机。

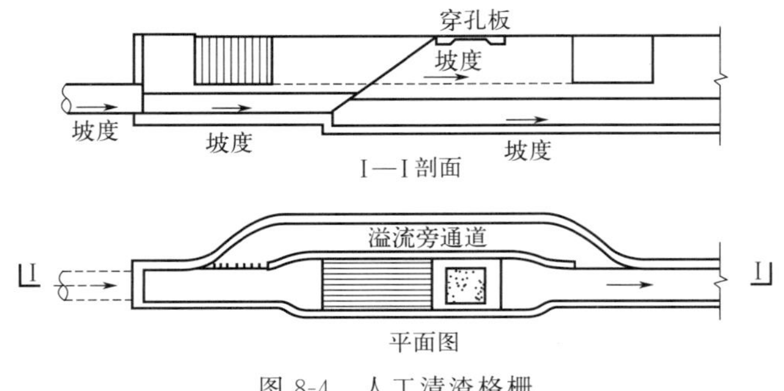

图 8-4 人工清渣格栅

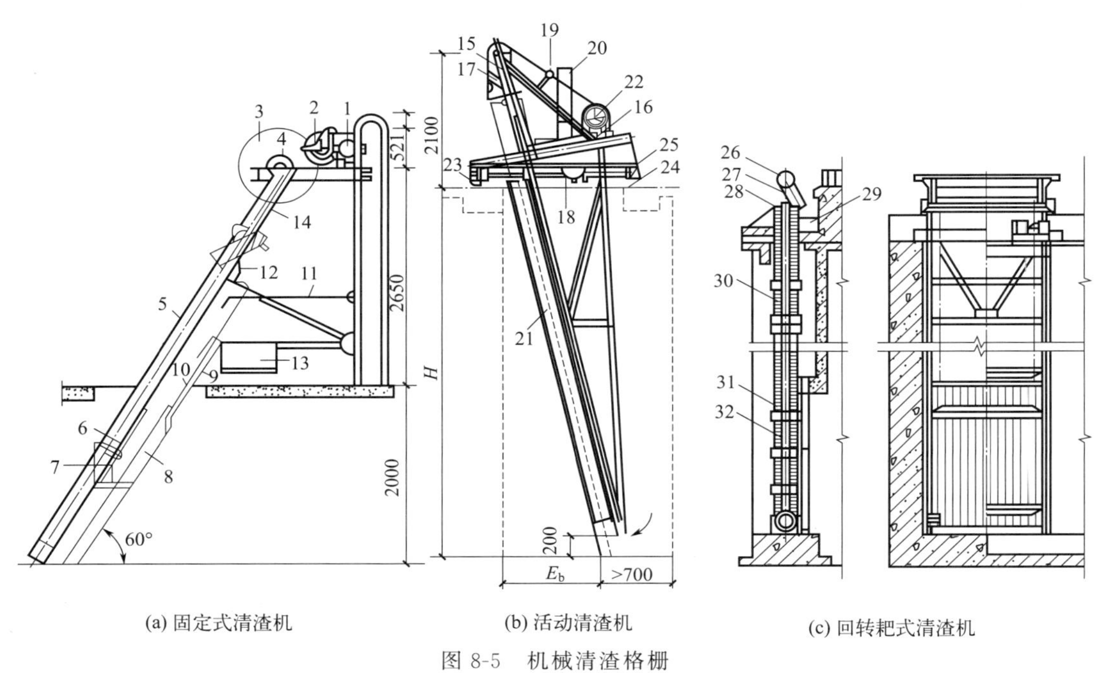

图 8-5 机械清渣格栅

1—电机；2,3—变速箱；4—轱辘；5—导轨；6—滑块；7—齿耙；8—栅条；9—溜板；10—导板；11—刮板；12—挡板；13—渣箱；14—钢丝绳；15—平台及析架；16—行走车架；17—齿耙；18—析架的移动装置；19—齿耙；20—析架的移动装置；21—栅条；22—齿耙；23,24,25—析架的移动装置；26—主动二次链轮；27—圆毛刷；28—主动大链轮；29—栅渣槽；30,31—链条；32—格栅

（2）筛网　废水中存在的质地柔软的纤维状悬浮或漂浮物，如纸浆、纤维等，容易堵塞管道、孔洞或缠绕于水泵叶轮，对于这类悬浮物可采用筛网进行过滤。该方法具有操作简单、无化学添加、低能耗、清洗维修方便等优点。

筛网可根据漂浮物的性质和尺寸确定筛网孔眼的大小，其结构为穿孔金属板或金属格网。筛网可分为：固定筛，常用的设备为水力筛网（见图 8-6）；板框型旋转筛，常用的设备为旋转筛网；连续传送带型旋转筛网，常用的设备为带式旋转筛（见图 8-7）；转筒型筛网，常用的设备为转鼓筛和微滤机。对于如造纸、纺织、化纤、羽绒加工等化工行业，废水中常含有较多的纤维杂物，常采用水力筛、转鼓筛、带式旋转筛等筛网类型。

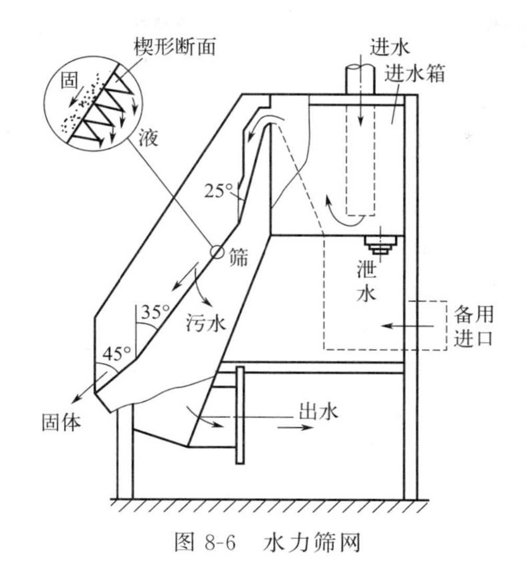

图 8-6　水力筛网

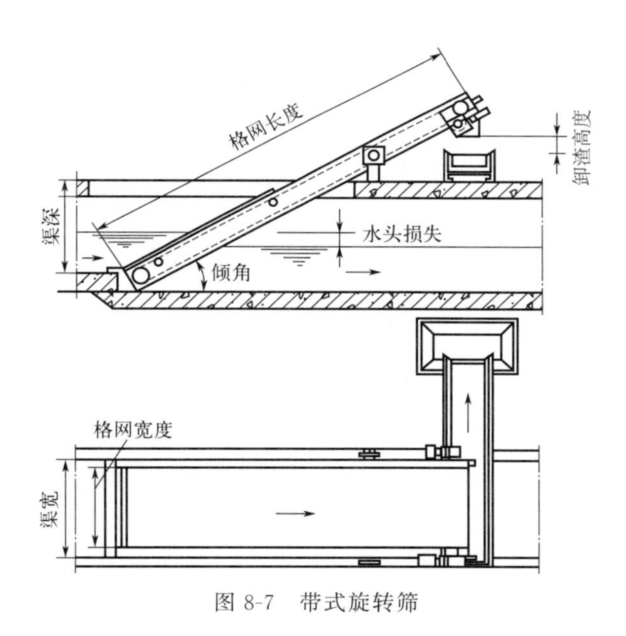

图 8-7　带式旋转筛

收集的筛余物运至处置区填埋或与城市垃圾一起处理；当有回收利用价值时，可送至粉碎机或破碎机被磨碎后再用。对于大型系统，也可采用焚烧的方法彻底处理。

2. 进水调节

化工废水的水质和流量通常是不稳定的，波动较大，流量和水质的不均匀会影响废水处理设备的正常运转。因此在废水流入主体处理构筑物前，要对水质、水量实施调节，为水处理体系提供稳定环境，调节池一般设在一级处理（如格栅、沉砂池）之后，二级处理之前。

调节过程主要通过调节池进行，调节池根据其功能不同可分为水量调节池和水质调节池两类。调节池的主要作用为：减少流量和水质波动对废水处理效果的影响；控制废水的 pH 值；调节废水水温；化工厂间断排水时，仍可持续运行处理废水；减轻毒物对生物处理环节的影响；控制 pH 值。

（1）水量调节池　水量是指单位时间内产生废水的体积或重量。水量调节过程较为简单，水量调节池可分为线内调节池（见图 8-8）和线外调节池（见图 8-9）。线内调节池适用于池中最高水位不高于进水管的设计水位，进水一般采用重力流的调节方式，出水用泵调节流量并提升，池内有效水深一般为 2～3m，最低水位为死水位，被调节水量只需一次提升，消耗动力小。线外调节池的使用不受进水管高度限制，但调节的水量需要两次提升，动力消耗较大，当污水流量高于进水管高度时，将多余污水用泵打入调节池；当污水流量低于设计流量时，再从调节池汇流到集水井，然后送往后续处理工序。

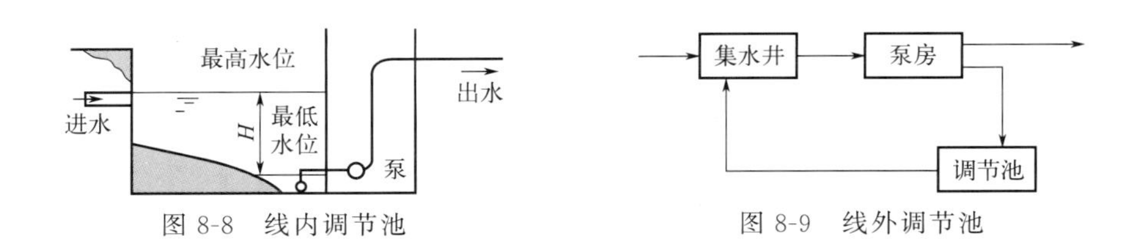

图 8-8　线内调节池　　　图 8-9　线外调节池

（2）水质调节池　水质就是废水中所存在的各类物质所共同表现出来的综合特性。水质调节的任务是将不同时间或不同来源（浓度和成分不同）的废水进行混合，使流出的水质比较均匀。水质调节的基本方法有如下两种：一是利用外加动力（如叶轮搅拌、空气搅拌、水泵循环）而进行的强制调节，其设备较简单，效果较好，但运行费用高。二是利用差流方式使不同时间和不同浓度的废水进行自身水力混合，基本没有运行费，但设备结构较复杂，常用设备有折流调节池（见图 8-10）、对角线长方体调节池（见图 8-11）等。其中折流调节池内设多个折流隔板，调节池上部也设有配水槽，部分废水流量流入调节池后，进入折流室，剩余的流量通过设在调节池上部的配水槽的各投配口等量投入池内折流室内，废水在池内来回折流，达到充分混合均衡的目的。

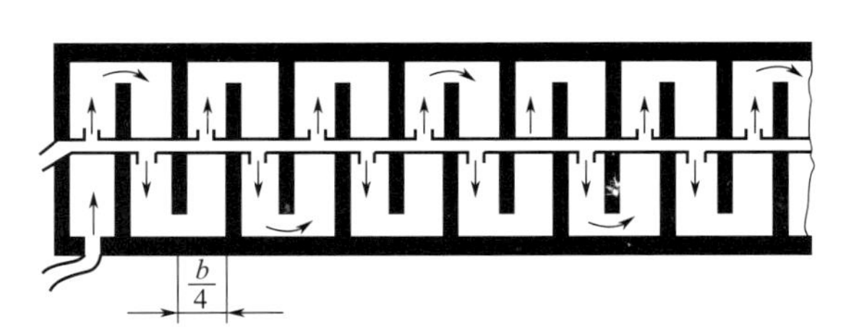

图 8-10　折流调节池

3. 沉淀

沉淀是指水中悬浮颗粒物依靠重力作用从水中分离出来的过程。沉淀法工艺简单易行，处理效果好，被应用在各种类型的水处理系统中。利用沉淀法可去除水中的砂粒、化

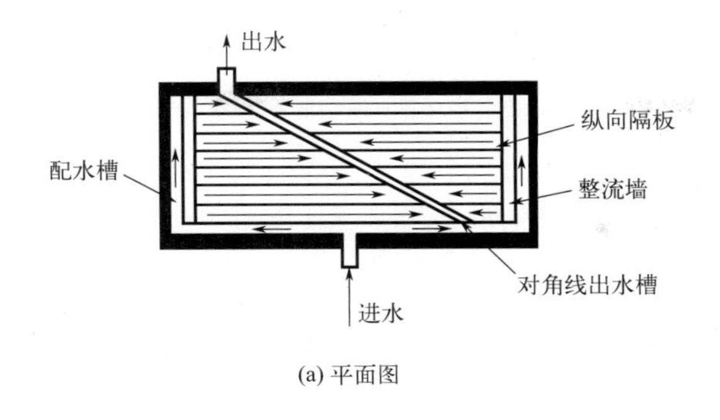

(a) 平面图

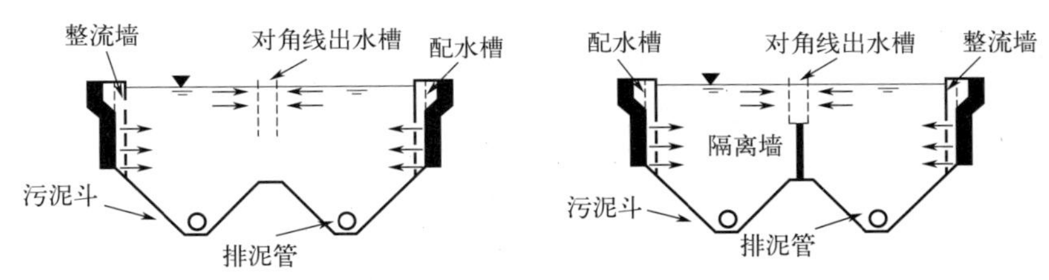

(b) 没有隔离墙的对角线差流调节池剖面图　　(c) 有隔离墙的对角线差流调节池剖面图

图 8-11　对角线长方体调节池

学沉淀物、混凝处理所形成的絮体和生物处理后的污泥，也可用于沉淀污泥的浓缩。沉淀法一般只适于去除 20～100μm 以上的颗粒物。

（1）沉淀的分类　根据沉降的颗粒物的形态变化和颗粒之间的影响可以将沉淀分为以下四类。

① 自由沉淀，指固体颗粒在沉降过程中不改变质量、形状和尺寸，呈离散状态，颗粒之间互不影响，各自独立地完成沉降过程。自由沉淀常发生在水中悬浮物颗粒浓度低，颗粒彼此间不具备凝聚性的情况，如；沉砂池中的沉淀和初沉池初期发生自由沉降。

② 絮凝沉淀，指絮凝性悬浮物在沉降过程中，由于颗粒之间发生碰撞凝聚，导致悬浮物结成尺寸较大的絮凝体或混凝体，随着絮凝体尺寸不断加大，沉淀速度随之增加。其沉淀速度还与沉降池的深度有关，深度增加沉淀速度也增加。

③ 拥挤沉淀，当废水中悬浮物的浓度增加到一定程度时，悬浮物颗粒的沉降受到周围其他颗粒的影响，互相干扰，拥挤在一起，沉淀速率下降，并在聚合力的作用下整体下沉，使沉降层与澄清层之间出现明显的分界面。此时界面下降速度即为沉淀速度，如二沉池的上部以及污泥浓缩池上部发生的是拥挤沉淀。

④ 压缩沉淀，当悬浮物的浓度很高时，悬浮颗粒之间相互接触，彼此相互支撑，下层颗粒会由于上层颗粒的重力作用使其间隙间的水被挤出，颗粒之间的间隙随之不断减小，相对位置也不断靠近，此时颗粒群被浓缩。一般在沉淀池的底部及浓缩池底部发生的是压缩沉淀。

（2）沉淀池　沉淀池是工业生产上用来对废水进行沉淀处理的设备，其主要功能为最大限度地除去废水中的悬浮物，以减轻其他净化设备的负担。根据沉淀池内部水流的方向不同，沉淀池的形式大致可以分为三种：平流式沉淀池、竖流式沉淀池、辐流式沉淀池。

① 平流式沉淀池。平流式沉淀池池形为矩形。在平流式沉淀池内，废水是按水平方向流过沉降区并完成沉降过程的。如图 8-12 所示是设有链带式刮泥机的平流式沉淀池，上部为沉淀区，下部为污泥区，池前部有进水区，池后部有出水区。进水区作用是使水流在整个过水断面均匀分布，进水口一般与反应池直接相连，废水流入沉淀池后，先进入进水区均匀分配在整个截面，再流入沉淀区。沉淀区的主要功能为泥水分离，然后缓慢地流向出水区。水中的悬浮颗粒沉于池底，沉积的污泥经沉淀池末端的溢流堰和集水槽连续或定期排出池外。水中浮渣，可在堰口前设挡板及浮渣收集设备。沉淀池池体部靠近进水端有污泥斗，斗壁与水平面的倾角大致为 50°～60°，坡度为 0.01～0.02，使用刮泥机易将池底污泥缓慢推入污泥斗内。污泥斗内设有排泥管，开启排泥阀时，泥渣便通过排泥管排出池外。

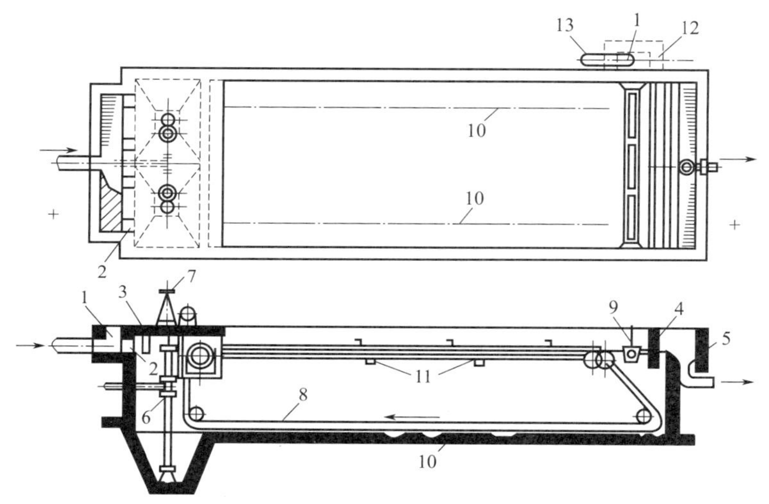

图 8-12　设有链带式刮泥机的平流式沉淀池

1—进水槽；2—进水孔；3—进水挡板；4—出水挡板；5—出水槽；
6—排泥管；7—排泥阀；8—链带；9—排渣管槽；10—导轨；
11—支承物；12—浮渣室；13—浮渣管

平流式沉淀池由于其构造简单、工作性能稳定、运行成本较低且沉淀效果相对较好的特点被广泛应用。但是由于平流式沉淀池的沉淀与水流的关系，入水口与出水口位置距离很大，导致沉淀池尺寸较大，占地使用面积较广。

② 竖流式沉淀池。竖流式沉淀池池形为圆形、多角形或方形，以圆形居多，图 8-13 所示为圆形竖流式沉淀池，由进水中心管、反射板、污泥斗、沉淀池主体、出口挡板和出水口组成。进水中心管设在竖流式沉淀池的中心位置，进水流速一般控制在 30mm/s 以内，水流由中心管自上而下流出，通过反射板的阻拦向四周均匀分布，使污水能够在沉淀池内部整个断面上缓慢匀速上升。随后进入沉淀池内部，悬浮物通过沉降作用进入沉淀池下方的污泥斗中，在污泥斗下部又设有排泥管，可以采用定期排泥和连续排泥两种方式将

污泥排出。上部澄清后的水从池四周的堰口溢出池外，溢流堰前端又设有挡板和浮渣槽，后端设有集水槽用以保证出水水质。竖流式沉淀池池径一般为 4～7m，不大于 10m。

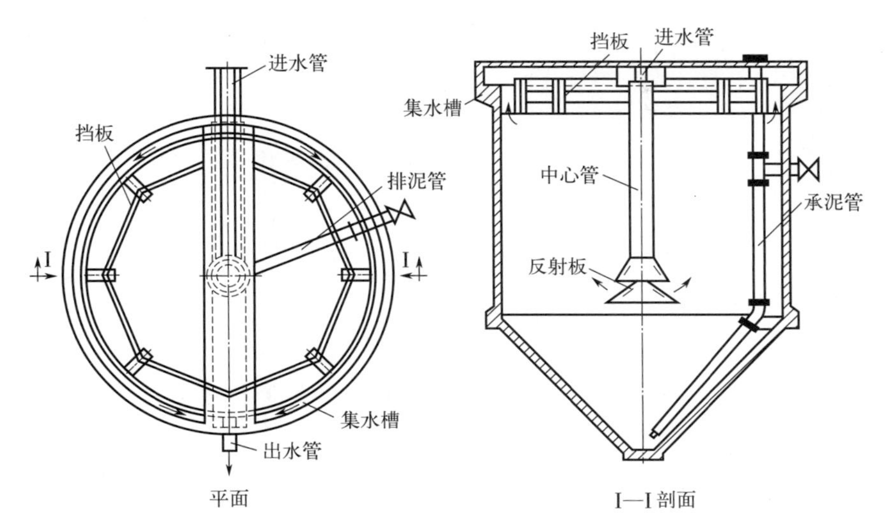

图 8-13 圆形竖流式沉淀池

竖流式沉淀池的优点为沉淀效率高、排泥方便、运行管理方式简单、占地面积较小，但由于在使用时需要形成竖向稳定水流进行沉淀，需要较深的池体，从而导致施工困难、造价较高。

③ 辐流式沉淀池。辐流式沉淀池呈圆形或正方形，直径（或边长）较大，一般为 6～60m，最大可达 100m，池中心深度为 2.5～5.0m，池周深度则为 1.5～3.0m。可按照进出水口形式将辐流式沉淀池分为三种，中心进水周边出水式、周边进水中心出水式、周边进水周边出水式。如图 8-14 为中心进水的辐流式沉淀池，废水经进水管进入中心布水筒后，通过筒壁上的孔口和外围的环形穿孔整流挡板，沿径向呈辐射状流向池的周围，此时池中颗粒沉降，澄清水经溢流堰或淹没孔口汇入集水槽排出。沉于池底的泥渣由安装于底部的刮板以螺线形轨迹刮入泥斗，再借静压或污泥泵排出。

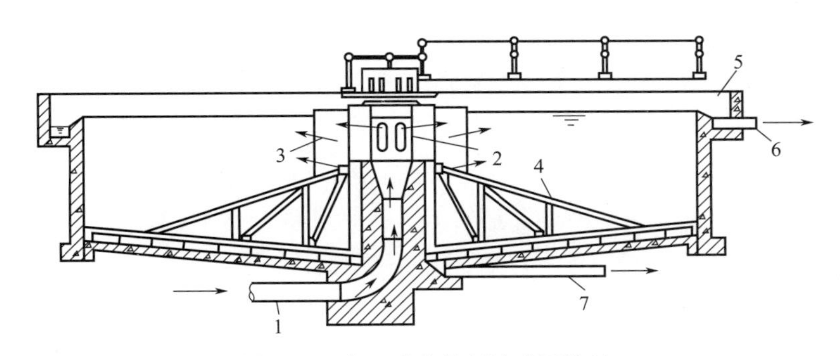

图 8-14 中心进水的辐流式沉淀池

1—进水管；2—中心管；3—穿孔挡板；4—刮泥机；5—出水槽；6—出水管；7—排泥管

辐流式沉淀池适用于大水厂，具备管理方便，排泥时对沉淀池的扰动较小，保证沉淀池排泥连续性作业，日处理能力较大的优点。但辐流式沉淀池的机械排泥设备较为复杂，安装设备要求施工质量较高，这间接提升了沉淀池的建设成本。

三、化工废水的化学处理

化工废水的化学处理法是利用化学反应将污染物转化为化学沉淀、无毒性的气体以及溶解于水的无毒性物质的方法。常用的方法有中和法、氧化还原法、化学沉淀法和混凝法等。

1. 中和法

中和法是利用酸碱中和反应调节废水的酸碱度（pH 值），使其呈中性或接近中性，以满足下一步处理或排放要求的化学处理方法。根据含酸（碱）废水所含酸（碱）量的差异，使用不同的处理方法。酸含量大于 3%～5%的高含量含酸废水，常称为废酸液；碱含量大于 1%～3%的高含量含碱废水，常称为废碱液。这类废酸液、废碱液往往要采用特殊的方法回收其中的酸和碱，如用蒸发浓缩法。而酸含量小于 3%～5% 或碱含量小于 1%～3% 的酸碱性污水，回收价值小，常采用中和处理方法使其达到污水排放标准。

（1）酸性废水中和处理　化工厂、化纤厂、煤加工厂、金属酸洗车间、电镀车间等制酸或用酸过程中，都会排出酸性废水。酸性废水中主要含有无机酸或有机酸，如硫酸、盐酸、醋酸等。对于酸性废水，可采用酸性废水与碱性废水（或废渣）中和、投入药剂中和、过滤中和三种方法。

① 酸碱性废水（或废渣）互相中和法。酸性废水和碱性废水（或废渣）互相中和是一种既简单又经济的以废治废的处理方法，该法既能处理酸性废水，又能处理碱性废水。在酸碱中和过程中，酸碱双方的当量恰好相等时称为中和反应的等当点。当强酸强碱互相中和时，生成强酸强碱盐，此时等当点即中性点，溶液的 pH 值等于 7.0。但当一方为弱酸或弱碱中和时，会生成可水解的弱酸弱碱盐，所以到达等当点时溶液并非中性，此时溶液的 pH 值的大小取决于所生成盐的水解度。

② 药剂中和法。药剂中和法可处理任何浓度、任何性质的酸性废水，且受水质和水量波动影响较小。主要使用的药剂包括石灰、石灰石、苛性钠、碳酸钠、电石渣等，其中最常用的药剂为石灰（CaO），其来源广，价格便宜。

按石灰的投加方式可分为干法和湿法。干法设备简单，可利用电磁振荡原理的石灰振荡设备投加，以保证投加均匀。但此法反应较慢而不彻底，投药量大，一般为理论量的 1.4～1.5 倍。当石灰成块状时，则不宜用干法，可采用湿法，湿法处理设备包括投药装置、混合反应装置、沉淀分离装置等。石灰先在消解槽内消解成 40%～50%浓度量，再投入乳液槽，经搅拌配成 5%～10%含量的氢氧化钙乳液，然后定量投加。消解槽和乳液槽中可用机械搅拌或水泵循环搅拌（不宜用压缩空气，以免 CO_2 与 CaO 反应生成沉淀），以防止产生沉淀。投配系统采用溢流循环方式，当石灰乳输送到投配槽的量大于投加量时，剩余量沿溢流管溢流回乳液槽，这样可维持投配槽内液面稳定，易于控制投加量。由于湿法中和剂能制成溶液或浆料，卫生条件较好、劳动强度低且投药量易于控制，实际应用中多采用湿投加法。

中和反应在反应池内进行。由于反应时间较快，可将混合池和反应池合并或机械搅拌，停留时间采用5～10min。废水量少时（每小时几吨到十几吨）可采用间歇式处理，即两、三池交替工作。废水量大时一般采用连续式处理，可采用多级串联式工作。

（2）碱性废水中和处理　造纸厂、化工厂、炼油厂等常排出含碱废水。主要采用碱性废水与酸性废水相互中和、药剂中和两种处理方式。

① 利用酸性废水中和法。利用酸性废水中和法和利用碱性废水中和酸性废水原理基本相同。废水中的酸性物质包括含酸废水、酸性烟道气等。酸性烟道气中一般含有 CO_2（含量可高达24%）、SO_2、H_2S 等，可用碱性废水作烟道气湿法除尘器的喷淋水，废水从塔顶布水器均匀喷出，烟道气则从塔底鼓入，两者在填料层间进行逆流接触，完成中和过程，出水的pH值可由10～12降到中性。该法以废治废处理成本低，但处理后水中悬浮物、硫化物、色度等均升高，需进一步处理后才能排放。

② 药剂中和法。碱性废水中和处理常用的药剂是硫酸、盐酸及压缩二氧化碳。硫酸的优点为价格较低，故应用最广。盐酸的优点是反应物溶解度高，沉渣量少，但价格较高。使用无机酸中和碱性废水的工艺流程与设备和酸性废水的药剂中和法基本相同。

碱性废水处理后因废水中的悬浮物含量大为增加，硫化物、耗氧量和色度也都有所增加，所以还需对废水进行补充处理。

2. 氧化还原法

氧化还原法是将废水中呈溶解状态的无机物和有机物，通过化学反应氧化或还原为微毒、无毒的物质，或转化成容易与水分离的形态，从而使污水得到净化的处理方法。根据反应类别可将废水的氧化还原处理法分为氧化法和还原法。在废水处理中常用的氧化剂有空气中的氧、纯氧、臭氧、氯气、漂白粉等；常用的还原剂有铁屑、硫酸亚铁、亚硫酸盐、锌粉、二氧化硫等。

（1）氧化法　氧化法可除去废水中的有机污染物以及还原性无机离子，如 CN^-、S^{2-}、Fe^{2+}、Mn^{2+} 等。

① 空气氧化法。空气氧化法就是在废水中鼓入空气，利用空气中的氧将废水中的有害物质氧化。空气氧化法反应中有 H^+ 或 OH^- 参加，使反应的pH值降低，氧化性增强。但是在常温常压和中性pH值条件下，O_2 为弱氧化剂，活化能很高，导致反应速率很慢以及反应性很低，因此一般用来处理易氧化的污染物如 S^{2-}、Fe^{2+}、Mn^{2+} 等。

还可通过高温、高压、催化剂、γ射线辐照等方式断开氧分子中的氧氧键，加快氧气氧化的反应速率。湿式氧化法是在较高的温度和压力下，用空气中的氧来氧化废水中溶解和悬浮的有机物和还原性无机物的一种方法。因氧化过程在液相中进行，故称湿式氧化法。

② 臭氧氧化法。臭氧的氧化性很强，其氧化性在天然元素中仅次于氟，在理想的反应条件下，臭氧可把水溶液中大多数单质和化合物氧化到它们的最高氧化态，还可氧化水中难降解的有机物。由于臭氧氧化法反应迅速、流程简单、无二次污染，因此被广泛地用于消毒、除臭、脱色以及除酚、氰、铁、锰等。但臭氧是一种极不稳定易分解的强氧化剂，需现场制造，其工艺设施主要由臭氧发生器和气水接触设备组成。

③ 氯氧化法。氯氧化法常用于处理含氰废水、含酚废水等，常用的氯系氧化剂包括氯气、二氧化氯、氯的含氧酸等。

氯氧化法处理含氰废水是分两个阶段来完成的。第一阶段，将 CN^- 氧化成氰酸盐，反应控制在 pH≥10 的环境中进行，反应时间为 10～15min。第二阶段，将氰酸盐氧化成 N_2，反应控制在 pH＝8～8.5 的环境中进行，反应时间在 1h 之内。处理设备主要是反应池和沉淀池。

含酚废水的处理。采用氯氧化法除酚，理论投氯量与酚量之比为 6∶1 时，可将酚完全破坏，但由于废水中存在其他化合物也与氯作用，故实际投氯量必须过量数倍，一般要超出 10 倍左右。如果投氯量不够，酚氧化不充分，会生成具有强烈臭味的氯酚。当氯化过程在碱性条件下进行时，也会产生氯酚。

④ 过氧化氢氧化法。采用芬顿（Fenton）试剂法，即 H_2O_2 与催化剂 Fe^{2+} 构成的氧化体系。H_2O_2 在 Fe^{2+} 的催化作用下生成具有高反应活性的羟基自由基（·OH），可加快有机物和还原性物质的氧化，与大多数有机物作用使其降解，适用于高浓度难降解工业污水的处理。

Fenton 试剂的氧化反应一般在 pH 值为 3.5 的条件下进行，在该 pH 值下其自由基生成速率最大。其应用可分为两个方面，一是单独作为一种处理方法氧化有机废水；二是与其他方法联用，如与混凝沉降法、活性炭法、生物法、光催化等联用。如过氧化氢与紫外光合并使用可氧化卤代脂肪烃、乙酸盐、有机酸等。该工艺与单纯的氧化相比，可有效节约氧化剂用量，降低处理成本，在废水处理中应用广泛。

（2）还原法　还原法可以去除废水中的许多金属离子（如汞、铬、铜、镉、银、金等）。

① 还原法除铬。常用的还原剂有 SO_2、H_2SO_3、$NaHSO_3$、Na_2SO_3、$FeSO_4$ 等，在酸性条件下，还原剂将污水中的六价铬还原成三价铬，然后加入碱性试剂使三价铬转化为氢氧化铬沉淀，从而分离去除沉淀。还原后的 Cr^{3+} 可与氢氧化钠反应生成 $Cr(OH)_3$，碱性条件下（pH＝7～9）溶解度最小，沉淀析出。也可使用石灰进行中和沉淀，费用较低，但存在操作不便，工序复杂，反应速度慢，生成的污泥量大且难于综合利用的缺点。

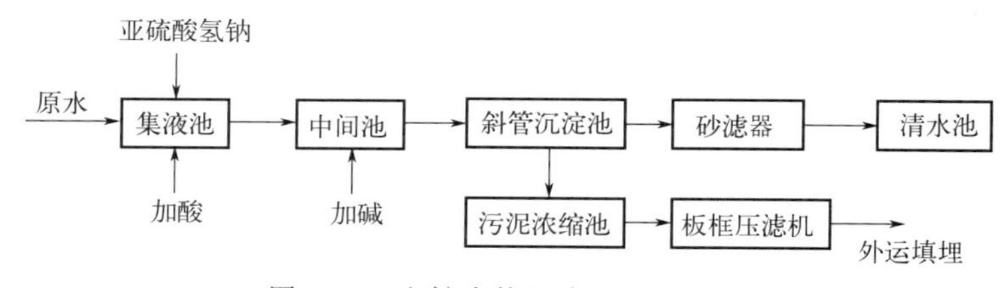

图 8-15　电镀含铬污水的工艺流程

采用亚硫酸氢钠还原法处理电镀含铬污水的工艺流程见图 8-15，污染物为 Cr^{6+} 和其他重金属，Cr^{6+} 的质量浓度为 10～30mg/L，pH＝6～7。该工艺在集液池加酸将污水 pH 值调节到 3～4，使 Cr^{6+} 转化为 Cr^{3+}，然后在中间池加碱将污水 pH 值调节到 8～9，处理效果稳定，出水中的 Cr^{6+} 的浓度低于 0.2mg/L，满足排放要求。

② 还原法除汞。常采用的还原剂为比汞活泼的金属（铁屑、锌粒、铅粉等）、硼氢化钠和醛类等。还原剂将 Hg^{2+} 还原为 Hg，加以分离和回收。而废水中的有机汞先氧化为无机汞，再行还原。

采用金属还原除汞，通常在滤柱内进行，其反应速率与接触面积、温度、pH 值、金属纯净度等因素有关。通常将金属破碎成 2～4mm 的碎屑，并去掉表面污物，控制反应温度为 20～80℃，避免温度过高导致汞蒸气溢出。

3. 化学沉淀法

沉淀是利用水中悬浮颗粒与水的密度差进行分离的方法。当悬浮物的密度大于水时，在重力作用下，悬浮物下沉形成沉淀物，通过收集沉淀物净化水质。向工业废水中投加某种化学物质（沉淀剂），和水中的污染物质反应，生成难溶固体沉淀下来而加以分离去除的方法称为化学沉淀法。该法适用于去除污水中的重金属离子（如汞、镍、铅、铜、锌、铬等）、碱土金属（如钙、镁）和某些非金属（如氰、氟、砷、硼等）离子态污染物。

根据使用沉淀剂的不同，可将化学沉淀法分为氢氧化物法、硫化物法、钡盐法、石灰法等。氢氧化物法应用普遍，工业废水中的许多金属离子都可以用此法去除，而大多数金属硫化物在水中的溶解度要比其氢氧化物小很多，因此采用硫化物法可使金属去除更完全。钡盐沉淀法主要用于处理含 Cr^{6+} 的废水，采用的沉淀剂有硝酸钡、碳酸钡、氯化钡、氢氧化钡等。

（1）氢氧化物沉淀法　氢氧化物沉淀法又称中和沉淀法，在酸性重金属废水中加入中和剂，使酸中和并使重金属离子生成金属氢氧化物沉淀然后分离。污水中的金属离子很容易生成各种氢氧化物，其中既包括氢氧化物沉淀又包含各种羟基络合物，所以氢氧化物的生成条件和存在状态与溶液 pH 值有直接关系。用该法处理含重金属离子废水时，应掌握金属氢氧化物沉淀形成的最佳 pH 值及处理后溶液中剩余金属离子的浓度。表 8-1 中的 pH 值是单一金属离子存在时达到排放标准的 pH 值。

氢氧化物法处理含金属废水时广泛采用如图 8-16 所示流程。废水先进入调节池，再进入反应池与石灰乳进行中和反应后进入沉淀池，沉淀池上部清液经过滤后排放或回用，污泥进浓缩池脱水后外运。

表 8-1　单一金属离子存在时达到排放标准的 pH

金属离子	金属氧化物	浓度积	排放标准/(mg/L)	达标 pH 值
Cd^{2+}	$Cd(OH)_2$	2.5×10^{-14}	0.1	10.2
Co^{2+}	$Co(OH)_2$	2.0×10^{-14}	1.0	8.5
Cr^{2+}	$Cr(OH)_2$	1.0×10^{-31}	0.5	5.7
Cu^{2+}	$Cu(OH)_2$	5.6×10^{-20}	1.0	6.8
Pb^{2+}	$Pb(OH)_2$	2.0×10^{-16}	1.0	8.9
Zn^{2+}	$Zn(OH)_2$	5.0×10^{-17}	5.0	7.9

续表

金属离子	金属氧化物	浓度积	排放标准/(mg/L)	达标 pH 值
Mn^{2+}	$Mn(OH)_2$	4.0×10^{-14}	2.0	9.2
Ni^{2+}	$Ni(OH)_2$	2.0×10^{-16}	0.1	9.0

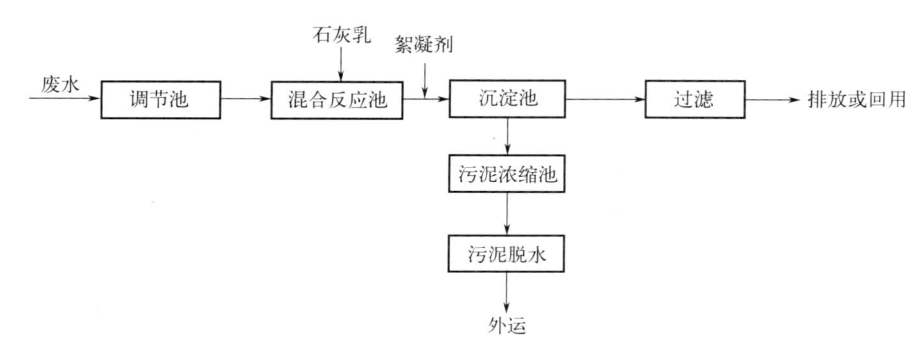

图 8-16 中和沉淀法处理废水流程

（2）硫化物沉淀法 许多金属的硫化物溶度积比其氢氧化物要小得多，所以采用硫化物作沉淀剂可使污水中的金属更完全地去除。常用的沉淀剂有 H_2S、Na_2S、NaHS、$(NH_4)_2S$ 等。硫化物沉淀法具有沉淀物少，含水量低，沉淀物的处理和重金属回收容易等优点，但当硫化物过量时，处理水会产生硫化氢，造成二次污染。

S^{2-} 和 OH^- 一样，也可以和许多金属离子形成络阴离子，从而增大金属硫化物的溶解度，不利于重金属的沉淀去除，因此沉淀剂 S^{2-} 不宜过量。而废水中还可能存在其他配位体（如 CN^-、SCN^- 等）易与金属离子形成各种可溶性络合物，造成干扰，因此应通过预处理除去这些离子。同时溶液中 S^{2-} 浓度还受 H^+ 浓度的制约，如果溶液的 pH 值大于硫化物沉淀平衡 pH 值，金属硫化物将沉淀析出，pH 值低时则会生成硫化氢气体，因此控制溶液的 pH 值可以选择性地析出溶度积较小的金属硫化物。

4. 混凝法

废水中存在具有“稳定性”的胶体微粒及悬浮颗粒，其能在水中长期保持分散悬浮状态，即使静置十几小时以上，也不会自然沉降，因此要通过向废水中投加化学药剂（混凝剂），来破坏细小悬浮物和胶体颗粒在水中形成的稳定体系。首先使其互相接触而聚集在一起（凝聚过程），然后形成絮状物并下沉分离（絮凝过程）。一般将凝聚过程和絮凝过程统称为混凝。具体来说，凝聚是指使胶体脱稳并聚集为微小絮粒的过程，而絮凝则是使微小絮粒通过吸附、卷带和架桥而形成更大絮体的过程。

混凝法在给水和废水处理中应用非常广泛。它既可以降低原水的浊度、色度等感观指标，又可以去除多种有毒有害污染物；它既可以自成独立的处理系统，又可以与其他单元过程组合，用于预处理、中间处理和最终处理的各个阶段，还可用于污泥脱水前的浓缩过程。混凝法的优点是设备简单，维护操作易于掌握，费用低，处理效果好，间歇或连续运行都可以。缺点是要不断向污水中投药，运行费用较高，沉渣量大且脱水较困难。

（1）混凝剂　混凝剂按化学成分可分为无机混凝剂和有机混凝剂两大类。

① 无机混凝剂。常用的无机混凝剂主要为铝盐和铁盐。传统的铝盐混凝剂主要有硫酸铝、明矾等。废水处理应用最广的是硫酸铝，该方法主要用于造纸、印染等工业废水处理。传统的铁盐混凝剂主要有硫酸亚铁、三氯化铁、硫酸铁和聚合硫酸铁等。其中聚合硫酸铁的性质及作用机理与高分子聚合物相似，具有絮凝效果好，矾花大，沉速快，污泥浓缩性好，沉渣无返溶，出水久置不返色的优点。聚合硫酸铁被广泛应用于工业废水和城市废水及多种工业用水的处理，包括造纸、印染、制革、选矿、电镀、制药、食品及钢铁行业的废水处理。

② 有机混凝剂。常见的混凝剂按来源分可分为天然高分子混凝剂和人工合成高分子混凝剂，按其离解后官能团带电性又可分为阴离子型、阳离子型、非离子型和两性型。

常用的非离子型高分子混凝剂的产品是聚丙烯酰胺（PAM）和聚氧化乙烯（PEO）。聚丙烯酰胺是使用最为广泛的高分子混凝剂，其分子量可高达150万～600万。其效果主要表现在对胶体表面具有强烈的吸附作用，在胶粒之间起到吸附架桥作用。通常将聚丙烯酰胺作为助凝剂配合铝盐或铁盐混凝剂使用。阳离子型高分子絮凝剂通常带有氨基（$—NH_3^+$）、亚氨基（$—CH_2—NH^{2+}—CH_2—$）等基团。由于水中的胶体一般带负电荷，因此阳离子型聚合物具有优良的混凝效果，但价格较昂贵。

③ 助凝剂。为了提高混凝效果，需要添加一些辅助药剂，以便生成粗大、密实、易于分离的絮凝体。助凝剂就是与混凝剂一起使用，以促进水的混凝过程的辅助药剂。助凝剂本身可以起混凝作用，也可不起混凝作用。助凝剂按其功能可分为三种：pH调整剂、絮体结构改良剂、氧化剂。

（2）混凝设备　混凝设备主要包括混凝剂的配制与投加设备、混合设备和絮凝反应设备。

① 混凝剂的配制与投加设备。混凝剂的配制与投加方法分干投法和湿投法两大类。干投法是将磨成粉末的混凝剂直接投入被处理的污水中。虽然该法占地面积小，但对混凝剂的粒度要求较严，难以控制投配量，且对机械设备的要求较高且劳动强度较大，因此目前用得较少。湿投法是将混凝剂配制成一定浓度的溶液，再按处理水量多少投加到被处理的污水中，是目前最常用的方法。一般药量小时，可采用水力法调制（见图8-17）。药量大时，可采用机械法（见图8-18）、压缩空气法等调制。常用的投加设备主要有计量泵（见图8-19）、水射器（见图8-20）、虹吸定量投药设备和孔口计量设备。溶解池、溶液池、搅拌设备、泵及管道都应考虑防腐。混凝剂的溶解、配液、投加过程见图8-21所示。

② 混合设备。混合的目的是使混凝剂迅速而均匀地扩散至水中，借助紊动水流的作用，使混凝剂单体水解并与胶粒完成电中和作用，降低其所带电位，完成胶体脱稳。这一过程在10～30s内完成，一般不应超过2min。常用的混合方式有水泵混合、隔板混合、机械混合。水泵混合是我国常用的一种混合方式。利用水泵混合时，药剂溶液可加在水泵吸水管或吸水井中。其优点是利用水泵叶轮转动可使药剂与原水达到良好的混合效果，而

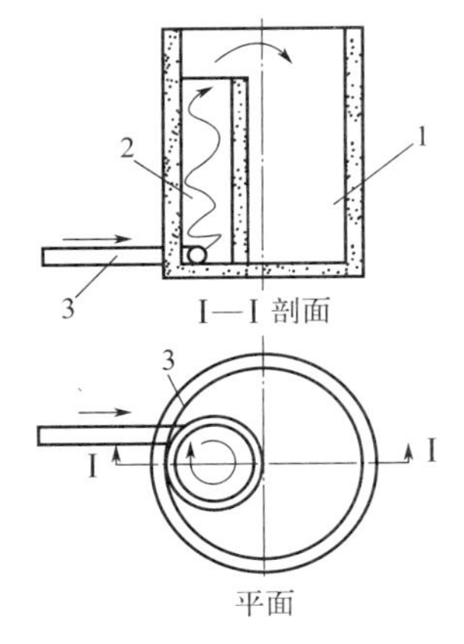

图 8-17 水力法

1—溶液池；2—溶药池；3—压力水管

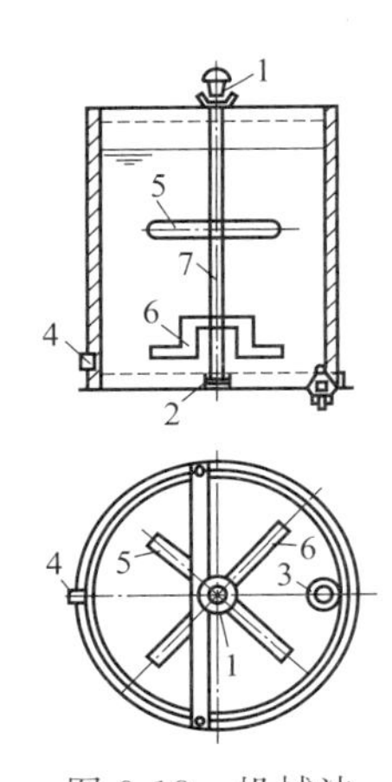

图 8-18 机械法

1,2—轴承；3—异径管箍；4—出管；
5—桨叶；6—锯齿角钢桨叶；7—立轴

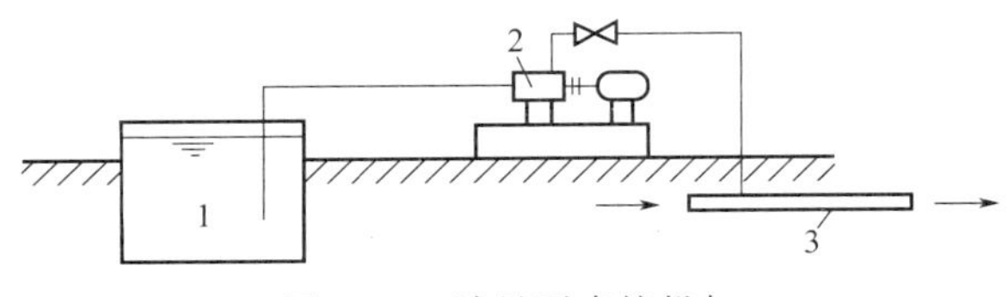

图 8-19 计量泵直接投加

1—溶液池；2—计量泵；3—压水管

借助吸水管吸力容易加注。具体优点表现为混合效果好，不需另建混合设备，节省投资和动力。

③ 絮凝反应设备。絮凝反应设备的任务就是使细小絮凝体逐渐絮凝成较大颗粒而便于沉淀。此时需要降低搅拌强度，增加搅拌时间，为形成较大的絮团提供良好的碰撞机

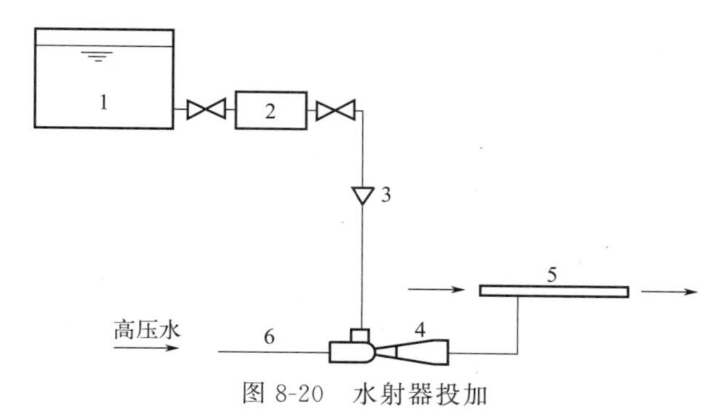

图 8-20　水射器投加

1—溶液池；2—投药箱；3—漏斗；4—水射器；5—压水管；6—高压水管

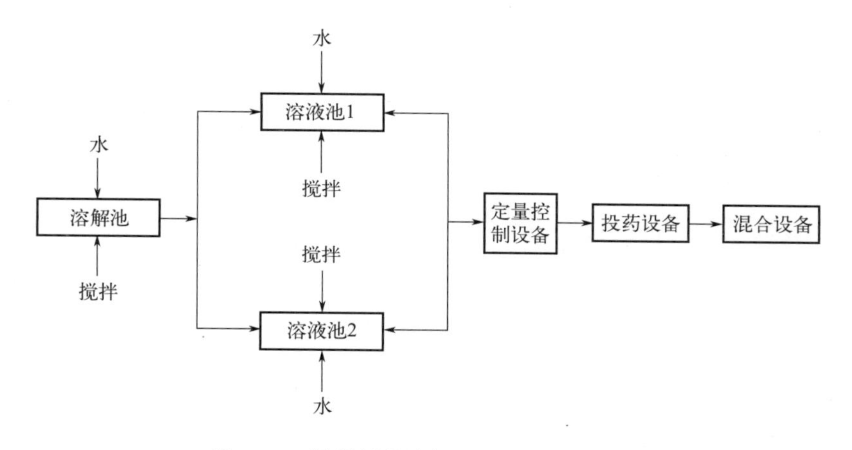

图 8-21　混凝剂的溶解、配液、投加过程

会。根据搅拌的动力来源，可将絮凝反应设备分为机械搅拌和水力搅拌两大类，其中水力搅拌反应池在国内应用广泛，反应池有隔板式、涡流式、旋流式三种，废水处理中多用隔板式反应池（见图 8-22）。

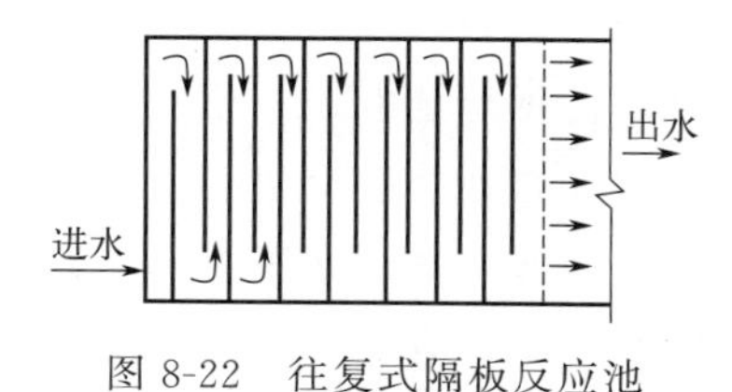

图 8-22　往复式隔板反应池

④ 澄清设备。澄清池能够同时完成混合、反应、沉淀分离三个过程，具有占地面积小、生产效率高、节省药剂、处理效果好等优点，但结构比较复杂，对进水水质要求严格。澄清池根据废水和泥渣的接触原理可分为两类：一类是泥渣循环型，主要有机械加速澄清池和水力循环加速澄清池；另一类是悬浮泥渣型，主要有脉冲澄清池、悬浮澄清池。其中应用最广泛的是机械加速澄清池（见图 8-23）。

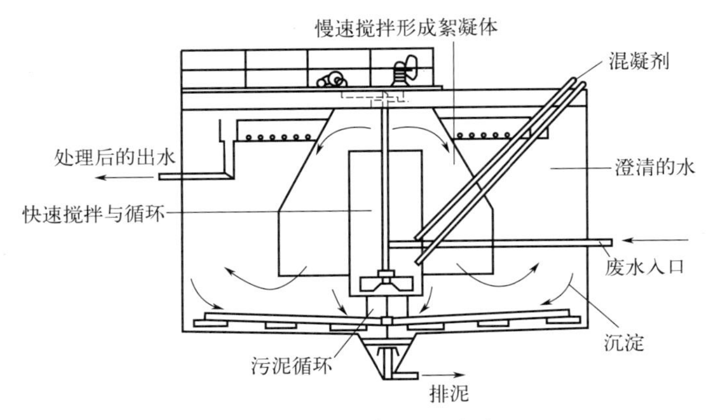

图 8-23　机械加速澄清池

四、化工废水的物理化学处理

工业废水经过一般的物理和化学方法处理后，水中仍会含有某些细小的悬浮物和溶解的有机物。为了进一步去除残存在水中的污染物，可以进一步采用物理化学方法进行处理。常用的物理化学方法有吸附、气浮、电解、反渗透、超过滤等。

1. 气浮法

气浮是从液体中除去低密度固体物质或液体颗粒的一种方法，利用高度分散的微小气泡作为载体去黏附废水中的污染物，形成密度小于水的气浮体，靠气泡的浮力一起上浮至水面形成浮渣，从而进行固液或液液分离。在废水处理时，气浮法被广泛应用于自然沉淀难于去除的乳化油类、相对密度接近 1 的悬浮固体等，如分离地表水中的细小悬浮物、藻类及微絮体；分离回收含油废水中的悬浮油及乳化油；分离回收以分子或离子状态存在的目的物，如表面活性物质和金属离子；污泥浓缩法中分离和浓缩剩余活性污泥；回收工业废水中的有用物质，如造纸厂废水中的纸浆纤维及填料等。

气浮法的主要优点是占地较少，处理效率较高，一般只需 10～20min 就可以完成固液分离，且生成的污泥比较干燥，表面刮泥也较方便。但存在电耗较大，设备的维修与管理工作量大，减压阀、释放器或射流器等易被堵塞的缺点。

(1) 加压溶气气浮法　根据气泡析出时所处压力的不同，将溶气气浮分为加压溶气气浮和溶气真空气浮两种类型。其中，加压溶气气浮法中空气在加压条件下溶入水中，在常压下析出。而溶气真空气浮法，是空气在常压或加压条件下溶入水中，在负压条件下析出。加压溶气气浮是国内外最常用的气浮法。

空气在加压条件下溶于水中，再使压力降至常压，把溶解的过饱和空气以微气泡的形式释放出来。此法适用于絮粒松散、细小的固液分离。其缺点是耗电量大、需要耐压溶气罐、且溶气系统复杂。加压溶气气浮工艺由压力溶气系统、空气释放系统和气浮分离设备等组成。其基本工艺流程有全溶气流程（见图 8-24)、部分溶气流程（见图 8-25）和回流加压溶气流程（见图 8-26）3 种。

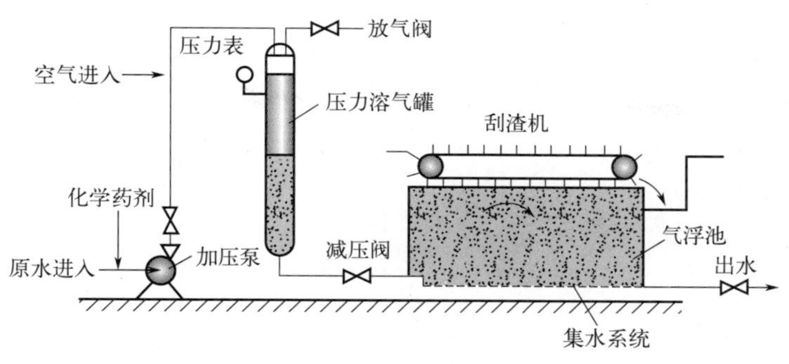

图 8-24 全溶气流程

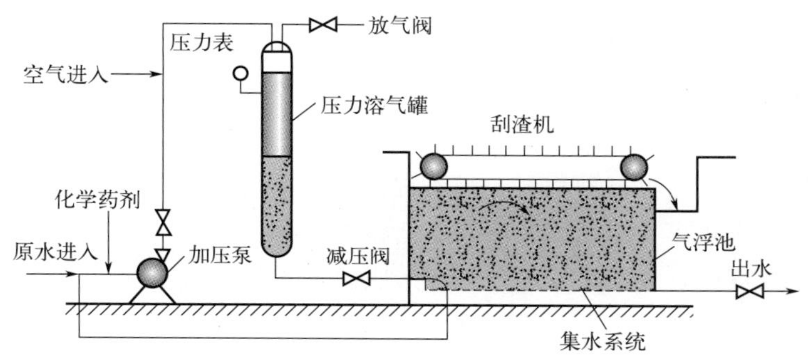

图 8-25 部分溶气流程

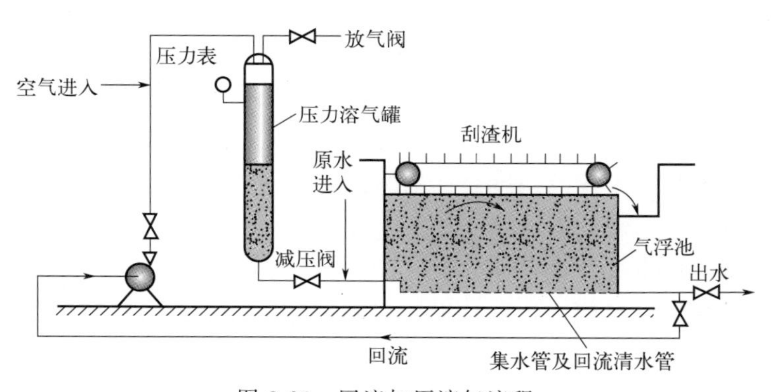

图 8-26 回流加压溶气流程

（2）电解气浮法　电解气浮法（见图 8-27）是将正负极相间的多组电极浸泡在废水中，当通以直流电时，废水电解，废水中悬浮颗粒黏附在正负两极间产生的氢和氧的细小气泡上，小气泡将其带至水面而达到分离的目的。

2. 吸附法

吸附法是利用多孔性固体物质作为吸附剂，以吸附剂的表面吸附废水中的某种污染物的方法。水处理中的吸附法主要用于去除用生化法难于降解的有机物或用一般氧化法难以

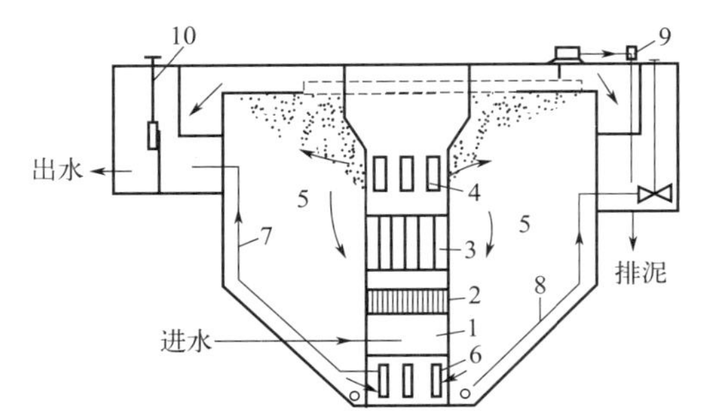

图 8-27　电解气浮法装置示意

1—入流室；2—整流栅；3—电极组；4—出流孔；5—分离室；6—集水孔；
7—出水管；8—沉淀排泥管；9—刮渣机；10—水位调节器

氧化的溶解性有机物质（如木质素、氯或硝基取代的芳烃化合物、杂环化合物、洗涤剂等）；高效地去除废水中的重金属离子（如汞、铬）、氨氮等污染物；还能除去合成洗涤剂、微生物病毒等，并能脱色、除臭。吸附法在废水处理中有较广泛的应用，具有适应范围广、处理效果好、可回收有用物料、吸附剂可重复使用等优点。工业废水处理中常用的吸附剂有活性炭、磺化煤、活化煤、沸石、活性白土、硅藻土、焦炭、木炭和木屑等。

在工业废水处理中，吸附操作可分为静态吸附和动态吸附两种。静态吸附是在废水不流动的条件下进行的吸附操作，适用于规模小、间歇排放的废水处理，其在实际废水处理过程中使用较少。动态吸附是在废水流动条件下进行的吸附操作。废水不断地流进吸附床，与吸附剂接触除去污染物，质量符合要求的处理后的水连续地从吸附床排出。废水处理中常用的动态吸附设备有固定床、移动床和流化床。

在固定床吸附操作过程中吸附剂或离子交换树脂固定填装在圆柱体设备中。设备简单、运行方便管理。当废水连续通过填充吸附剂设备时，废水中的吸附质被吸附剂吸附。当吸附剂数量足够时，从吸附设备流出的废水中吸附质的浓度可以降低到零。吸附剂使用一段时间后，出水中的吸附质的浓度会逐渐增加，当吸附质增加到一定数值时，应停止通水，将吸附剂进行再生。吸附和再生可在同一设备内交替进行，也可将失效的吸附剂排出，送到再生设备进行再生（见图 8-28）。

移动床吸附塔的运行操作方式为原水从吸附塔底部流入和吸附剂进行逆流接触，处理后的水从塔顶流出，再生后的吸附剂从塔顶加入，接近吸附饱和的吸附剂从塔底间歇地排出。移动床从下部进水，水中夹带的悬浮物随饱和炭排出，因此对设备不需要反冲洗，对废水预处理要求较低，可以兼顾吸附床的容积利用率和吸附剂的吸附能力利用率，较固定床能充分利用床层吸附容量，出水水质良好且水头损失较小，设备简单，操作管理方便。但此操作方式要求塔内吸附剂上下层不能互相混合，操作管理要求高。目前较大规模废水处理时多采用这种操作方式。

流化床吸附的操作方式与前两者不同的地方在于吸附剂在塔内处于膨胀状态或流化状态，且吸附剂与污水逆向连续流动。适于处理含悬浮物较多的废水，不需要进行反冲洗，废水预处理要求低。但由于其构造复杂、操作要求高（上下层不能互相混层，保持炭层成层状向下移动），在废水处理中应用较少。

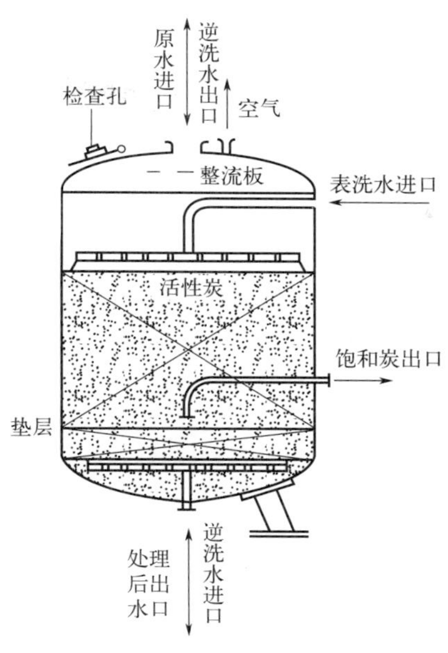

图 8-28 降流式固定床吸附塔

3. 电解法

电解法是工业废水中的电解质在电流的作用下，发生电化学反应的过程。其具有装置占地面积小，自动控制水平高，药剂投加量少，废液产量少，能适应较大幅度的水量与水质变化冲击的优点。但存在电耗和可溶性阳极材料消耗较大，副反应较多，电极易钝化的缺点。

利用电解法可去除水中的无机污染物（如氰化物、硫氰酸盐、砷、亚硫酸盐、硫化物、氨等）和有机污染物（如酚、微生物），还可以利用电解法进行消毒。

电解法处理含铬废水通常采用铁板作为阳极电极，电解槽选用翻腾式电解槽。在电解过程中，阳极铁板先溶解产生亚铁离子，亚铁离子具有还原性，在酸性条件下能将六价铬还原为三价铬。电解法除铬的工艺有间歇式和连续式两种，一般多采用连续式工艺。

电解法处理有机污染物一般分为两大类，一类是将有机污染物完全分解为二氧化碳和水，但此方法设备成本和能耗较高；第二类是只将生物难降解的有机污染物或毒性物质转化为可生物降解的物质，后续再通过生物法去除，此法相比前者较经济。

电解法可用直接电解的方式将被消毒液体直接通过特定的电解消毒装置，以达到消毒目的；还可用间接电解的方式在消毒现场制造次氯酸钠或者氯气等消毒剂，然后投加于被消毒液体，进行消毒。

五、化工废水的生物处理

化工废水的生物处理法是在人工创造的有利于微生物生命活动的环境中，使微生物大量繁殖，提高微生物氧化分解有机物效率的一种水处理方法。当化工废水中含有有机污染物时，单采用物理或化学的方法很难达到治理要求，采用生物化学处理法往往十分奏效。生物化学处理具有费用低、效果好、操作简单等优点，在化工废水的处理中得到广泛的应用。

1. 活性污泥法

活性污泥法（见图 8-29）是目前应用最为广泛的一种传统废水生物处理法。该工艺能从化工废水中去除溶解性的和胶体性的可生物降解有机物，以及能被活性污泥吸附的悬浮固体和其他一些物质，无机盐类也能被部分去除。其本质与天然水体（江、湖）的自净过程相似，都为好氧生物处理过程，而活性污泥法的净化强度更大，被认为是天然水体自净作用的人工强化。

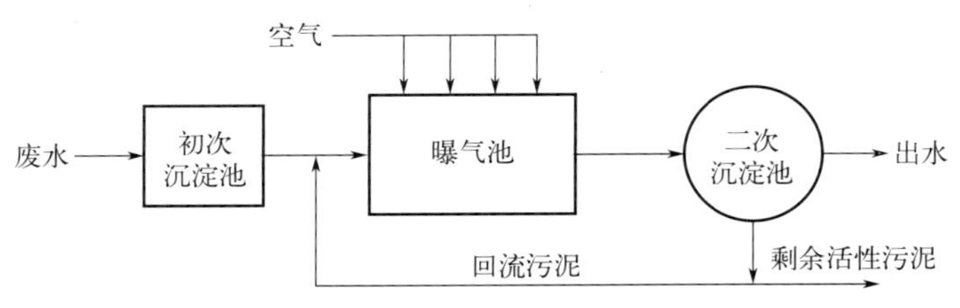

图 8-29　活性污泥法的基本流程

（1）普通活性污泥法　普通活性污泥法也称传统活性污泥法（如图 8-30），其对于废水中的有机物和悬浮物去除率可达到 90%～95%。普通活性污泥法具有出水水质好的优点，适宜于处理净化程度和稳定程度都要求较高的污水水质。废水经过一级处理去除了大部分悬浮物和部分有机物后，进入曝气池，废水在曝气池停留一段时间后，水中的有机物绝大多数被池中的微生物吸附、氧化分解成无机物。接下来这些无机物进入沉淀池，形成活性污泥下沉，再将上层清液处理后排放。

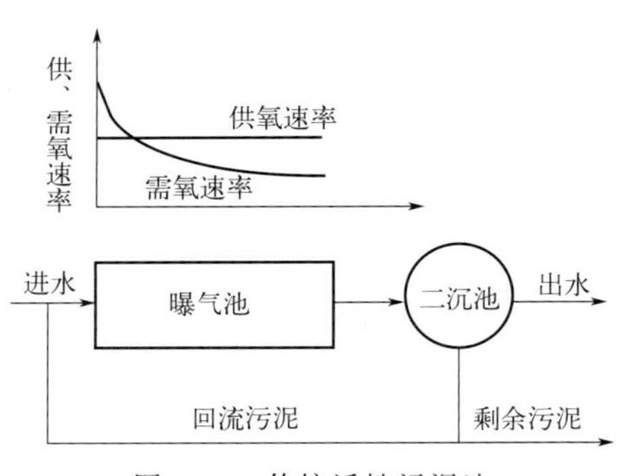

图 8-30　传统活性污泥法

普通活性污泥法曝气时间比较长，当活性污泥继续向前推进到曝气池末端时，废水中有机物已几乎被耗尽，污泥微生物进入内源代谢期，它的活动能力也相应减弱，使其在沉淀池中容易沉淀，出水中残剩的有机物数量较少。但普通活性污泥法的应用也存在以下问题：①对水质变化的适应能力不强，存在耐冲击负荷能力较差和易于发生污泥膨胀等问题。②由于沿曝气池长的需氧速率是变化的，而沿池长的供氧速率是不变的，从而导致曝气池的后半部出现供氧速率大于需氧速率；污水中的有机污染物从曝气池的一端进入，曝气池首端有机负荷高，池末端有机负荷低。这样，池首端需氧速率必高，池末端则低，而曝气池的供氧速率是池的首末端均匀一致的，当供氧无法满足时，会造成供氧不合理，前段不足，后段过剩的状态。③同其他类型的活性污泥法相比，曝气池相对面积庞大，处理能耗费用高。

（2）渐减曝气活性污泥法　渐减曝气活性污泥法（见图 8-31）即为克服普通活性污泥法有机物浓度和需氧量沿池长减小的缺点，进行了改进，使供氧与需氧速率尽量吻合的方法。通过合理布置曝气器，使池首到池尾供氧速度逐渐减少，整个曝气池中溶解氧含量都能维持在一定水平，在保证良好的好氧环境的同时又避免了氧的浪费。但在混合液的流态上还属于推流式，并未克服推流式活性污泥法工艺的其他缺点，存在有机物浓度随着向前推进不断降低，污泥需氧量也不断下降，曝气量相应减少的问题。

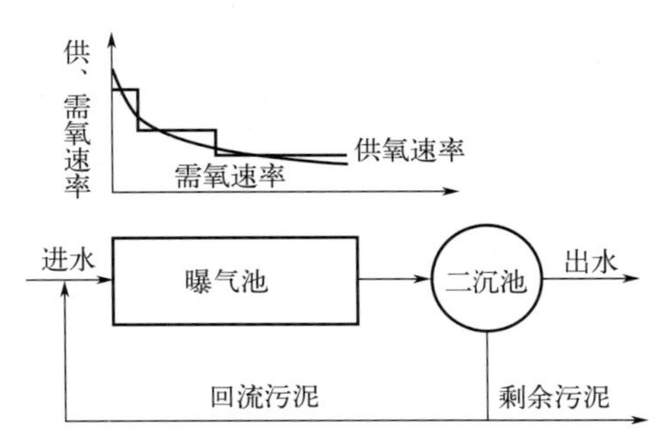

图 8-31　渐减曝气活性污泥法

（3）吸附再生活性污泥法　吸附再生活性污泥法（见图 8-32）是使废水和活性污泥接触达到吸附饱和状态的时候，大部分的有机物被吸附在活性污泥颗粒的表面时进行泥水分离的方法。将吸附和再生分别在两个反应池内进行。在吸附池内，进水与再生后的活性污泥充分混合，使污泥吸附了大部分的悬浮物、胶体物质后进入二沉池内，进行泥水分离。此时，出水净化程度已经很高。完成泥水分离后的回流污泥再进入曝气再生池，池中曝气但不进废水，进一步氧化分解污泥中吸附的有机物，再使恢复了活性的污泥随后再次进入吸附池同新进入的废水接触，重复以上过程。

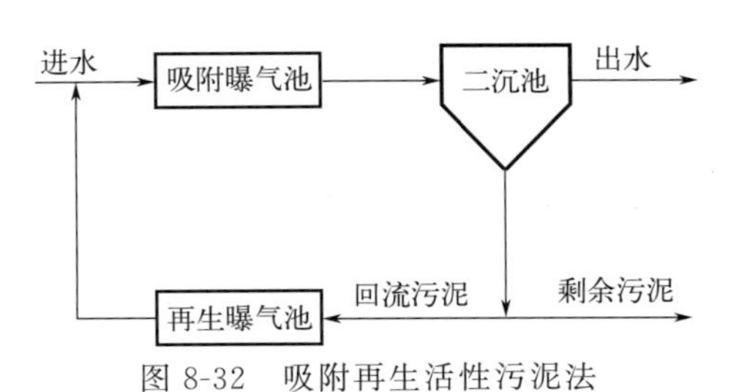

图 8-32　吸附再生活性污泥法

吸附再生活性污泥法使用的曝气池所需的容积要小于普通活性污泥法，通常可减少三分之一或其以上。该方法所用吸附时间短，空气用量也少（剩余活性污泥不再曝气），回流污泥量多，对负荷变化适应性和调节平衡能力强，运行费用较低。但存在BOD去除率低，回流污泥量大，增大了回流污泥泵的容量，且剩余污泥松散难处理的缺点。

（4）完全混合活性污泥法　完全混合活性污泥法流程（见图8-33）与普通活性污泥法相同，但其应用了完全混合式曝气池，废水与回流污泥进入曝气池后，立即与池内混合液充分混合，此时池内混合液是已经处理而未经泥水分离的处理水。

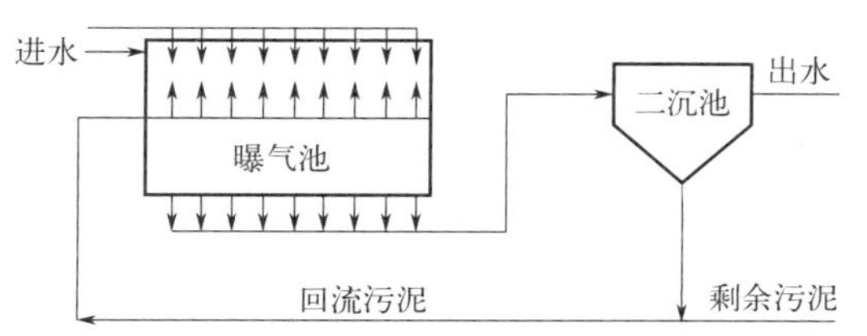

图8-33　完全混合活性污泥法工艺流程

完全混合活性污泥法曝气池内混合液的需氧速度均衡，动力消耗低于推流式曝气池。废水在曝气池内分布均匀，各部位的水质相同、有机污染物降解情况相同，改善了长条形池子中混合液的不均匀状态。混合液在池内不停流动，废水和活性污泥进池后迅速得到稀释和混合，对活性污泥产生的影响将降到极小的程度，因此该工艺对冲击负荷有较强的适应能力，特别适用于处理高浓度工业废水。但该系统中微生物对有机物的降解动力低下，相较于推流式曝气池，活性污泥易于产生膨胀现象，故出水水质不如采用推流式的普通曝气法好。

（5）间歇式活性污泥法　间歇式活性污泥法（SBR法）是一种按间歇曝气方式来运行的活性污泥污水处理技术，又称序批式活性污泥处理系统。

SBR法的一个运行周期包括五个阶段（见图8-34）。第一阶段（进水工序）：废水注入达到预定高度后再进行反应，此时反应器起到调节池的作用，对水质、水量的变动有一定的适应性。第二阶段（反应工序）：该工艺最主要的一道工序，开始曝气反应操作，在该期间既不进水也不排水，使污染物进行生物降解。第三阶段（沉淀工序）：相当于活性污泥法连续系统的二次沉淀池，在该阶段停止曝气和搅拌，使混合液处于静止状态，使活

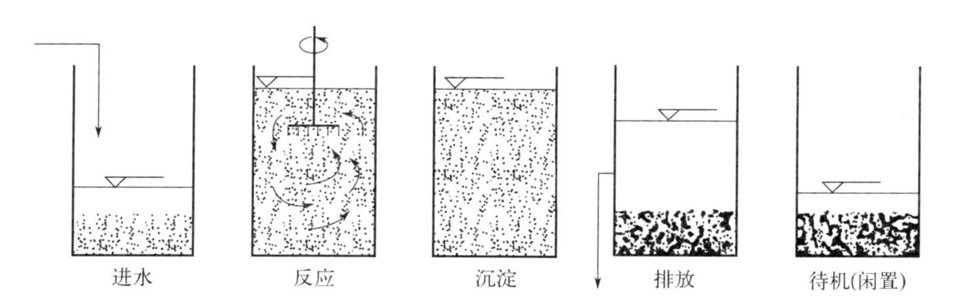

图8-34　间歇式活性污泥法（SBR法）工作原理示意图

性污泥与水分离。第四阶段（排放工序）：经过沉淀分离后将上清液作为处理水排放，一直到最低水位，在反应器内残留一部分活性污泥，作为种泥。第五阶段（待机工序）：也称闲置工序或空载排泥期，即在处理水排放后，反应器处于停滞状态，此时池中无污水，只有沉淀分离出的活性污泥，等待下一个操作周期开始的阶段。

SBR 工艺系统组成简单，不需要污泥回流设备和二沉池，曝气池容积也小于连续式。此外，系统还具有如下特征：不需要设置调节池；污泥指数值（SVI 值）较低，污泥易于沉淀，不产生污泥膨胀；可通过调节运行方式，在曝气池内能同时进行脱氮除磷处理，BOD 去除率达 95% ，且产泥量少；运行管理方便，处理水质优于连续式。

2. 生物膜法

生物膜法又称固定膜法，是利用附着生长于某些固体物表面的微生物（即生物膜）进行有机污水处理的方法。生物膜法是一大类生物处理法（生物滤池、生物转盘、生物接触氧化池、曝气生物滤池及生物流化床）的统称，其共同的特点是有微生物附着生长在滤料或填料表面上，形成生物膜。自净过程的人工化和强化与活性污泥法一样，生物膜法主要去除废水中具有溶解性和胶体状的有机污染物，同时对废水中的氨氮还具有一定的硝化能力。

（1）生物滤池法　生物滤池法（见图 8-35）包括初沉池、生物滤池、二沉池。废水进入生物滤池前，须进行预处理，除去水中悬浮物、油脂等会堵塞滤料的物质，使水质均稳定。一般在生物滤池前设初沉池，或根据污水水质而采取其他方式进行预处理。生物滤池后设置的二沉池用以截留滤池中脱落的生物膜。由于生物膜的含水率小于活性污泥，故污泥沉淀速率较大，二次沉淀池容积较小。

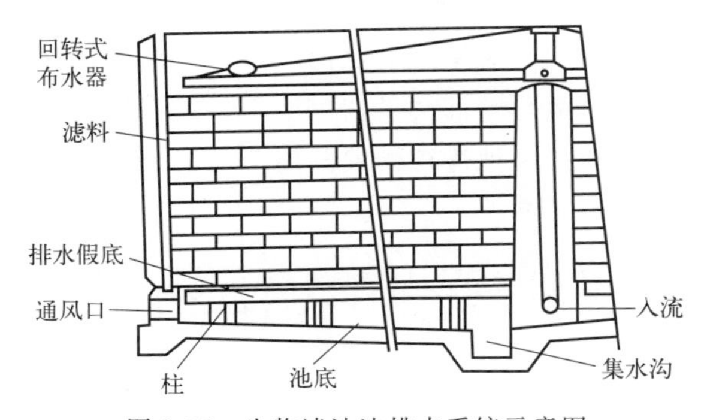

图 8-35　生物滤池法排水系统示意图

（2）生物转盘法　生物转盘是在生物滤池基础上发展起来的一种高效经济的处理设备。它具有结构简单、运转安全、能耗低、抗冲击负荷能力强、不发生堵塞等优点。目前生物转盘已广泛运用到我国的化纤、石油、印染、制革、造纸等许多行业的工业废水处理中，并取得良好效果。

生物转盘的工作机理与生物滤池基本相同，但其构造形式与生物滤池不相同（见图 8-36），当圆盘浸没于废水中时，盘片作为生物膜的载体，使得废水中的有机物吸附在其上，当圆盘离开废水时，盘片表面形成薄薄一层水膜。水膜从空气中吸收氧气，生物膜内所吸附的有机物得以氧化分解，生物膜活性恢复。这样圆盘每转动一圈即完成一个吸附-氧化的周期。通过上述过程，氧化槽内污水中的有机物减少，污水得到净化。转盘上的生物膜也同样经历挂膜、生长、增厚和老化脱落的过程，脱落的生物膜可在二次沉淀池中去除。生物转盘系统除了有效地去除有机污染物外，如运行得当还具有硝化、脱氮与除磷的功能。

相比于生物滤池法，生物转盘法具有不会发生堵塞现象，净化效果好，能耗低，管理方便的优点，但存在占地面积较大，有气味产生，对环境有一定影响的缺点。

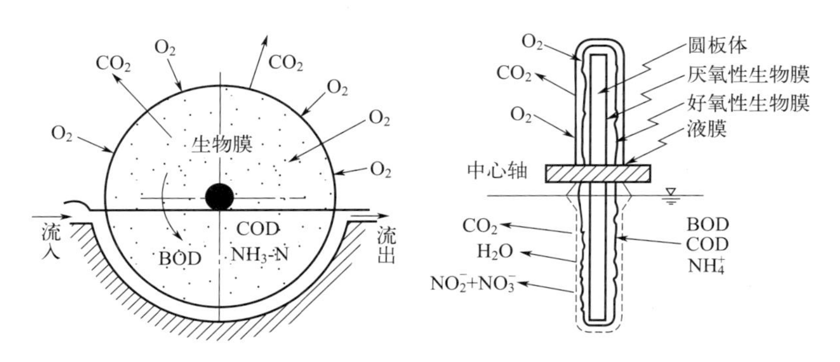

图 8-36 生物转盘净化机理

(3) 生物接触氧化法 生物接触氧化法（见图 8-37），又称为淹没式生物滤池，生物接触池内设有填料，部分微生物以生物膜的形式固着生长于填料表面，废水与附着在填料上的生物膜接触，生物膜生长至一定厚度后，填料壁的微生物会因缺氧而进行厌氧代谢，产生的气体及曝气形成的冲刷作用会造成生物膜的脱落，并促进新生物膜的生长。此时，脱落的生物膜将随出水流出池外，从接触氧化池脱落下来的生物污泥在二沉池中沉淀，也可采用气浮法分离。生物接触氧化池前要设初沉池，以去除悬浮物，减轻生物接触氧化池的负荷。生物接触氧化池后设二沉池进行固液分离，以保证系统出水水质。

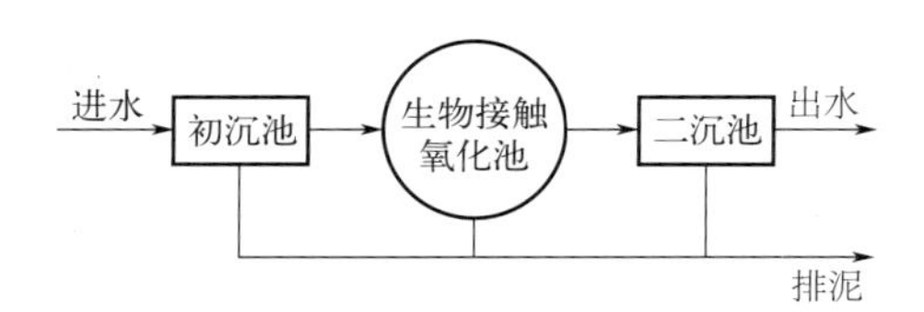

图 8-37 生物接触氧化法工艺流程

生物接触氧化法抗冲击负荷能力强，污泥生成量小，不存在污泥膨胀问题，无需污泥回流，易管理，出水水质稳定。对于高浓度的有机废水，常与厌氧处理法相结合，比如厌氧水解酸化等工艺。目前生物接触氧化技术工艺已经被广泛应用于食品、印染、造纸、化工、医药、生活、养殖、中水回用等领域水处理。

3. 厌氧生物处理法

厌氧生物处理法是指在无分子氧的条件下，通过厌氧微生物或兼性微生物的作用，将污水中的有机物分解并产生甲烷和二氧化碳的过程，又被称为厌氧消化，厌氧发酵。厌氧生物处理技术具有能将有机污染物转变成沼气并加以利用，运行能耗低，有机负荷高，占地面积少，污泥产量少，剩余污泥处理费用低等优点。

厌氧生物处理通常与好氧生物处理技术相结合，作为好氧生物处理的前处理工艺，能有效提高污水的可生化性。厌氧生物处理技术不仅适用于污泥稳定处理，而且适用于高浓度和中等浓度有机废水的处理。

(1) 普通厌氧消化池　普通厌氧消化池又称传统或常规消化池，常用密闭的圆柱形池。消化池废水定期或连续进入池中，经消化的污泥和废水分别由消化池底和上部排出，所产的沼气从顶部排出。

普通厌氧消化池的构造（见图 8-38）一般由池顶、池底和池体三部分组成。池径从几米至三四十米，柱体部分的高约为直径的 1/2，池底呈圆锥形，以利于排泥。池顶一般都设有盖子，有两种形式，即固定盖和浮动盖，以便保证良好的厌氧条件，还可以收集沼气和保持池内温度并减少池面的蒸发。

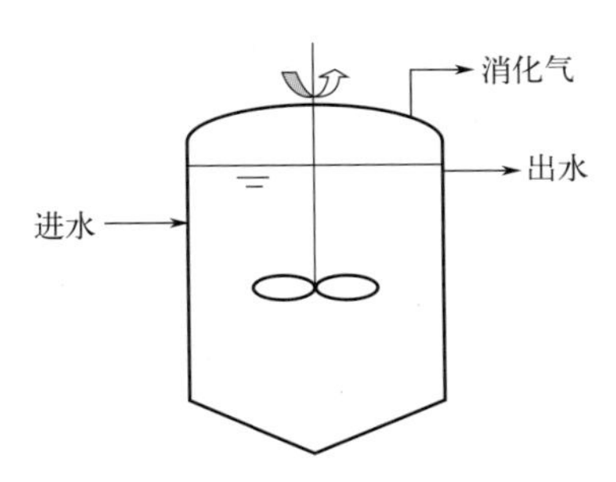

图 8-38　普通厌氧消化池

(2) 厌氧接触工艺　厌氧接触工艺（见图 8-39）克服了普通厌氧消化池不能持留或补充厌氧活性污泥的缺点，对于悬浮固体高的有机污水处理效果很好。污水先进入消化池与回流的厌氧污泥相混合，污水中的有机物被厌氧污泥吸附分解，厌氧反应所产生的沼气由顶部排出。处理后的水与厌氧污泥的混合液从消化池上部排出，在沉淀池中完成固液分离，上清液由沉淀池排出，部分污泥回流至消化池，另一部分作为剩余污泥处理。

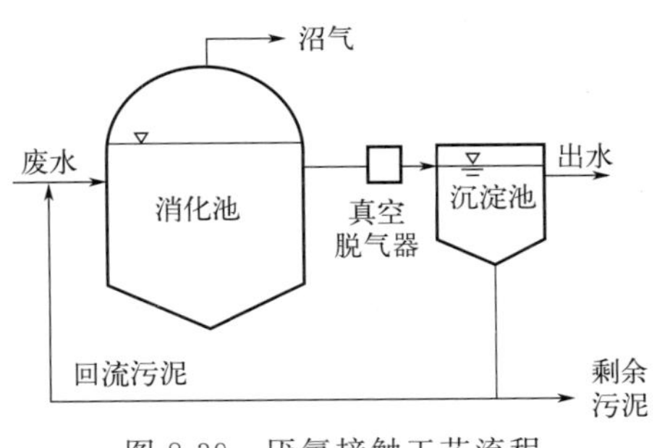

图 8-39　厌氧接触工艺流程

厌氧接触法实质上是厌氧活性污泥法，不需要曝气而需要脱气。其优点是污泥回流，使得厌氧反应器内能够维持较高的污泥浓度，极大降低了水力停留时间，并使反应器具有一定的耐冲击负荷能力。

（3）上流式厌氧污泥床反应器（UASB） 上流式厌氧污泥床反应器是一种集反应与沉淀于一体、结构紧凑的厌氧反应器（见图 8-40），由反应器（污泥床、污泥悬浮层）、沉淀区和三相分离器等部分构成。

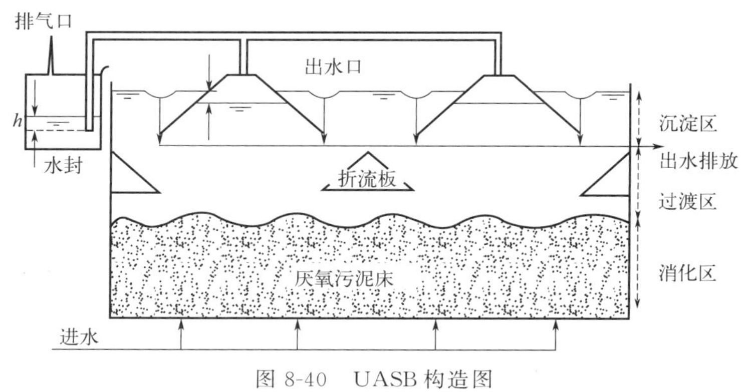

图 8-40 UASB 构造图

废水从反应器底部进入，先通过污泥层，在污泥层中废水中的有机物被颗粒污泥和絮状污泥降解，产生的生物气（甲烷和二氧化碳）附着在污泥颗粒上，悬浮在废水中形成下密上疏的悬浮污泥层。气泡聚集变大，脱离污泥颗粒而上升，起到了一定的搅拌作用。一部分污泥颗粒被附着的气泡带到上层，上升到三相分离器中实现气、液、固三相的分离，气泡脱离，污泥固体又沉降到污泥层，气体遇到反射板或挡板后折向三相分离器的集气室被分离排出，而包含一些剩余固体和污泥颗粒的液体经过三相分离器的缝隙进入沉淀区，再进行固液分离，沉降下来的污泥回到反应区，澄清后的处理水经收集后排出。

第二节 化工废气污染控制

一、化工废气概述

1. 化工废气的来源及分类

大气污染指的是由于人类活动或自然过程，排放到大气中的物质（或由它转化成的二次污染物）的浓度及持续时间，足以对人的舒适感、健康、设施或环境产生不利影响。大气污染主要是人类活动造成的，包括燃料（如煤、石油、天然气等）燃烧和工业（如氮肥、磷肥、无机盐、氯碱、有机原料及合成材料、金属冶炼、农药、燃料、涂料、炼焦等行业）生产过程中产生的大量废气。一些常见的化学工业主要行业废气来源及其主要污染物如表 8-2 所示。

表 8-2 化学工业主要行业废气来源及其主要污染物

行业	废气来源	废气中的主要污染物
氮肥	合成氨、尿素、碳酸氢铵、硝酸铵、硝酸	NO_x、尿素粉尘、CO、Ar、NH_3、SO_2、CH_4、粉尘
磷肥	磷矿石加工、普通过磷酸钙、钙镁磷肥、重过磷酸钙、磷酸铵类、氮磷复合肥、磷酸、硫酸	氟化物、粉尘、SO_2、酸雾、NH_3
无机盐	铬盐、二硫化碳、钡盐、过氧化氢、黄磷	SO_2、P_2O_5、Cl_2、HCl、H_2S、CO、CS_2、As、F、S、重芳烃
氯碱	烧碱、氯气、氯产品	Cl_2、HCl、氯乙烯、汞、乙炔
有机原料及合成材料	烯类、苯类、含氧化合物、含氮化合物、卤化物、含硫化合物、芳香烃衍生物、合成树脂	SO_2、Cl_2、HCl、H_2S、NH_3、NO_x、CO、有机气体、烟尘、烃类化合物
农药	有机磷类、氨基甲酸酯类、菊酯类、有机氯类等	HCl、Cl_2、氯乙烷、氯甲烷、有机气体、H_2S、光气、硫醇、三甲醇、二硫酯、氨、硫代磷酸酯农药
染料	染料中间体、原染料、商品染料	H_2S、SO_2、NO_x、Cl_2、HCl、有机气体、苯、苯类、醇类、醛类、烷烃、硫酸雾、SO_3
涂料	有机涂料：树脂漆、油脂漆；无机颜料：钛白粉、锌钡白、铬黄、氧化锌、氧化铁、红丹、黄丹、金属粉、铁蓝	苯、甲苯、二甲苯、乙酸乙酯、非甲烷总烃
炼焦	炼焦、煤气净化及化学产品加工	CO、SO_2、NO_x、H_2S、芳烃、苯并［α］芘

（1）化工废气的特点与危害　化工生产排放的气体具有种类多且组成复杂、易燃易爆气体多、有毒或腐蚀性气体多等特点。若长期暴露在有污染物的环境下会使人体质下降，精神不振；对眼、鼻、咽喉和呼吸道有刺激作用，引起呼吸系统的疾病；在突发性的高浓度污染物作用下，可造成急性中毒，甚至引起死亡。

（2）工业废气处理原则　大气环境质量控制标准是为控制和改善大气质量，保护人体健康和生态环境，限制大气环境中的污染物含量而制定的，是执行《中华人民共和国环境保护法》和《中华人民共和国大气污染防治法》、实施环境空气质量管理及防治大气污染的依据和手段。大气环境质量控制标准按用途分为：大气环境质量标准、大气污染物排放标准、大气污染控制技术标准及大气污染警报标准等。按其使用范围分为国家标准、地方标准和行业标准。

目前世界上一些主要国家在判断大气质量时，多依照世界卫生组织（WHO）1963 年提出的四级标准作为基本依据。

第一级——对人和动物看不到有什么直接或间接影响的浓度和接触时间。

第二级——开始对人体感觉器官有刺激、对植物有害、对人的视距有影响时的浓度和接触时间。

第三级——开始对人能引起慢性疾病，使人的生理机能发生障碍或衰退而导致寿命缩短时的浓度和接触时间。

第四级——开始对污染敏感的人能引起急性症状或导致死亡时的浓度和接触时间。

我国于2012年制定《环境空气质量标准》（GB 3095—2012），列入了SO_2、NO_2、CO、O_3、颗粒物、总悬浮颗粒物（TSP）、氮氧化物、铅等污染物的浓度限值。环境空气污染物基本项目限值见表8-3。

表8-3 环境空气污染物基本项目限值

序号	污染物项目	平均时间	浓度限值		单位
			一级	二级	
1	总悬浮颗粒物（TSP）	年平均	80	200	$\mu g/m^3$
		24h平均	120	300	
2	氮氧化物（NO_2）	年平均	50	50	
		24h平均	100	100	
		1h平均	250	250	
3	铅（Pb）	年平均	0.5	0.5	
		季平均	1	1	
4	苯并[α]芘（BaP）	年平均	0.001	0.001	
		24h平均	0.0025	0.0025	
5	二氧化硫（SO_2）	年平均	20	60	
		24h平均	50	150	
		1h平均	150	500	
6	二氧化氮（NO_2）	年平均	40	40	
		24h平均	80	80	
		1h平均	200	200	
7	一氧化碳（CO）	24h平均	4	4	mg/m^3
		1h平均	10	10	
8	臭氧（O_3）	日最大8h平均	100	160	$\mu g/m^3$
		1h平均	160	200	
9	颗粒物（粒径小于或等于10μm）	年平均	40	70	
		24h平均	50	150	
10	颗粒物（粒径小于等于2.5μm）	年平均	15	35	
		24h平均	35	75	

二、尾气除尘

除尘技术主要是将废气中的颗粒污染物（固体粒子、液体粒子及尘粒吸附水后形成的尘雾）脱除掉。除尘设备又可以按照原理大致分为机械式除尘器、湿式除尘器、过滤式除尘器和静电除尘器等。

1. 机械式除尘器

机械式除尘器是一类利用重力、惯性力和离心力等的作用将尘粒从气体中分离的装置，主要形式为重力沉降室、惯性除尘器和旋风除尘器等。

（1）重力沉降室　重力沉降室（见图 8-41）是利用重力作用使尘粒从气流中自然沉降的除尘装置。其运行机理为当含尘气流进入重力沉降室后，由于突然扩大了流动截面积，而使得气体流动速度大大降低，使较重颗粒在重力作用下缓慢向灰斗沉降，气体则沿水平方向继续前行，从而达到除尘的目的。

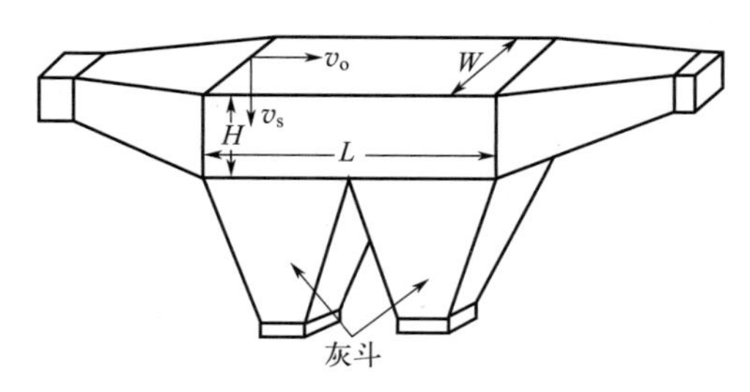

图 8-41　重力沉降室

重力沉降室具有结构简单、阻力小、投资省、可处理高温气体的优点，但存在除尘效率低，只对 50μm 以上的尘粒具有较好的捕集作用，占地面积大的缺点，故只能作为初级除尘手段。

（2）惯性除尘器　惯性除尘器（见图 8-42）是使含尘气体与挡板撞击或者急剧改变气流方向，利用惯性力分离并捕集粉尘的除尘设备。当含尘气流冲击到挡板 B_1 上时，惯性大的粗尘粒（直径 d_1）首先被分离下来，被气流带走的尘粒（直径 d_2，$d_2 < d_1$），由于挡板 B_2 使气流方向转变，借助离心力被分离下来。

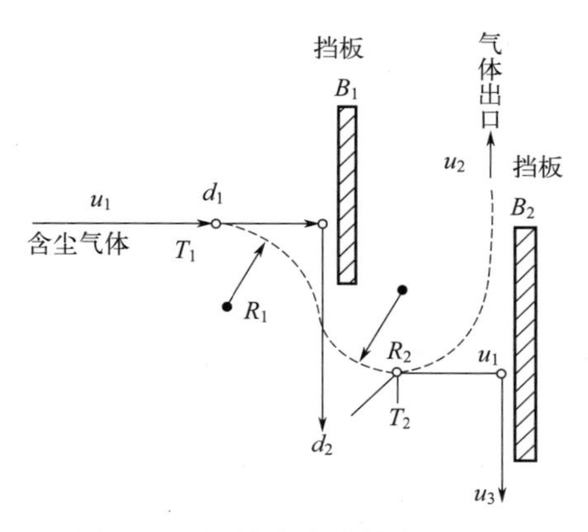

图 8-42　惯性除尘器的除尘机理

惯性除尘器适用于非粘性、非纤维性粉尘（如密度和粒径较大的金属或矿物性粉尘）的去除。该除尘器具有设备结构简单、阻力较小的优点，但其分离效率较低，一般只适用于捕集 10～20μm 以上的粗尘粒，只能用于多级除尘中的第一级除尘。

（3）旋风除尘器　旋风除尘器是利用旋转气流产生的离心力使尘粒从气流中分离的装置。

普通旋风除尘器一般由筒体、锥体和进气管、排气管等构成（见图 8-43）。含尘气体由进口切向进入后，沿筒体内壁由上向下作圆周运动形成外旋流，气流达底部后折转向上，在中心区域旋转上升形成内旋流，最后由排气管排出。内旋流与外旋流旋转方向相同，在整个流场中起主导作用。气流作旋转运动时，尘粒在离心力作用下，逐渐向外壁移动。到达外壁的尘粒，在外旋流的推力和重力的共同作用下，沿器壁落至灰斗中，实现与气流的分离。

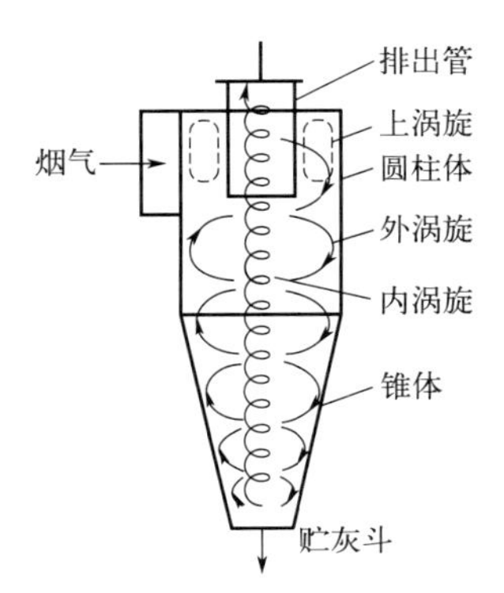

图 8-43　普通旋风除尘器的结构及内部气流

2. 湿式除尘器

湿式除尘器也叫洗涤除尘器，是实现含尘气体与液体的密切接触，使颗粒污染物从气体中分离捕集的装置。

湿式除尘器不仅能够同时达到除尘和脱除部分气态污染物的效果，还能用于气体的降温和加湿。具有结构简单、造价低和净化效率高等优点，可以有效地除去直径为 0.1～20μm 的液态或固态粒子，适用于净化非纤维性和非水硬性的各种粉尘，尤其是净化高温、易燃和易爆气体。根据其机理，可将湿式除尘器分为喷雾塔除尘器、旋风除尘器、自激喷雾除尘器、泡沫除尘器、填料塔除尘器、文丘里除尘器、机械诱导喷雾除尘器等。

（1）重力喷雾除尘器　重力喷雾除尘器简称为喷雾塔或洗涤塔，是湿式除尘装置中最简单的一种（见图 8-44）。喷雾塔为空心塔结构，在空心塔中装有一排或数排雾化洗涤液的喷雾器，含尘气体由塔底向上运动，液滴由喷嘴喷出向下运动。因尘粒和液滴之间的惯性碰撞、拦截和凝聚等作用，使较大的粒子被液滴捕集并在重力作用下沉降下来，与洗涤液一起从塔底排出，气体经除雾器从上部排出。

重力喷雾除尘器操作稳定方便且压力损失小，一般小于 0.25kPa。工业上常用来净化粒径大于 50μm 的粉尘，但对于小于 10μm 尘粒的捕集效率较低。一般与高效洗涤器联用，起预净化、降温和增湿等作用，但存在设备庞大、效率低、耗水量及占地面积均较大的缺点。

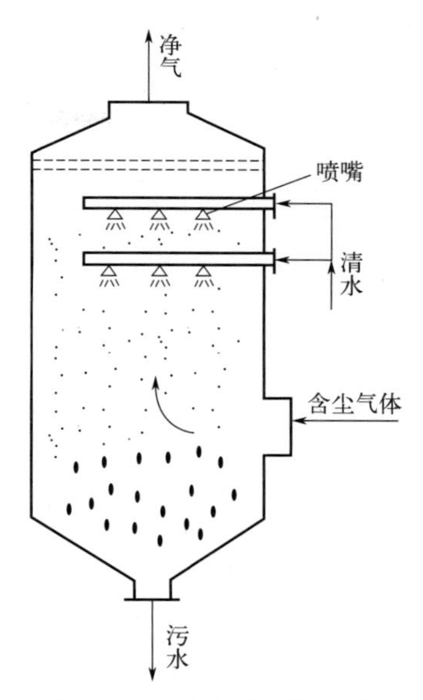

图 8-44 重力喷雾除尘器

（2）湿式旋风除尘器 湿式旋风除尘器与干式旋风除尘器相比，附加了液滴的捕集作用，消除了粉尘的返混，明显提高了捕集效率。湿式旋风除尘器喷嘴喷出的水滴比喷雾塔更细，且喷雾作用发生在外涡旋区。气体紧旋运动所产生的离心力，将携带尘粒的液滴甩向旋风除尘器的湿壁上，然后沿器壁落入灰斗。湿式旋风除尘器适于净化大于 5μm 的尘粒。常用的湿式旋风除尘器有旋风水膜除尘器（见图 8-45）、旋筒式水膜除尘器、中心喷雾旋风除尘器等。

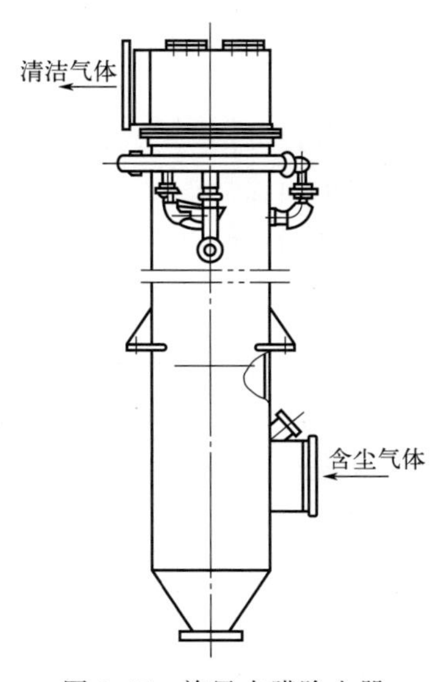

图 8-45 旋风水膜除尘器

（3）文丘里除尘器　文丘里除尘器，是一种高效湿式除尘器（见图 8-46），主要由文丘里管（简称文氏管）和脱水器两部分组成。文丘里除尘器的除尘过程分为雾化、凝聚和脱水三个阶段，其中雾化、凝聚在文氏管内进行，脱水在脱水器内完成。含尘气体由进气管进入收缩管后流速增大，在喉管气体流速达到最大值。在收缩管和喉管中气液两相之间的相对流速很大，从喉管周边均匀分布的若干小孔或喷嘴喷射出来的液滴，在高速气流冲击下，进一步雾化成为更细的雾滴。气体湿度此时达到饱和，尘粒表面附着的气膜被击破，使尘粒被水湿润。尘粒与水滴，或尘粒与尘粒之间发生激烈的碰撞和凝聚。在扩散管中，气流速度降低与压力回升，以尘粒为凝结核，凝聚作用加快，凝聚成较大的含尘水滴，更易于被除雾器捕集。粒径较大的含尘水滴进入脱水器后，在重力、离心力等作用下实现尘粒与水分离，从而达到除尘的目的。

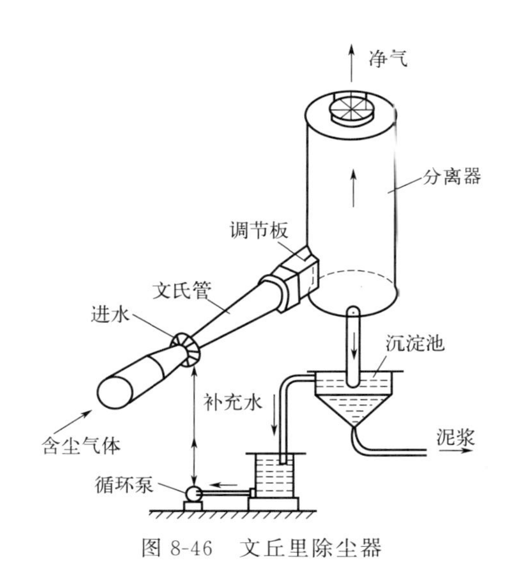

图 8-46　文丘里除尘器

文丘里除尘器常用于对高温气体的降温除尘，且对细粉尘（0.5～5.0μm）也具有很高的除尘效率。该设备具有体积小、布置灵活、投资费用低的优点，但存在压力损失大、运转费用较高的缺点。现被广泛应用于如炼铁高炉煤气、氧气顶吹转炉烟气、炼钢电炉烟气以及有色冶炼和化工生产中各种炉窑烟气的净化。

3. 过滤式除尘器

过滤式除尘器是使含尘气流通过多孔过滤材料，将粉尘分离捕集的装置。它具有使用寿命长、机械强度高、价格便宜、除尘效率高、易清洗、耐温、耐腐蚀、使用方便、性能稳定的优点，但是不宜处理黏性强或吸湿性强的粉尘。

过滤式除尘器主要分内部过滤与外部过滤。内部过滤是把松散多孔的滤料（如硅石、矿石、煤粒、玻璃纤维）填充在框架内作为过滤层，尘粒是在滤层内部被捕集的，如颗粒层过滤器就属于这类过滤器。外部过滤使用纤维织物、滤纸等作为滤料，通过滤料的表面捕集尘粒，故称外部过滤，如袋式除尘器（见图 8-47），含尘气流从下部进入圆筒形滤袋，在通过滤料的孔隙时，粉尘被捕集于滤料上，透过滤料的相对清洁气体由排出口排出。沉积在滤料上的粉尘，可在机械振动的作用下从滤料表面脱落，落入灰斗中。

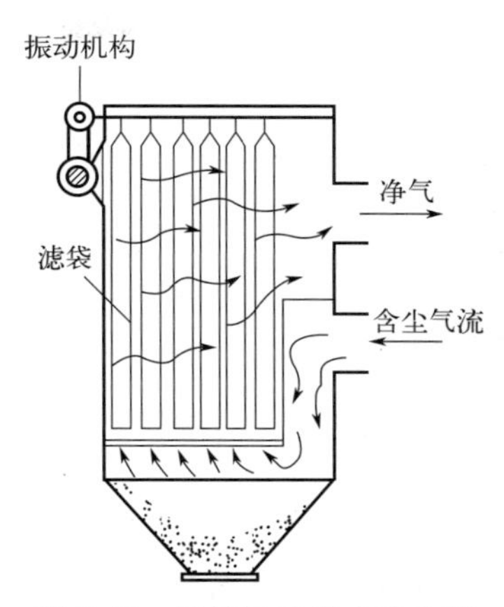

图 8-47 机械振动袋式除尘器

4. 静电除尘器

静电除尘器是利用静电力实现粒子与气流分离的一种除尘装置。静电除尘与其他除尘方法相比的根本区别在于其实现了粉尘与气流分离的力（主要是静电力）直接作用在粉尘上，而不是作用在整个气流上。这就使得静电除尘器具有耗能小、气流阻力也小的特点。静电除尘器还具有压力损失小（一般为 200～500Pa），除尘效率高（最高可达 99.99%），处理气体量大，可以用于高温、高压的场合，能连续运行，结构简单并可完全实现自动控制等的优点。

三、化工尾气脱硫

化工企业在生产的过程中，会产生大量的含硫物质，这些化工尾气只有在回收处理后达到规定的标准才能排放。我国烟气脱硫起步较早，早在 20 世纪 50 年代就开始研究烟气硫回收，先后开发出石灰石或石灰湿式洗涤法、钠盐循环吸收法、氨吸收法、氨-硫酸法等 20 余种工艺。我国化工企业的含硫废气的去除方法主要采用液体吸收法和活性炭吸附法。

1. 液体吸收法

（1）碱式硫酸铝-石膏法　碱式硫酸铝-石膏法（见图 8-48）又称同和法。经过滤除尘后的含 SO_2 烟气从吸收塔的下部进入，用碱性硫酸铝溶液对其进行洗涤，吸收其中的 SO_2，尾气经除沫后排空。吸收后的溶液送入氧化塔，并鼓入压缩空气对 $Al_2(SO_3)_3$ 进行氧化，氧化后的吸收液大部分返回吸收塔循环，引出小部分中和，再将送去中和的溶液中的另一部分引入除镁中和槽，此时使用 $CaCO_3$ 中和。此后在沉淀槽沉降，弃去含镁离子的溢流液来保持镁离子浓度在一定水平以下。含有 Al_2O_3 沉淀的沉淀槽底流，用泵送入 # 1 中和槽，与送去中和的另一部分溶液混合，送至 # 2 中和槽，在 # 2 中和槽内用石灰石粉将溶液中和后送增稠器，上清液返回吸收塔，底流经分离机分离后得副产品石膏。此方法具有处理效率高、液气比较小、氧化塔的空气利用率较高、设备材料较易解决的优点。

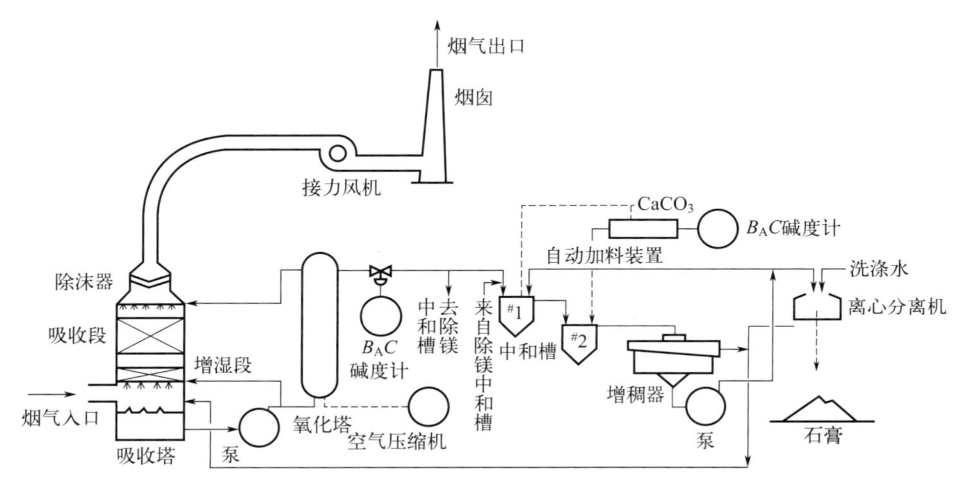

图 8-48 碱式硫酸铝-石膏法工艺流程

（2）氨-酸法 氨-酸法（见图 8-49）是将含 SO_2 的尾气由吸收塔 1 的底部进入，母液循环槽 2 中 $(NH_4)_2SO_3$-NH_4HSO_3 吸收液经由循环泵 3 输送到吸收塔顶部喷淋，与塔底进入的尾气逆流相遇，在气、液的逆向流动接触中，尾气中的 SO_2 被吸收，净化后的尾气由塔顶排空。吸收 SO_2 后的吸收液排至循环槽中，补充水和氨以维持其浓度并在吸收过程中循环使用。当 $(NH_4)_2SO_3$-NH_4HSO_3 达到一定浓度比例时，可引出一部分吸收液送至高位槽 4，再送至混合槽 6，在此与由硫酸高位槽 5 来的 93%～98%的硫酸混合

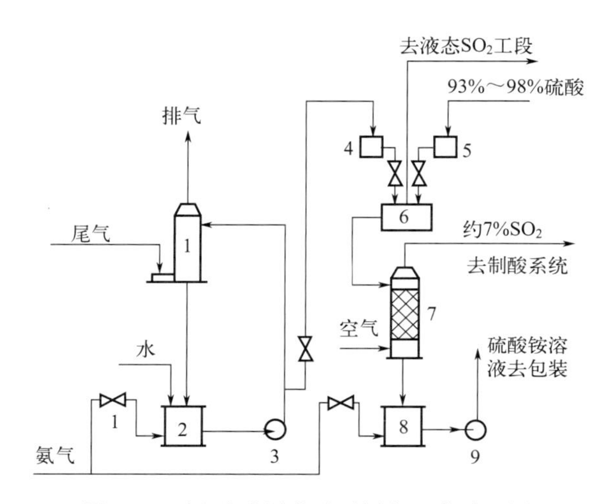

图 8-49 氨-酸法回收硫酸尾气工艺流程图

1—尾气吸收塔；2—母液循环槽；3—母液循环泵；4—母液高位槽；5—硫酸高位槽

6—混合槽；7—分解塔；8—中和槽；9—硫酸铵溶液泵

进行酸解，从混合槽中分解出近100%的SO_2，可用于生产液体SO_2。未分解完的混合液送入分解塔7继续酸解，并从分解塔底部吹入空气以驱赶酸解中所生成的SO_2。由分解塔顶部获得约7%的SO_2，这部分SO_2可用来制酸。

酸解后的液体呈酸性，在中和槽8中加入氨水中和过量的酸。而采用氨作中和剂是为了使中和产物与酸解产物一致。中和后得到的硫酸铵溶液用溶液泵9送至蒸发结晶工序，再送去生产硫铵肥料。若不设蒸发结晶工序，则中和后的母液直接出售。

（3）氨-亚硫酸铵法　氨-亚硫酸铵法（见图8-50）工艺过程主要有三个步骤：吸收、中和、分离。

吸收阶段采用二段吸收塔，依次经过两个串联吸收塔Ⅰ和Ⅱ，在塔内SO_2被循环喷淋的吸收液吸收后排放。由第一吸收塔引出NH_4HSO_3含量高的吸收液，在中和器中加入固体碳酸氢铵对其进行中和，经搅拌后完成反应，生成的$(NH_4)_2SO_3 \cdot H_2O$因过饱和而析出，得到黏稠悬浮状溶液，终温可达0℃左右。经中和反应后所得到的$(NH_4)_2SO_3 \cdot H_2O$悬浮状溶液，送入离心机中进行分离，分离出白色的固体$(NH_4)_2SO_3 \cdot H_2O$产品，滤液进入地下槽，用泵送回第二吸收塔循环槽Ⅱ，循环吸收SO_2。

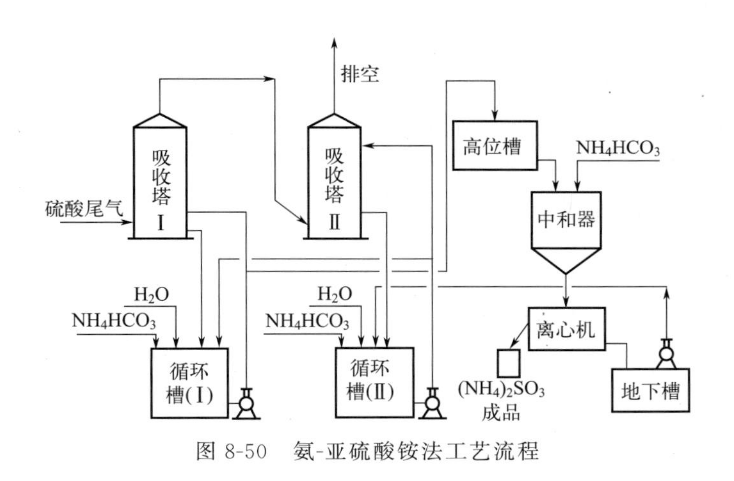

图8-50　氨-亚硫酸铵法工艺流程

2. 活性炭吸附法

（1）水洗再生法　水洗再生法（见图8-51）可得稀硫酸，可用于硫酸厂和钛白厂的尾气处理。含SO_2尾气先在文丘里除尘器被来自循环槽的稀硫酸冷却，起到冷却和除尘作用。冷却后的气体进入装有活性炭的固定床吸附器，经活性炭吸附净化后的空气排空。在气流连续流动的情况下，从吸附器顶部间歇喷水，洗去在吸附剂上生成的硫酸，此时得到10%～15%的稀酸。该稀酸在文丘里洗涤器冷却尾气时，被蒸浓到25%～30%，再经浸没式燃烧器等的进一步提浓，最终浓度可达70%，这个浓度的硫酸可用来生产化肥，该流程脱硫效率达到90%。若吸附剂采用浸了碘的含碘活性炭，脱硫效率可达90%以上。

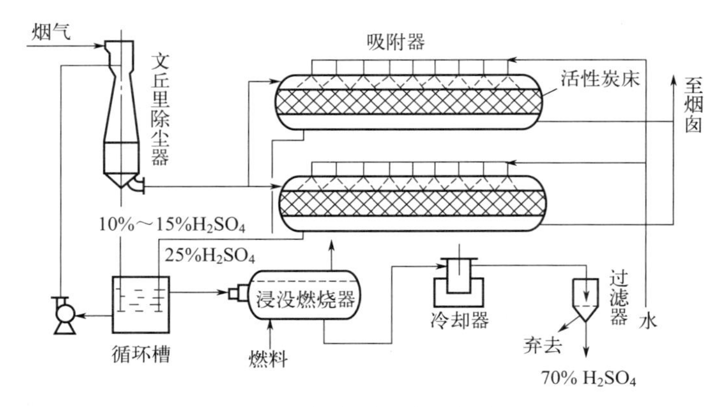

图 8-51 水洗再生法工艺流程

（2）加热再生法 加热再生法（见图 8-52）使用的是移动床吸附器，吸附和脱吸分别在两个设备内完成，设备内均设有垂直管组。尾气进入吸附塔与活性炭逆流接触，SO_2 被活性炭吸附后脱除，净化气经烟囱排入大气。吸附了 SO_2 的活性炭被送入吸附塔，先在废气热交换器内预热至 300℃，再与 300℃的过热水蒸气接触，活性炭上的硫酸被还原成 SO_2 放出。脱硫后的活性炭与冷空气进行热交换而被冷却至 150℃后，送至空气处理槽，与预热过的空气接触，进一步脱 SO_2，然后送入吸附塔循环使用。该法具有吸附剂价廉、再生简单的优点；但存在吸附剂磨损大，产生大量细炭粒筛出，反应中也要消耗一部分炭，所用设备庞大等缺点。

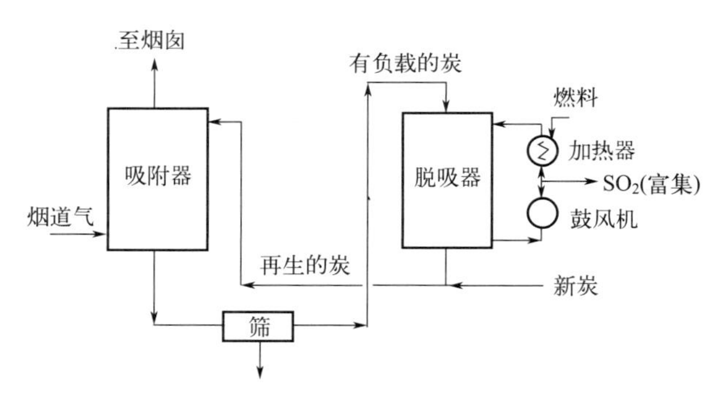

图 8-52 加热再生法工艺流程

四、化工尾气脱氮

氮氧化物（NO_x）是大气的主要污染物之一。氮氧化物有多种不同型式，如 NO、NO_2、N_2O_3、N_2O_4 和 N_2O_5 等。硝酸、塔式硫酸、氮肥、染料、催化剂、己二酸等生产过程和各种硝化过程（如电镀）中都会排放出氮氧化物。

1. 还原法

这是目前工业上应用最广的一种脱氮技术，在还原法中以氨选择性催化还原法为主（见图 8-53）。一般将硝酸尾气净化系统设在透平膨胀机之后。硝酸尾气首先经除尘脱硫干燥后，进入热交换器与反应后的热净化气进行热交换，升温后再与燃烧炉产生的高温烟气混合升温到反应温度，加 NH_3 后进入反应器，反应后的热净化气预热尾气后经水封排空。也有的回收过程在反应器后未设置换热器预热尾气，而是设置废热锅炉回收净化气的热量。全中压法硝酸尾气的净化系统一般设在透平膨胀机之前。硝酸吸收塔出来的尾气经两级预热器逆流预热后，与 NH_3 混合进入反应器，最后经透平膨胀机回收能量后排入大气。这种流程采用生产工艺过程中的高温氧化氮气将硝酸尾气预热到需要的反应温度，因而不需要燃料气。

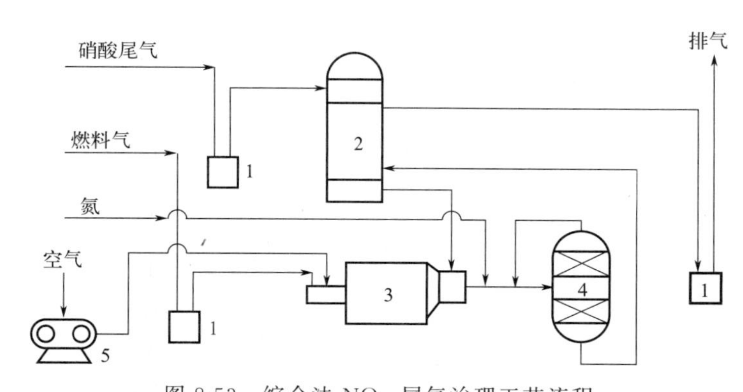

图 8-53 综合法 NO_x 尾气治理工艺流程

1—水封；2—热交换器；3—燃烧炉；4—反应器；5—罗茨鼓风机

2. 液体吸收法

（1）水吸收法 NO_x 能溶于水，生成硝酸和亚硝酸，亚硝酸在通常情况下很不稳定，很快发生分解，放出一氧化氮和二氧化氮。为提高水对 NO_x 的吸收能力，可采用增加压力、降低温度、补充氧气（空气）的办法，通常采用的操作压力为 0.7～1MPa，温度为 10℃～20℃，此法可使脱氮效率提高到 70%以上。

（2）酸吸收法 利用 NO 和 NO_2 在硝酸中的溶解度比在水中大这一原理，可用稀硝酸对含 NO_x 尾气进行吸收（见图 8-54）。从硝酸吸收塔出来的含 NO_x 尾气由尾气吸收塔下部进入，与吸收液（漂白稀硝酸，浓度为 15%～30%）逆流接触，进行物理吸收。经过净化的尾气进入尾气透平，回收能量后排空。吸收了 NO_x 后的硝酸经加热器加热后进入漂白塔，利用二次空气进行漂白，再经冷却器降温到 20℃，循环使用。吹出的 NO_x 则进入硝酸吸收塔进行吸收。

近年来，美国提出一种催化吸收法，即在填料塔中用硝酸在装满起催化作用的填料中吸收 NO_x 的流程（见图 8-55）。尾气进入催化吸收塔中，与来自解吸塔并经冷却后的漂白硝酸在起催化作用的填料上逆流接触，此法采用由硅胶、硅酸钠、黏土等的混合物灼烧制成的催化剂，不仅适用于硝酸尾气处理，也适用于含 3% NO_x 的硝化反应气体和其他任何 NO_x 废气的处理。可以在常压下回收 NO_x 为硝酸。

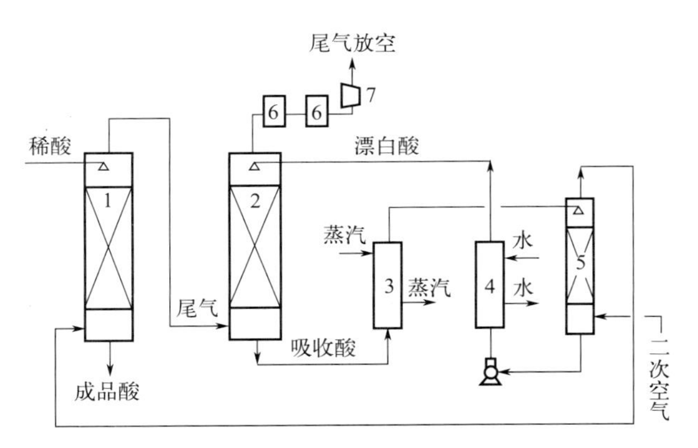

图 8-54 稀硝酸吸收法净化含 NO_x 尾气的工艺流程

1—硝酸吸收塔；2—尾气吸收塔；3—加热器；4—冷却器；5—漂白塔；6—尾气预热器；7—尾气透平

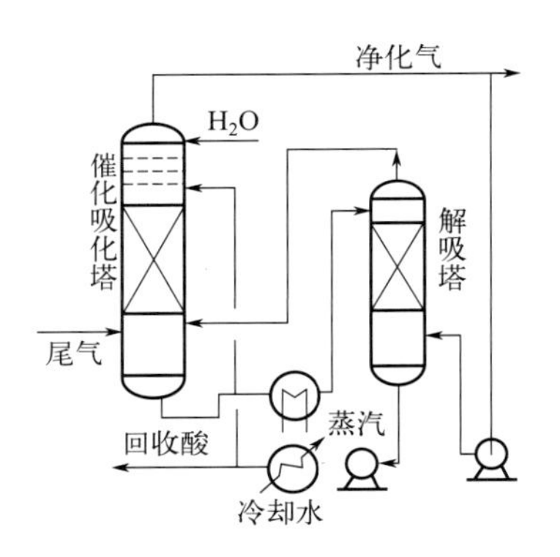

图 8-55 连续催化硝酸吸收法

（3）碱液吸收法　碱液吸收法是利用碱性物质来中和所生成的硝酸和亚硝酸，使之变为硝酸盐和亚硝酸盐，该法使用的吸收剂有氨水、氢氧化钠、碳酸钠和石灰乳等。氨法是气相反应，速率很快，反应于瞬间即可完成，从而可以有效进行连续运转，NO_x 的去除率可达 90%。但该法存在处理后的废气中带有生成的硝铵与亚硝铵，形成雾滴，产生白色的烟雾，扩散到大气中造成二次污染的缺点。为进一步提高对 NO_x 的吸收效率，可以采用氨-碱溶液两级吸收法（见图 8-56），由于这一工艺中没有使用催化剂，因此它也属于选择性无催化还原脱氮工艺。含 NO_x 的尾气与氨气在管道中混合，进行第一级还原反应。反应后的混合气体经缓冲器进入碱液吸收塔，进行第二级吸收反应，吸收后的尾气排空，吸收液循环使用。

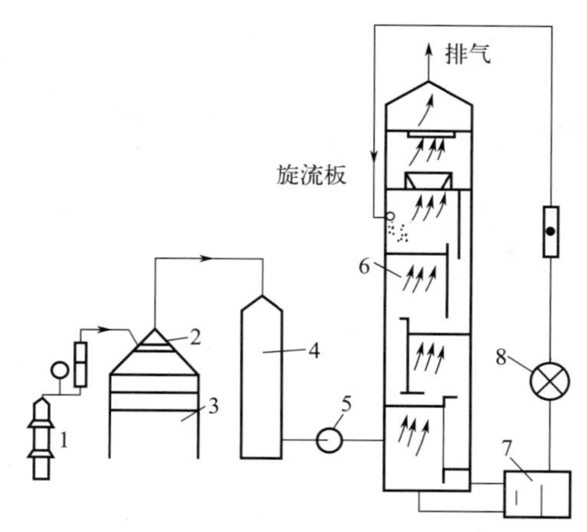

图 8-56 氨-碱溶液两级吸收法工艺流程
1—液氨气瓶；2—氨分布器；3—通风柜；4—缓冲瓶；
5—风机；6—吸收塔；7—碱液循环泵；8—碱泵

(4) 液相还原法 液相还原法常用的还原剂有亚硫酸盐、硫化物、硫代硫酸盐、尿素水溶液等，是一种用液相还原剂将 NO_x 还原为 N_2 的方式，即湿式分解法。硫代硫酸钠在碱性溶液中是较强的还原剂，可将 NO_2 还原为 N_2，适于净化氧化度较高的含 NO_x 的尾气（见图 8-57）。含 NO_x 的废气进入吸收塔，与吸收液逆流接触，发生还原反应，净化后直接排空。

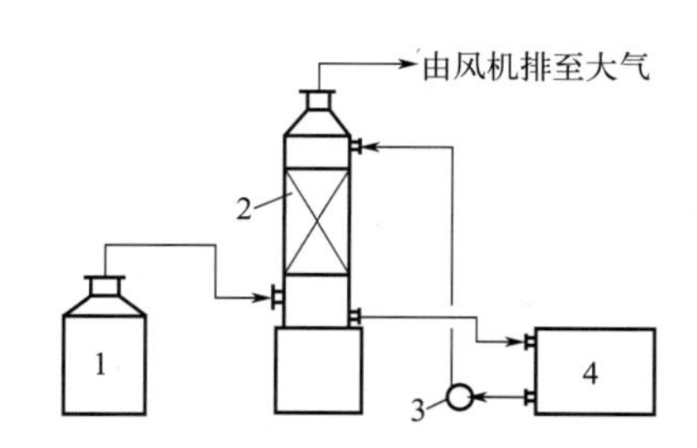

图 8-57 硫代硫酸钠法工艺流程
1—毒气柜；2—波纹填料吸收塔；3—塑料泵；4—循环槽

3. 固体吸附法

固体吸附法是一种采用吸附剂吸附 NO_x 以防其污染的方法。该方法是利用大比表面积的吸附剂对 NO_x 进行吸附，通过周期性地改变操作温度或压力进行 NO_x 的吸附和解吸，使 NO_x 从烟气中分离出来，从而达到净化和吸附的目的。具有成本低、不产生二次污染等优点。缺点是所用吸附剂的吸附量小，当烟气中氮氧化物含量高时，就需要大量的吸附剂，消耗大，设备体积庞大，所以应用并不广泛，仅适用于氮氧化物浓度低、气量小的废气处理。

（1）分子筛吸附法　利用分子筛作吸附剂来净化 NO_x 是吸附法中最有前途的一种方法。常用的分子筛有泡沸石、丝光沸石等。它们对 NO_2 有较高的吸附能力，但是对于 NO 基本不吸附。然而在有氧的条件下，分子筛能够将 NO 催化氧化，转变为 NO_2 加以吸附。

丝光沸石是一种常用的分子筛，对于低浓度 NO_x 有较高的吸附能力，当 NO_x 尾气通过吸附床时，由于 H_2O 和 NO_2 分子极性较强，被选择性地吸附在主孔道内表面上。其流程见图 8-58。

分子筛吸附法的净化效率高，可回收 NO_x 为硝酸产品，缺点是装置占地面积大，特别是 NO_x 尾气和解吸空气需要脱水，导致能耗高，操作复杂。

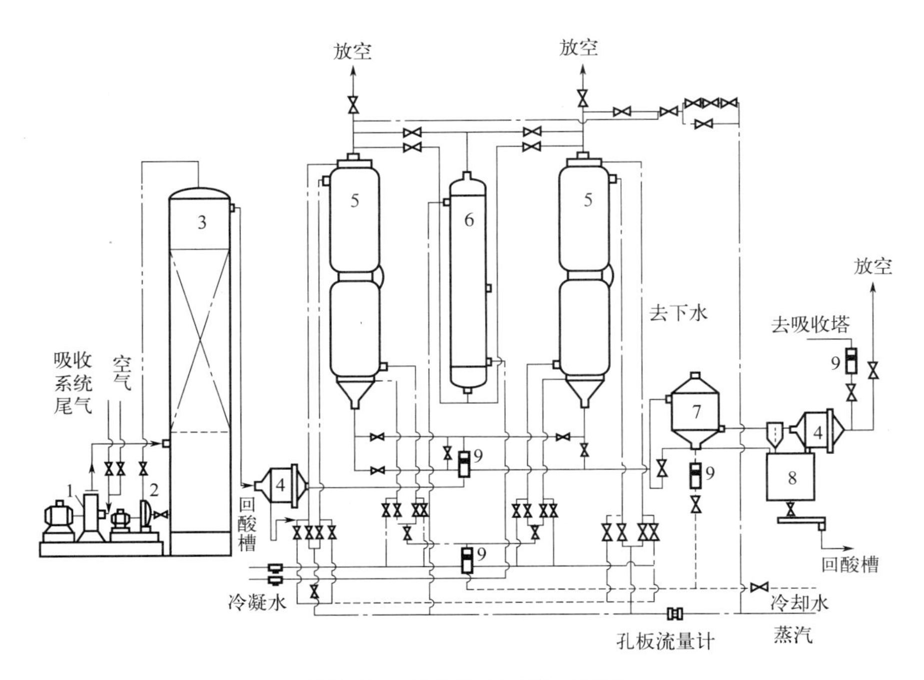

图 8-58　丝光沸石吸附法流程

1—风机；2—酸泵；3—冷却塔；4—丝网过滤器；5—吸附器；6—加热器；7—冷凝冷却器；8—酸计量槽；9—转子流量计

（2）活性炭吸附法　活性炭对低浓度 NO_x 具有很高的吸附能力，并且经解吸后可回收高浓度的 NO_x，活性炭不仅能吸附 NO_2，还能促进 NO 氧化成 NO_2，特定品种的活性炭还可使 NO_2 还原成 N_2。

法国氮素公司发明的 COFAZ 法（见图 8-59），是将含 NO_x 的尾气与经过水或稀硝酸喷淋的活性炭相接触，将 NO 氧化成 NO_2，再与水反应。硝酸尾气进入吸附器的顶部，顺流而下经过活性炭层，同时水或稀硝酸经过流量控制装置由喷头均匀喷入活性炭层。净化后的气体会同吸附器底部的硝酸一起进入气液分离器。气体经分离后自分离器顶部逸出，送入尾气预热器，并经透平膨胀机回收能量后放空。分离器底部出来的硝酸分为两路：一路经流量计由塔顶进入硝酸吸收塔；另一路经调节阀与工艺水掺和后，经流量控制装置回吸附器。分离器中的液位用水自动补充，补充水用控制阀来调节。COFAZ法系统简单，体积小，费用省，尾气中80%以上的NO_x被脱除并回收为硝酸产品。

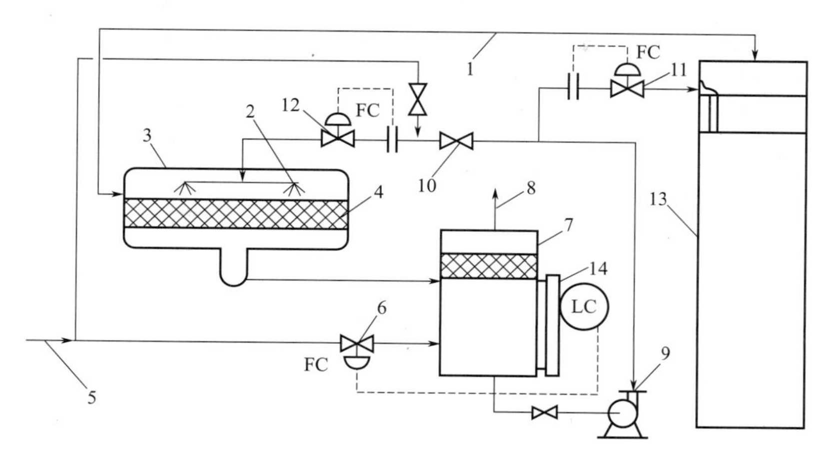

图 8-59 COFAZ法脱除NO_x流程示意图

1—硝酸吸收塔尾气；2—喷头；3—吸附器；4—活性炭；5—工艺水或稀硝酸；6—液位控制阀；7—分离器；8—排空尾气；9—循环泵；10—循环阀；11，12—流量控制阀；13—硝酸吸收器；14—液位计

4. 生物法

生物法处理含NO_x废气的实质是利用微生物的生命活动，将NO_x转化为无害的无机物及微生物的细胞质的方法。由于该过程难以在气相中进行，所以气态的污染物先发生经气相转移到液相或固相表面的液膜的传质过程，可生物降解的可/微溶性污染物从气相进入滤塔填料表面的生物膜中，并经扩散进入其中的微生物组织，然后，污染物作为微生物代谢所需的营养物，在液相或固相被微生物吸附净化。

生物法具有工艺设备简单、能耗小、处理费用低、二次污染少等特点。目前，国内外有关生物法处理NO_x的报道主要针对NO_x中不易溶于水的NO。

五、其他有机物的净化

工业生产中除了会产生含硫含氮的废气外，还会产生有机废气、含氟废气、酸雾、含重金属废气以及一些有毒有害废气。

1. 挥发性有机废气净化技术

挥发性有机物是指在室温下饱和蒸气压大于70.91Pa，常压下沸点小于260℃的有机化合物。煤、石油和天然气或以煤、石油和天然气为燃料或原料的工业或与它们有关的化学工业是挥发性有机物产生的三大重要来源，如石油化工、染料、涂料、医药、农药、炸药、有机合成、溶剂、试剂、洗涤剂、黏合剂等生产工业。挥发性有机废气的处理技术主要包括：燃烧净化法、冷凝法、吸附法、吸收法和生物法等。

（1）燃烧净化法　将有害气体、蒸气、液体或烟尘通过燃烧转化为无害物质的过程称为燃烧净化法。燃烧净化法又可以分为直接燃烧法、焚烧法、催化燃烧法。

这种方法适用于净化可燃的或在高温下可以分解的有机物。在燃烧过程中，有机物质剧烈氧化，放出大量的热，因此可以回收热量。对化工、喷漆、绝缘材料等行业的生产装置中所排出的有机废气广泛采用燃烧净化法。此外燃烧净化法还可以用来消除恶臭。

（2）吸附法　吸附法最适于处理低浓度废气，也能够有效地回收有价值的有机物组分。常用的吸附剂有活性炭，适于处理浓度为 $300\sim5000mg/m^3$ 的有机废气，主要用于吸附回收脂肪和芳香族碳氢化合物、大部分的含氯溶剂、常用醇类、部分酮类等，常见的有苯、甲苯、己烷、庚烷、甲基乙基酮、丙酮、四氯化碳、萘、乙酸乙酯等。吸附工艺通常采用两个吸附器，当一个吸附时，另一个脱附再生，以保证过程的连续性。吸附后的气体，直接排出系统。通常以水蒸气作为脱附剂，蒸汽将吸附的气体脱附并带出吸附器，通过冷凝和蒸馏后提纯回收。

（3）吸收法　吸收法是采用低挥发或不挥发溶剂对废气进行吸收，再利用有机分子和吸收剂物理性质的差异将两者分离的净化方法。吸收效果主要取决于吸收设备的结构特征和吸收剂性能。吸收法净化有机废气，最常见的是用于净化水溶性有机物。

在对有机废气进行治理的方法中，吸收法的应用不如燃烧净化（催化燃烧）法、吸附法等广泛，影响应用的主要原因是有机废气的吸附剂均为物理吸收，其吸收容量有限。

（4）冷凝法　冷凝法是气态污染物在不同温度以及不同压力下具有不同的饱和蒸气压，当降低温度或加大压力时，某些污染物会凝结出来，从而达到净化和回收有机废气的目的。

为获得高的效率，系统需要较高的压力和较低的温度，故常与压缩、吸附、吸收等过程联合使用。但该方法运行费用较高，适用于高浓度和高沸点有机物的回收，回收效率一般在 80%～95%以上。

（5）生物法　生物法控制有机废气污染是近年来发展起来的空气污染控制技术，主要针对既无回收价值又严重污染环境的工业废气的净化处理而研究开发的。生物法处理挥发性有机废气的工艺主要有生物洗涤法、生物滴滤法和生物过滤法三种。

2. 含氟废气净化技术

含氟废气通常是指含有气态氟化氢、四氟化硅和氟化物粉尘的废气。其主要来源于工业部门，其中以炼铝工业、磷肥工业和钢铁工业为多。目前对含氟废气的治理主要有吸收法（湿法）和吸附法（干法）。

湿法净化技术采用溶液来吸收含氟废气中的氟化物，从而达到净化回收的目的。常用吸附剂有水、氢氟酸溶液、氟硅酸溶液、碱性溶液（Na_2CO_3、NH_4OH、氟化铵等）、盐溶液（如 NaF、K_2SO_4 等）。该技术的优点是净化设备体积小，易实现，吸收净化工艺过程可连续操作和回收各种氟化物。但存在易造成二次污，在寒冷地区需保温等缺点。

干法净化技术俗称吸附法，是以粉状的吸附剂吸附废气中的氟化物。此净化过程首先是烟气与吸附剂的接触，其次是完成吸附过程，最后是烟气与吸附剂分开。该过程是在吸附设备中完成的，常用氧化铝直接吸附。该方法具有净化效率高、可回收氟、工艺简单、不存在水的二次污染及设备腐蚀问题的优点，但存在净化设备体积较大的问题。

3. 含汞废气净化技术

汞是常温下唯一的液态金属，能溶解多种金属，并能与除铁、铂之外的各种金属生成多种汞剂。汞蒸气比空气重六倍，所以在静止的空气中，位置越低其浓度越高。汞蒸气的附着力又很强，易吸附在周围的物体上，汞极易蒸发并以汞蒸气的形式进入大气中。室内墙壁、地坪和家具都能吸收汞，但在高温条件下又会向空气中释放汞。含汞废气主要来自冶金、化工仪表等工业生产过程，其他用汞的场合也会有汞蒸气散发。汞经过呼吸道进入人体内，能引起植物神经功能紊乱，使人易怒、心悸、出汗、肌肉颤抖，面肌痉挛，伤害脑组织。

含汞废气的净化方法主要有冷凝法、溶液吸收法、固体吸附法、气相反应法及联合净化法。本书主要介绍吸附法和高锰酸钾溶液吸收法。

（1）吸附法　在吸附法中，常用的吸附剂有活性炭、软锰矿、焦炭、分子筛以及活性氧化铝、陶瓷、玻璃丝等。但是直接用活性炭或硅胶吸附汞蒸气，效果较差，故为了提高吸附效率，经常先将吸附剂进行某些预处理，如活性炭表面先吸附一层与汞能发生化学反应的物质（充氯），或以活性炭、氧化铝、陶瓷、玻璃丝等为载体，表面浸渍金属（镀银），然后再吸附含汞废气，以达到更理想的净化效果。

吸附剂吸附汞达到饱和后，用加热法再生，加热再生的温度为300℃。也可用蒸馏法回收纯汞。

（2）高锰酸钾溶液吸收法　高锰酸钾具有很强的氧化性，当其溶液与汞蒸气接触时，能迅速将汞氧化成氧化汞，同时产生二氧化锰，产生的二氧化锰又与汞蒸气接触生成汞锰络合物，从而使汞蒸气得以净化。废气先进入冷却塔，降温后再进入吸收塔。在塔内高锰酸钾溶液与汞蒸气发生吸收反应，吸收剂溶液经过多次循环使用后，汞含量不断增大，一般用絮凝剂使悬浮物沉淀分离。上清液加入高锰酸钾后返回吸收塔进行吸收。沉淀分离出来的汞废渣经处理后回收金属汞。

4. 酸雾净化技术

酸雾为雾状的酸性物质，是一种液体气溶胶，在空气中酸雾的颗粒很小，比雾的颗粒要小，比烟的湿度要高，具有较强的腐蚀性。酸雾主要来源于化工，冶金，轻工，纺织，机械制造业的制酸、酸洗、电镀、电解、酸蓄电池充电及各种用酸过程。常见的酸雾有硫酸雾、盐酸雾、铬酸雾等。

酸雾的形成主要有两种途径，一是酸溶液表面的蒸发，酸分子进入空气，吸收水分并凝聚而形成酸雾滴；二是酸溶液内有化学反应并生成气泡，气泡浮出液面后爆破，将液滴带出至空气中形成酸雾。

酸雾可以用颗粒状污染物的净化方法来处理。但由于雾滴细，而且密度小，一般除尘技术不能奏效，需要高效分离装置（如静电沉积装置）。由于酸雾有较好的物理、化学活性，因此可以用吸收、吸附等净化方法来处理。一般多用液体吸收或过滤法处理。

（1）吸收法　由于一般酸均易溶于水，可以用水吸收，该法简单易行，但耗水量大、效率低。其产生的含酸废液浓度低，利用价值小，一般是处理后排掉。碱溶液吸收是用碱性溶液吸收中和。常用的吸收剂是 10%的 Na_2CO_3 溶液，4%～6%的 NaOH 和氨的水溶液，吸收液的 pH 值应保持在 8～9 以上。酸雾吸收法常用的设备有喷淋塔、填料塔、筛板塔、文丘里洗涤器等。

（2）过滤法　当酸雾雾滴较大时，可用过滤法来净化。酸雾过滤器的滤层由聚乙烯丝网或聚氯乙烯板网交错叠置而成，也可用其他填料（如鲍尔环）制作。酸雾在填料层中，因惯性碰撞和拦截等效应被截留，聚集到一定量，受重力作用向下流动进入集酸液槽中被捕集。铬酸雾、硫酸盐雾用过滤法净化效果都很好，铬酸雾的捕集效率可达 98%～99%，硫酸烟雾的捕集效率可达 90%～98%。

第三节　化工废渣处理与资源化

一、化工废渣概述

1. 化工废渣的来源及分类

化工废渣是指化学工业生产过程中产生的固体和泥浆状废物，包括化工生产过程中产生的不合格的产品、不能出售的副产品、反应釜底料、滤饼渣、废催化剂等。废渣的主要成分包括硅、铝、镁、铁、钙等化合物，甚至含有铬、汞、砷等有毒金属。若直接将这些物质排放到自然环境中，会造成严重的污染，尤其是具有毒性、易燃性、腐蚀性、放射性等有害废渣，对人类健康和生活环境都会构成严重威胁。

财政部国家税务总局印发的《资源综合利用产品和劳务增值税优惠目录》（财税〔2015〕78 号）明确指出："废渣"是指采矿选矿废渣、冶炼废渣、化工废渣和其他废渣。其中化工废渣是指硫铁矿渣、硫铁矿煅烧渣、硫酸渣、硫石膏、磷石膏、磷矿煅烧渣、含氰废渣、电石渣、磷肥渣、硫黄渣、碱渣、含钡废渣、铬渣、盐泥、总溶剂渣、黄磷渣、柠檬酸渣、脱硫石膏、氟石膏、钛石膏和废石膏模。

化工废渣可以按照废渣化学性质，将化工废渣分为无机废渣和有机废渣。无机废渣主要指废物的化学成分是无机物的混合物，如铬盐生产排出的铬渣；有机废渣是指废物的化学成分主要是有机物的混合物，如高浓度的有机废渣，组成很复杂。还可以按照化工废渣对人和环境的危害性不同将化工废渣分为一般工业废渣和危险废渣。一般工业废渣通常指对人体健康或环境危害性较小的废物，如硫酸矿烧渣、合成氨造气炉渣等；危险废渣通常指具有毒性、腐蚀性、反应性、易燃易爆性等特性中的一种或几种的废渣，如铬盐生产过程中产生的铬渣、水银法烧碱生产过程中产生的含汞盐泥等。

此外，化工废渣还经常按产生的固体废渣的组成以及行业和工艺过程来进行分类，具体分类情况见表 8-4。

表 8-4 化学工业固体废渣来源与分类

行业名称	产品	生产工艺	固体废物类型	产量/（t 废物/t 产品）
无机盐工业	重铬酸钾	氧化焙烧法	铬渣	1.8～3
	氰化钠	氨钠法	氰渣	0.057
	黄磷	电炉法	电炉炉渣	8～12
			富磷泥	0.1～0.15
氯碱工业	烧碱	水银法	含汞盐泥	0.04～0.05
		隔膜法	盐泥	0.04～0.05
	聚氯乙烯	电石乙炔法	电石渣	1～2
磷肥工业	黄磷	电炉法	电炉炉渣	8～12
	磷酸	湿法	磷石膏	3～4
氮肥工业	合成氨	煤制气	炉渣	0.7～0.9
纯碱工业	纯碱	氨碱法	蒸馏残液	9～11
硫酸工业	硫酸	硫铁矿制酸	硫铁矿烧渣	0.7～1
有机原料及合成材料工业	季戊四醇	低温缩合法	高浓度废母液	2～3
	环氧乙烷	乙烯氧化（钙）法	皂化废渣	3
	聚甲醛	聚合法	稀醛液	3～4
	聚四氟乙烯	高温裂解法	蒸馏高沸残液	0.1～0.15
	氯丁橡胶	电石乙炔法	电石渣	3.2
	钛白粉	硫酸法	硫酸亚铁	3.8
染料工业	还原艳绿 FFB	苯绕蒽酮缩合法	废硫酸	14.5
	双倍硫化氢	二硝基氯苯法	氧化滤液	3.5～4.5

2. 化工废渣的危害

（1）对土壤的危害 存放废渣不仅需要占用大量的场地（一般是 15 万 t/hm^2），而且会破坏地貌和植被。这些废物长期堆存，其有害成分在地表径流和雨水的淋溶、渗透作用下向四周和纵深的土壤迁移，使土壤富集有害物质，导致渣堆附近土质碱化、酸化和硬化，甚至产生重金属和放射性等污染。而且一旦土壤受到污染，很难在短时间内得到恢复。

（2）对水域的危害 堆积的化工固体废物在雨水的作用下，很容易流入江、河、湖、海等地，造成水体污染与破坏。有些企业甚至直接将未经处理的化工废渣排入水源，造成了更大更直接的污染。这不仅严重危害水生生物的生存条件，同时影响水资源的充分利用。

（3）对大气的危害 化工废渣在堆放过程中，在适宜的温度和湿度下被微生物分解，产生的有害气体扩散到大气中，对大气造成污染；以细粒状存在的废渣和垃圾，容易随风飘逸扩散而造成大气的粉尘污染；化工废渣在运输和处理过程中产生有害气体和粉尘；采用焚烧法处理化工废渣也会污染大气。

（4）对人体健康的危害 化工废渣，尤其是有害废渣具有毒害性、易燃易爆性、反应性和腐蚀性等特征，在堆存、处理、处置和利用过程中，其中的有害成分会通过水、大气、食物等途径被人体吸收，引发各种不适、疾病等。另外还可能造成污染事故，导致人身伤亡和经济损失。

3. 化工废渣的管理

（1）“三化”原则　化工废渣污染管理相关的法律主要有《中华人民共和国固体废物污染环境防治法》。该法律明确了化工废渣管理的“三化”原则，即遵从“减量化、资源化、无害化”。

“减量化”处理是防止和减少化工废渣的最基础的预防性措施和方法，其基本任务是通过适宜的手段，减少和减小固体废物的数量和容积，以控制或消除其对环境的危害。

“资源化”的基本任务是采取工艺措施从化工废渣中回收有用的物质和能源。资源化不但可以减轻固废的危害，还可以减少浪费，获得经济效益，是固体废物的主要归宿。

“无害化”处理为对已产生但又无法或暂时无法进行综合利用的化工废渣进行对环境无害或低危害的安全处理、处置，达到不损害人体健康，不污染周围自然环境的目的。

（2）全过程管理原则　全过程管理原则指的是对化工废渣的产生、收集、贮存、运输、利用、处置的所有环节进行全过程的污染防治管理。其对环境的污染，可能不限于其中的某一个或某几个环节上，因而必须对全过程各环节的不同程度、不同形式的控制和监督管理提出要求。

（3）“分类管理”原则　“分类管理”原则指的是对不同类别的化工废渣实行不同的污染防治措施。比如可以将化工废渣区分为一般工业废渣和危险废渣。对危险废渣的污染防治规定了更为严格的管理。

（4）“排污收费”制度　“排污收费”制度是我国环境保护的基本制度，对那些在按照规定和环境保护标准建成的化工废渣储存或者处置的设施、场所，或者经改造这些设施、场所达到环境保护标准之前产生的化工废渣，依照国家法律和有关规定按标准交纳费用的制度。

（5）“资源化利用”原则　“废物”有时常被称为“放在错误地点的原料”，经过处理后会成为另一种过程的原料，然后再加以利用。对于化工废渣，我国现有的利用途径主要是从废渣中提取纯碱、烧碱、硫酸、磷酸、硫黄、复合硫酸铁、铬铁等，并利用废渣生产水泥、砖等建材产品及肥料等。

二、化工废渣的处理技术

化工废渣的处理方法包括物理处理法、化学处理法和生物处理法，处理的目的为通过一定方法，使化工废渣转化成为适于运输、贮存、资源化利用以及最终处置的一种过程。其中物理处理法包括破碎、分选、沉淀、过滤、离心分离等处理方式；化学处理法包括热解、固化等处理方式；生物处理法包括厌氧发酵、堆肥处理等方式。

1. 物理处理法

要把化工废渣转变为适于运输、处理、利用和最终处置的形式，则必须采用物理处理法，主要包括压实、粉碎和分选、浓缩脱水等工艺过程。

(1) 压实 压实又称压缩，是一种普遍采用的固体废物预处理方法。压实指用机械方法增加固体废物聚集程度，增大容重和减少固体废物表观体积，提高运输与管理效率的一种操作技术。固体废物经压实处理一方面可增大容重、减少固体废物表观体积，便于装卸和运输，确保运输安全与卫生，降低运输成本；另一方面可制取高密度惰性块料，便于贮存、填埋或作为建筑材料使用。

常见的固定式压实器主要有水平压实器（见图 8-60)、三向联合压实器（见图 8-61）和回转压实器（见图 8-62）等。

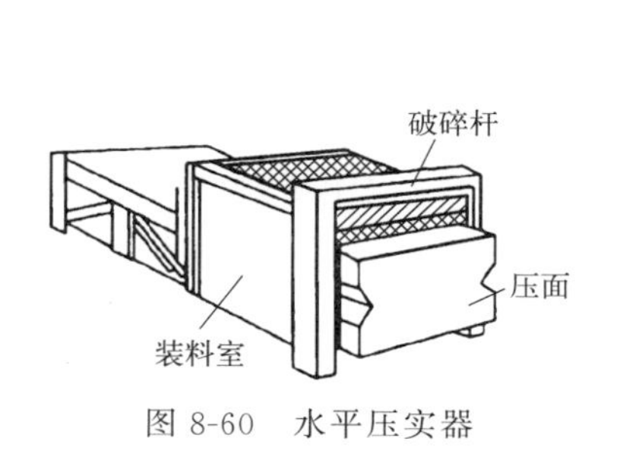

图 8-60 水平压实器

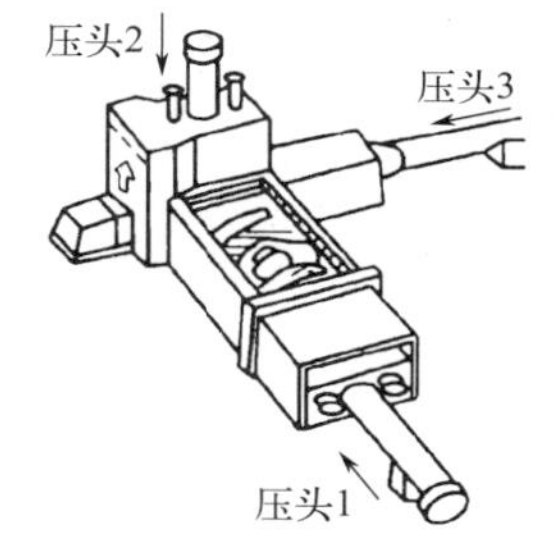

图 8-61 三向联合压实器

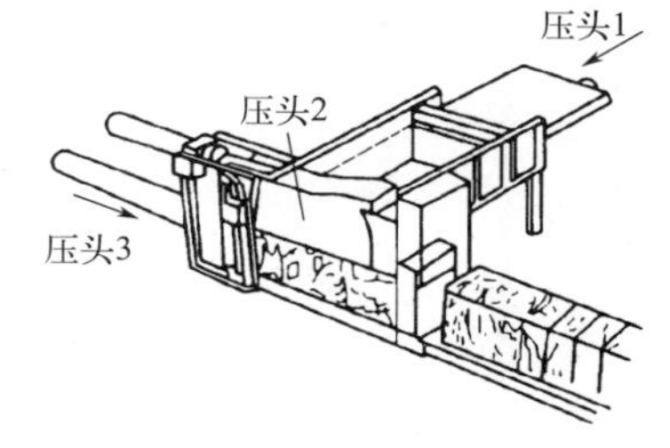

图 8-62 回转压实器

(2) 破碎 破碎是通过人力或机械等外力的作用，破坏物体内部的凝聚力和分子间作用力而使物体破裂变碎的操作过程。经破碎后的废渣不但可减小固体废物的颗粒尺寸，而且可降低其孔隙率、增大废物的容重，使固体废物有利于后续处理与资源化利用。机械破碎方法可分为剪切破碎、冲击破碎、湿式破碎、半湿式破碎等方法。

剪切破碎机安装固定刀和可动刀，可动刀又分为往复刀和回转刀，将固体废物剪切成段或块，适于密度小的松散废渣和强度较小的可燃性废渣的破碎。

湿式破碎机通常为立式转筒装置，圆形槽底设有许多筛孔，筛上叶轮装有六只破碎刀。初步分选的废渣由传送带送入，在水流和破碎刀急速旋转、搅拌作用下破碎成浆状。浆液从破碎机底部筛孔流出，经过湿式旋风分离器去除浆液中的无机物后送到浆液回收工序洗涤、过筛与脱水。破碎机未能粉碎和未通过筛板的金属、陶瓷等物质从破碎机底部侧口压出，由提升机送到传输带，再由磁选器将铁和非铁类物质分开。

半湿式破碎机是利用各种不同废渣的强度和脆性差异，在一定湿度下破碎成不同粒度的碎块，然后通过不同孔径的筛网进行分离回收。这类破碎机由三段具有不同尺寸筛孔的外旋圆筒筛和筛内与之反方向旋转的破碎板组成。废渣进入后沿筛壁上升，而后在重力作用下抛落，同时被反方向选装的破碎板撞击，脆性物料先被破碎，通过第一段筛网分离抛出；剩余的物料进入第二段，中等强度的物料在水喷射下被破碎板破碎，由第二段筛网排出；最后剩余的物料则由不设筛网的第三段排出，再进入后续的分选装置进行分选处理。

(3) 分选 分选是将化工废渣中各种可回收利用的物质或不符合后续处理工艺要求的物质组分采用适当技术分离出来的过程。分选的基本原理是利用物料某些性质为识别标志，用机械或电磁的分选装置加以选别，达到分离的目的。分选技术方法可分为人工分选和机械分选。其中机械分选包括筛选（分）、重力分选、磁力分选、电力分选、光电分选、摩擦及弹性分选、浮选。

筛分是利用不同筛孔尺寸的筛子将松散废渣分成不同粒度级别的分选方法。经过筛分，废渣中大于筛孔的粗粒物质留在筛面上，小于筛孔的细粒物质透过筛面，从而完成粗、细废渣的分离。在化工废渣的处理中，常用的是固定筛、滚筒筛和振动筛等筛分设备。

重力分选是在活动的或流动的介质中按颗粒的密度或粒度进行颗粒混合物的分选过程。重力分选的介质有：空气、水、重液、重悬浮液等。根据介质不同，重力分选可分为风力分选、重介质分选、跳汰分选和摇床分选等，其中风力分选是最常用的一种方法。

磁力分选简称磁选，这是利用化工废渣中各种物质的磁性差异在不均匀磁场中进行分选的一种方法。废渣中的物质按磁性可分为强磁性、中磁性、弱磁性和非磁性等不同组分，当这些组分通过磁场时，磁性较强的颗粒会被吸附到产生磁场的磁选设备上，而弱磁性和非磁性的颗粒则会被输送设备带走或受自身重力作用或在离心力的作用下掉落到预定的区域内，完成磁选过程。磁选一般分为传统的磁选法和磁流体分选法。常用的磁选设备有滚筒式磁选机和悬挂带式磁选机。

电力分选简称电选，它是利用化工废渣中各种组分在高压电场中电性的差异实现分选的一种方法。常用的电选设备有静电分选机、YD－4 型高压电选机。此法尤其适用于导体、半导体和绝缘体之间的分离。

2. 化学处理法

化学处理法是将废渣中的有害成分通过化学转化的方法，使其达到无害化的方法。化学处理法主要有氧化还原、中和、化学浸出等。

（1）中和法　中和法是利用化工废渣的酸碱性质及含量等，选用适宜的中和剂，通过中和反应，将废渣中的有毒有害成分转化为无毒或低毒且具有化学稳定性成分的方法。对于酸性废渣常用石灰石、石灰、氢氧化钠或碳酸钠等碱性物质作中和剂；对于碱性泥渣常用硫酸或盐酸作中和剂。在一些情况下，同一城市或地区，往往既有产酸性废渣的企业，又有产碱性废渣的企业，可通过设计者的调查与协调，使之互为中和剂，以达到最经济有效的中和处理效果和环境效益。常用的中和法设备有罐式机械搅拌和池式人工搅拌两种，前者用于大规模的中和处理，后者用于少量废渣、间歇式的处理。

（2）氧化还原法　氧化还原法是通过氧化或还原化学处理，将化工废渣中可以发生价态变化的某些有毒有害组分转化为无毒或低毒的化学性质稳定的组分，以便再进行资源化利用或无害化处置。一些变价元素的高价态离子（如 Cr^{6+}、Hg^{2+}、As^{3+} 等）具有毒性，而其低价态离子（Cr^{3+}、Hg^{+}、As^{3+} 等）则无毒或低毒。因此当废物中含有这些高价态离子时，在处置前必须用还原剂将其还原为无毒或低毒性的最有利于沉淀的低价态。常用的还原剂有硫酸亚铁、硫代硫酸钠、亚硫酸氢钠、二氧化硫、煤炭、纸浆废液、锯木屑、谷壳等。

（3）化学浸出法　浸出过程是提取和分离目的组分的过程。化学浸出是使用适当的溶剂与化工废渣作用，选择性地溶解废渣中的某种目的组分，使该组分进入溶液中而达到与其他物相分离的工艺过程。化学浸出法适用于成分复杂、嵌布粒度细微、有价组分含量低的矿业、化工和冶金等废渣处理。

（4）热处理法　热处理是指利用热物理方法改变或破坏废渣的结构和组成，达到减容、无害化和回收利用的处理过程，被广泛应用于废渣的预处理过程，包括干燥、热分解、烧成、焙烧等。

热处理法具有处理时间短、减容效果好、消毒彻底、能够减轻或消除后续处置过程对环境的影响、占地面积相对较小、可以回收能源和资源等的优点。但热处理法还存在，投资和运行费用高、操作运行复杂、焚烧使垃圾利用率降低、可能会存在二次污染等缺点。

焚烧法是一种高温热处理技术，即以一定量的过剩空气与被处理的有机废物在焚烧炉内进行氧化燃烧反应，废物中的有毒有害物质通过高温下氧化、热解等作用而被破坏，这是一种可同时实现废物无害化、减量化、资源化的处理技术。

热解在工业上也称为干馏，指在无氧或缺氧的状态下加热，利用热能使化合物的化合键断裂，由大分子量的有机物转化成小分子量的可燃气体、液体燃料和焦炭等的过程。

（5）固化处理法　固化是指利用惰性基材（固化剂）与废物完全混合，使其生成结构完整、具有一定尺寸和机械强度的块状密实体（固化体）的过程。稳定化是指利用化学添加剂等技术手段，改变废物中有毒有害组分的赋存状态或化学组成形式，以降低毒性、溶解性和迁移性的过程。在实际应用中，可以将固化处理分为两个既相互关联又相互区别的过程，即固化技术和稳定化技术。而实际过程操作中，固化和稳定化过程是同时发生的。

根据固化处理选用的固化基材和固化过程，常用的固化技术有：水泥固化、石灰固化、自胶结固化、有机聚合物固化、塑性材料固化、熔融固化和陶瓷固化等。不同固化处理的适用对象和优缺点见表 8-5。

表 8-5　不同固化处理的适用对象和优缺点

分类	适用对象	优点	缺点
水泥固化	重金属、废酸、氧化物	1. 技术成熟 2. 废物不用预处理 3. 能承受废物中化学性质的变化 4. 可由废物与水泥的比例来控制固化体结构强度与不透水性 5. 处理成本低	1. 固化体可能因废物中的某些特殊盐分而破裂 2. 固化体的体积和重量相对较大 3. 有机物分解造成裂隙，增加渗透性并降低结构强度
石灰固化	重金属、废酸、氧化物	1. 不需特殊设备和技术 2. 处理成本低	1. 强度较低，需较长的养护时间 2. 体积较大，处置困难
自胶结固化	含有大量硫酸钙和亚硫酸钙的废物	1. 性质稳定，结构强度高 2. 不具生物反应性和着火性	1. 应用范围较小 2. 需特殊设备和专业人员
塑性材料固化	部分非极性有机物、重金属、废酸	1. 固化体渗透性较其他固化法低 2. 对水溶液有良好阻隔性	1. 废物需预处理 2. 需特殊设备和专业人员
熔融固化	不挥发的高危害废物、核能废物	1. 固化体稳定时间长 2. 核能废物的处理已有相当成功的技术	1. 不适于可燃及挥发性的废物 2. 需消耗大量能源 3. 需特殊设备和专业人员

三、化工废催化剂的处理技术

催化剂在化学工业的发展过程中有着十分重要的作用，但全球每年产生的废催化剂约有 80 万吨，而其中又含有大量的贵金属及其氧化物。因为在催化剂制备过程中，会使用有色金属或贵金属（如金、银、铂、铑、钴、钼等）作为其成分，使得其选择性、活性和耐久性等性能指标显著提高。从废催化剂中将这些贵金属提取出来，作为二次资源加以回收利用，不仅能够保证资源的充分利用，提高资源利用率，同时还能保护环境，减少环境污染。

1. 废催化剂的处置技术

由于废催化剂中的骨料主要以 SiO_2 和 Al_2O_3 为主，但其中的贵金属含量较高，所以废催化剂的处理和处置的基本思路是在无害化基础上的资源化。即对催化剂中的稀有贵金属采用合理的方法回收利用，而不能回收的物质再考虑其他的用途，如化工裂解后的平衡剂和静电除尘催化剂等两种废催化剂经过预处理后，可作为水泥生产中的黏结剂，符合相关标准，可成为再利用的二次资源。

常用回收方法的废催化剂一般分为间接回收处理法和直接回收处理法。其中间接回收处理法按照处理工艺的不同可分为干法、湿法和干湿结合法，直接回收处理法可分为分离法和不分离法。实际生产中通常采用间接回收处理法。

（1）干法　干法为利用加热炉将废催化剂与还原剂及助熔剂一起加热熔融，使金属组分经还原熔融成金属或合金态回收，以作为合金或合金钢原料，而载体则与助熔剂形成炉渣排出的方法。若废催化剂含稀有贵金属量较少时，可以往其中加进一些贱金属（如铁）作为捕集剂共同进行熔炼。但干法能耗较高。在熔融和熔炼过程中，释放的 SO_2 等气体，可用石灰水吸收。常用的干法有氧化焙烧法、升华法和氰化挥发法等。Co_2Mo/Al_2O_3、Ni_2Mo/Al_2O_3、Cu_2Ni 和 Ni_2Cr 等催化剂均可采用干法回收。

（2）湿法　湿法是用酸、碱或其他溶剂溶解废催化剂的主要组分，滤液除杂纯化后，经分离可得到难溶于水的盐类硫化物或金属的氢氧化物，干燥后按需要再进一步加工成最终产品的方法。但湿法回收会产生一些废液，易造成二次污染。贵金属催化剂、加氢脱硫催化剂、铜系及镍系等废催化剂一般都采用湿法回收。

（3）干湿结合法　含两种以上组分的废催化剂很少单独采用干法或湿法进行回收，多数采用干湿结合法才能达到目的。某些废催化剂需要先进行焙烧或与某些助剂一起熔融后再用酸或碱溶解，然后再进一步提纯出金属，而有些在精炼过程中需要采用焙烧或者熔融。如回收铂（Pt）-铼（Re）废重整催化剂时，浸去 Re 后的含 Pt 残渣需经干法煅烧后再次浸渍才能将 Pt 浸出。

（4）不分离法　不分离法是不将废催化剂活性组分与载体分离，或不将其两种以上的活性组分分离处理，而是直接利用废催化剂进行回收处理的一种方法。由于此法不分离活性组分及载体，故能耗小、成本低、废弃物排放少，不易造成二次污染，所以在废催化剂回收利用中经常使用。如回收铁铬中温变换催化剂时，不将浸液中的铁铬组分各自分离开来，而是直接回收用其重制新催化剂。

（5）分离法　分离法主要应用于炼油催化剂领域，是近年来兴起的回收利用废催化剂的新方法。分离法主要有磁分离法和膜分离法等。

沉积在催化剂表面的镍、铁、钒等元素都属于铁磁体，在磁场中会显示一定的磁性。催化剂中毒越重，磁性也越强；中毒越轻，则磁性也越弱。可用强磁场将不同磁性的物质分离出来，该方法称为磁分离技术。利用磁分离技术可将中毒轻、磁性弱的催化剂回收重新使用。

膜分离法主要用于需要对产物和催化剂进行分离的化工生产。陶瓷膜在催化剂与反应产物的固液分离中主要采用错流过滤。需分离料液在循环侧不断循环，膜表面能够截留住分子筛催化剂，同时让反应产物透过膜孔渗出。应用该技术，反应中的催化剂可改用超细粉体催化剂，同样的催化效果催化剂使用量减少，催化剂损失率低，洗涤脱盐后再生效果好，延长催化剂使用寿命，并且可降低产品杂质含量，提高产品品质。

2. 废催化剂回收贵金属工艺

（1）废催化剂的回收方案　由于废催化剂的种类繁多，可以根据各类催化剂的特点来设计其具体的回收方案，表 8-6 为各种废催化剂的回收方案。

表 8-6　废催化剂的回收方案

废催化剂的种类	回收方案
废铂催化剂	先经烧炭，后用盐酸同时溶解载体和金属。再用铝屑还原溶液中的贵金属离子形成微粒，然后进一步精制提纯
废钴锰催化剂	原用于聚酯的生产装置。用水萃取，再经离子交换，解析回收金属钴、锰，最后制取醋酸钴、醋酸锰回用于生产
废雷尼镍催化剂	原用于生产脂肪族聚酰胺纤维的己二胺合成。采用水洗、干燥，再经电极电炉熔炼可回收金属镍
废银催化剂	采用硝酸溶解，氯化钠沉淀分离出氯化银，再用铁置换，最后经熔炼回收金属镍
催化裂化装置产生的废催化剂	在再生过程中有部分细粉催化剂（$<40\mu m$）由再生器出口排入大气，严重污染周围的环境，采取高效三级旋风分离器可将催化剂细粉回收，回收的催化剂可代替白土用于油品精制
废三氯化铝催化剂	用于烷基苯生产。采用水解流程，可以回收苯、烃类和三氯化铝水溶液

（2）废催化剂中铂族金属的回收　铂族金属已广泛应用于加氢、脱氢、重整、氧化、异构化、歧化、裂解、脱氨基等反应的催化剂中。在化工生产过程中，催化剂会因中毒、积炭、载体结构变化、金属晶粒聚集或流失等因素导致催化剂失去活性，需要定期更换。但又由于铂族金属价值高，当催化剂使用寿命结束时，铂族金属须循环回收利用。

氧化焙烧法：以细炭粉为载体的稀有贵金属催化剂失去活性后，由于此类载体极易燃烧而与稀有贵金属有效分离，故可采用氧化焙烧法对该类催化剂进行回收利用。

氯化法：由于铂族元素容易被氯化的特点，含铂族元素的废催化剂可在一定温度下用氯、氧混合气体或氯、氧、二氧化碳的混合气体处理。其中，一部分铂族元素以气态氯化物形式随混合气体带出，可用回收塔进行回收，另一部分以氯化物形态留在载体中，可用弱酸溶解浸出。

载体-铂金共溶法（见图 8-63）：将废催化剂中的铂族金属与其载体进行完全溶解，再分离处理的方法。该方法适用于废重整催化剂的回收，金属回收率高。工艺流程中除焙烧工序外，其他操作都为全封闭湿法冶金过程，无废液外排，渣量甚微，无污染并可作为建筑材料。生产过程中产出的微量含酸雾废气，经吸收处理后可达标排放，不会造成污染。

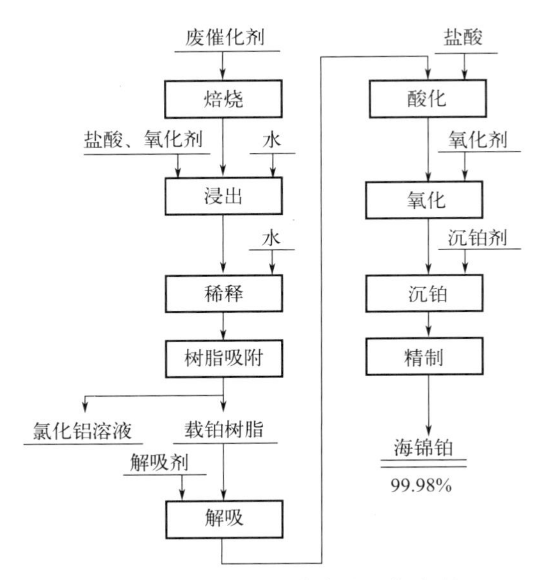

图 8-63　载体-铂金共溶法工艺流程

离子交换法：通过固体离子交换剂中的离子与稀溶液中的离子发生交换反应从而达到提取或去除溶液中某些离子的目的。当 pH＝1～1.5 时，铂以 $PtCl_6^{2-}$ 的阴络离子存在，而其它金属如 Cu、Zn、Ni、Co、Fe、Pb 则以阳离子形式存在，能被阳离子交换柱吸附。当 pH＝2～3 时，其他贵金属如 Ag、Rh 等的羟基贵金属阳离子能被阳离子树脂吸附，故铂就与其他金属分离开来。

四、硫铁矿烧渣的处理技术

硫铁矿是我国生产硫酸的主要原料，含硫量大多在 35％以下。由于硫铁矿含硫量低，渣质含量高，给充分利用硫铁矿资源带来了较大困难。硫铁矿烧渣则是硫铁矿在沸腾炉中经高温焙烧产生的废物，其化学成分主要是 Fe_2O_3 和 SiO_2，还有 S、Mn、Cu、Ca、Al、Pb 等元素。硫铁矿烧渣若不妥善处理，会给环境造成严重污染，烧渣中还可能含有 As、F 等有害杂质容易对环境造成二次污染。

1. 磁选铁精矿

黑渣中的铁矿物，主要是以磁性铁为主，可以采用磁选法对铁进行回收。硫铁矿烧渣经球磨机磨细到一定细度后料浆流入缓冲槽，并不断搅拌，控制适当流量送入磁选机进行磁选，铁精矿中夹带的泥渣经水力脱泥后送至成品矿场，尾砂和冲泥水送污水处理站处理，污水厂沉淀产生的沉渣送至水泥厂可做水泥添加料。经过脱硫和选矿后的精硫铁矿烧渣配以适量的焦炭和石灰进入高炉可以得到合格的铁水。

2. 回收有色金属

硫铁矿烧渣除含铁外，一般都含有一定量的铜、铅、锌、金、银等有价值的有色贵金属。含量较高时，具有回收价值。常用的回收方法分高温、中温两种。高温氯化焙烧是将含有色金属的矿渣与氯化剂（氯化钙、氯化钠）等均匀混合，造球、干燥并在回转窑或立窑内经1250℃焙烧，使有色金属以氯化物挥发后经过分离处理回收，同时获得优质球团供高炉炼铁。中温氯化焙烧法是将硫铁矿渣、硫铁矿与食盐混合，使混合料含硫6%～7%，食盐4%左右，然后投入沸腾炉内，在600～650℃温度下进行氯化、硫酸化焙烧，使矿渣中的有色金属由不溶物转为可溶的氯化物或硫酸盐，浸出物可回收有色金属和芒硝。此法对硫铁矿中钴的回收率较高，可专门处理钴硫精矿经焙烧硫化后产出的硫铁矿渣，且工艺简单，燃料消耗低，无需特殊设备。但工艺流程长，设备庞大，对于粉状的浸出渣还需要烧结后才能入高炉炼铁。

3. 生产铁系颜料

铁系颜料主要包括铁黑（Fe_3O_4）、铁红（Fe_2O_3）和铁黄（FeOOH）等。生产铁黑时，首先将烧渣用硫酸和盐酸进行酸液处理制备三价铁盐溶液，然后加入铁皮（或铁粉、黄铁矿粉）将三价铁盐还原成亚铁溶液，最后在适宜的温度下通入空气氧化，用NaOH溶液调节pH值（pH=5～6），$Fe^{3+}/Fe^{2+}=1.9\sim2.1$，趁热过滤，烘干、粉碎即为铁黑颜料。铁红和铁黄的生产过程是将烧渣用硫酸浸取和过滤，所得滤液即为硫酸亚铁溶液。向部分滤液中加入氢氧化钠溶液，控制温度、pH值和空气通入量，获得FeOOH晶种。将晶种投加到氧化桶中，再加入硫酸亚铁溶液控制好浓度、温度、pH值和反应时间。中和氧化后，将料浆过筛以除去杂质，然后经漂白、吸滤、干燥、粉磨等过程即可制得铁黄颜料。铁黄颜料再经过600～700℃高温煅烧脱水，得到铁红颜料。使用硫铁矿烧渣作为原料生产的铁系颜料，颗粒细小、含铁量高、易于酸浸取、工艺简单。

4. 制烧渣砖

对于含铁量较低，但硅、铝含量较高的烧渣可以代替黏土，掺和适量石灰，经湿碾、加压成型、自然养护制成硫酸渣砖。此法生产工艺简单，不需焙烧，也不需蒸压或蒸汽养护，砖的物理性能良好，成本低于黏土砖。

5. 生产水泥

Fe_2O_3是制造水泥的助熔剂，而对于回收经济价值不大且含铁量在30%左右的烧渣，经磁选和重选后，可以作为水泥生料的配料（见图8-64）。利用烧渣代替铁矿粉作水泥烧制的助熔剂，可以降低水泥的烧成温度，提高水泥的强度和抗侵蚀性能，降低水泥的生产成本。水泥生料中烧渣掺量为3%～5%。每年用于水泥工业的烧渣，占烧渣年产量的20%～25%。

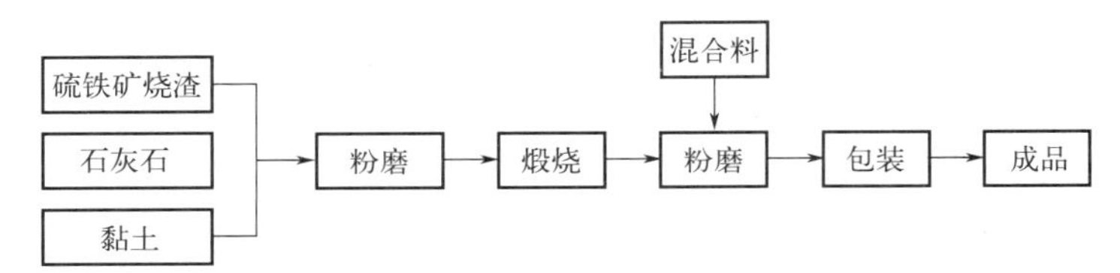

图 8-64 硫铁矿烧渣生产水泥的工艺流程

案例分析

19世纪，英国实现了由农业乡村社会转向工业城市社会的转变，一批与化学工业密切相关的啤酒、制革、纺织、制碱、制皂、玻璃制造业等工厂相继开办。但在这一时期，英国城市的环境问题非常严重。工业化发展的同时也带来了大量的固体废弃物，包括采矿废物、钢厂的炉渣、建筑的废土废渣，以及各类工业废料，其中大部分废渣被当作掩埋的填料，这些废料废土大都为一些含有碱性废物或硫化物等，导致被填埋土地及周边的植物多年内不能复生。

1881～1885年间的英国大气污染记录显示，在冬季的12月和1月，当时伦敦地区享有的充足日照天数为英国南部平均天数的15%。19世纪后期的英国，呼吸系统疾病，特别是肺结核、支气管炎、肺炎和气喘等，造成了非常严重的公共健康问题。

1878年，在泰晤士河上发生一起惨案。“爱丽丝公子”号游船在新铺设的一条下水道口沉没，有640人遇难，但是其中许多人的死亡原因并非溺水，而是由于喝了受污染的河水。再到20世纪50年代，泰晤士河水污染几乎达到饱和状态，河里鱼类几乎绝迹，只有少量鳝鱼，因为能直接游到水面上呼吸，才得以幸存。

分析案例事件发生的原因，讨论采取哪些措施可以有效预防案例事件再次发生。

思考与讨论

1.学习之前对化工“三废”的理解有哪些？

2.学习后是否明确了学习化工“三废”的处理与资源化利用的意义？

3.讨论如何将化工“三废”的处理与资源化利用的相关知识运用到实践中。

4.通过学习，对照学习目标，讨论收获了哪些知识点，提升了哪些技能？

5.在学习过程中遇到哪些困难，借助哪些学习资源解决遇到的问题（例如：参考教材、文献资料、视频、动画、微课、标准、规范、课件等）？

6.在学习过程中，采用了哪些学习方法强化知识、提升技能（例如：小组讨论、自主探究、案例研究、观点阐述、学习总结、习题强化等）？

7.在小组学习中能否提出小组共同思考与解决的问题，这些问题是否在小组讨论中得到解决？

8.学习过程中遇到哪些困难需要教师指导完成？

9.还希望了解或掌握哪些方面的知识，希望通过哪些途径来获取这些资源？

参考文献

[1] 孙玉叶. 化工安全技术与职业健康[M]. 北京：化学工业出版社，2021.

[2] 严进. 化工环境保护与安全技术[M]. 北京：化学工业出版社，2011.

[3] 宋志伟，李燕. 水污染控制工程[M]. 2版. 北京：中国矿业大学出版社，2019.

[4] 林海龙，李永峰，王兵，等. 基础环境工程学[M]. 哈尔滨：哈尔滨工业大学出版社，2014.

[5] 张晓健，黄霞. 水与废水物化处理的原理与工艺[M]. 北京：清华大学出版社，2019.

[6] 叶林顺. 水污染控制工程[M]. 广州：暨南大学出版社，2018.

[7] 杜春安，王志朴，张海兵.《化工健康、安全与环境(HSE)》课程思政教学探索与研究[J]. 高教学刊，2021(11)：181－184.

[8] 陈浩. 马来西亚巴林基安项目 HSE 管理[J]. 国际工程与劳务，2021(01)：67-68.

[9] 信海涛. 推进 HSE 管理体系建设确保安全生产[J]. 石油化工安全环保技术，2020，36(06)：1-3＋5.

[10] 彭波. 化工智能化生产中人工智能技术研究[J]. 粘接，2020，44(10)：99-102.

[11] 王恩祥，王宝，杜浩，等. HSE 管理体系及安全生产标准化在危险化学品企业中的一体化建设[J]. 当代化工研究，2020(14)：21-22.

[12] 张盼，付明东，李晓旭，等. 压力管道无损检测技术及应用[J]. 管道技术与设备，2020(02)：29-33.

[13] 刘蓉. 化工生产企业事故分析与预测研究[D]. 太原：中北大学，2015.

[14] 周凡杰. 化工行业危险化学品安全管理研究[D]. 昆明：云南大学，2012.

[15] 陈宾雁. 浅析石油化工企业安全生产问题及对策[J]. 中国外资，2012(04)：133-134.

[16] 张金梅，王亚琴，赵磊，等. 我国化学品安全技术说明书(SDS)的管理现状研究[J]. 中国安全生产科学技术，2012，8(02)：170-173.

[17] 施倚. 危险化学品的主要危险特性有哪些？[J]. 劳动保护，2011(09)：115.

[18] 刘利巧，胡爱林，贺克卫. 化工企业的防雷设计与对策措施[J]. 产业与科技论坛，2011，10(06)：65＋58.

[19] 胡晓兵. 浅谈化工企业防范静电措施[J]. 中国西部科技，2010，9(12)：34＋45.

[20] 刘景凯. 基于管理实践的 HSE 管理体系建设研究[J]. 中国安全生产科学技术，2008(02)：99-102.

[21] 丁浩，张星臣. 石油企业实施 HSE 管理体系研究[J]. 中国安全科学学报，2004(10)：58-61＋3. DOI：10. 16265/j. cnki. issn1003-3033. 2004. 10. 013.

[22] 张春华，苏建中. 浅谈危险化学品登记注册制度[J]. 劳动安全与健康，2001(02)：23-25.

[23] 危险化学品登记注册管理规定[J]. 中华人民共和国国务院公报，2001(09)：18-19.

[24] "全国化学品安全卫生知识有奖问答"讲座第八讲化学品安全技术说明书[J]. 劳动保护科学技术，1998(05)：62-64.

[25] "全国化学品安全卫生知识有奖问答"讲座第九讲危险化学品安全标签[J]. 劳动保护科学技术，1998(05)：64-66.

[26] 李雪华，姜春明，李运才. 化学品作业场所安全标签[J]. 化工劳动保护，1998(01)：22-25.

[27] 李运才，彭湘潍，李雪华. 危险化学品安全技术说明书[J]. 化工劳动保护，1998(01)：26-27.

[28] 张衎. 化工废水处理技术及其应用分析[J]. 资源节约与环保，2020(6)：132.

[29] 舒建军. 化工行业废水处理的分析与研究[J]. 现代盐化工，2021(2)：14-15.

[30] 钟芳. 化工企业废水综合治理措施应用分析[J]. 化工管理，2021(26)：31-32.

[31] 石晓波，孟宪文. 废纸造纸工业废水处理探索[J]. 环境经济，2009(4)：124-127.

[32] 何国建. 沉淀池重要结构参数研究[D]. 南京：河海大学硕士论文，2004.

[33] 黄岳元，保宇. 化工环境保护与安全技术概论[M]. 3版. 北京：高等教育出版社，2021.

[34] 朱元华，"三废"处理与循环经济[M]. 北京：化学工业出版社，2019.

[35] 王纯，张殿印. 环境工程技术手册：废气处理工程技术手册[M]. 北京：化学工业出版社，2020.

[36] 刘立忠. 大气污染控制工程[M]. 北京：中国建材工业出版社，2015.

[37] 中国标准出版社. 大气环境质量与污染物排放标准汇编[M]. 北京：中国标准出版社，2014.

[38] 李刚. 工业废气治理技术的应用及其影响因素[J]. 化学工程与装备，2021(6)：251-252.
[39] 张静. 某医药化工企业废气治理工程设计[D]. 杭州：浙江大学，2016.
[40] 王会娟. 企业化工园区大气污染的防治管理措施分析[J]. 资源节约与环保，2021(5)：96-97.
[41] 梁智聪. 工业有机废气污染治理技术与实践研究[J]. 云南化工，2021(10)：85-87.
[42] 齐向阳，刘尚明，栾丽娜，等. 化工安全与环保技术[M]. 北京：化学工业出版社，2016.
[43] 刘景良. 化工安全技术与环境保护[M]. 北京：化学工业出版社，2018.
[44] 彭长琪. 固体废物处理与处置技术[M]. 武汉：武汉理工大学出版社，2009.
[45] 杨慧芬. 固体废物资源化[M]. 2 版. 北京：化学工业出版社，2013.
[46] 毕万利，吴文红，李晶. 从硫酸渣中选铁试验研究[J]. 湿法冶金，2011(3)：229-231.
[47] 李志，韩志敏，从石油化工废催化剂中回收铂族金属的研究进展[J]. 天津化工，2021，34(S1)：3-5.
[48] 刘利平，马晓建，张鹏，等. 废催化剂中金属组分回收利用概述[J]. 工业安全与环保，2012(1)：91-93.
[49] 巢亚军，熊长芳，朱超. 废工业催化剂回收技术进展[J]. 工业催化，2006，14(2)：65-67.
[50] 周国平，王锐利，吴任超，等. 工业废催化剂回收贵金属工艺及前处理技术研究[J]. 中国资源综合利用，2011(8)：26-30.
[51] 李旭，陈吉春，张仲伟. 硫铁矿烧渣再资源化利用评述[J]. 化工科技市场，2004(11)：45-50.